TABLEAU COMPARATIF

DES RÉSULTATS

DE LA CRISTALLOGRAPHIE

ET DE L'ANALYSE CHIMIQUE,

RELATIVEMENT A LA CLASSIFICATION DES MINÉRAUX;

Par M. l'Abbé HAÜY,

Chanoine honoraire de l'Église Métropolitaine de Paris; Membre de la Légion-d'Honneur et de l'Institut; Professeur de Minéralogie du Muséum d'Histoire naturelle, et de la Faculté des Sciences à l'Université impériale; des Académies des Sciences de Saint-Pétersbourg et de Berlin, et de plusieurs autres Sociétés savantes.

—————

PARIS,

Chez COURCIER, Imprimeur-Libraire pour les Mathématiques, quai des Augustins, n° 57.

1809.

INTRODUCTION.

L<small>E</small> but principal que je me suis proposé, lorsque j'ai entrepris l'Ouvrage que je publie aujourd'hui, a été de présenter aux personnes qui suivent mes Cours, le tableau de ma méthode minéralogique, retouché d'après les découvertes et les observations qui ont fait marcher la science vers sa perfection, depuis l'impression de mon Traité. Des minéraux qui avaient jusqu'alors échappé aux recherches des voyageurs, ont offert de nouveaux termes à interposer dans la série des espèces connues; une étude plus approfondie de ceux qui se trouvaient déjà classés, a fait apercevoir le lien par lequel plusieurs d'entre eux tenaient à des espèces dont on les avait séparés. D'autres minéraux qui avaient été rejetés dans un appendice, comme laissant encore des doutes à éclaircir sur leurs caractères distinctifs, occupent aujourd'hui dans la méthode les places qui les attendaient. Pour que le tableau qui devait montrer la Minéralogie dans l'état auquel l'ont amenée ces divers mouvemens de la méthode, fût assorti à sa destination, il fallait qu'il eût un certain développement, et qu'il donnât la mesure des connaissances répandues dans les leçons dont il devait en quelque sorte fournir le texte. Voici le plan que j'ai suivi en le traçant.

J'ai placé d'abord au-dessous du nom de l'espèce l'énoncé du caractère qui m'a servi à la déterminer. L'indication de la forme primitive suffit dans tous les cas où cette forme appartient exclusivement à l'espèce proposée. Mais lorsqu'elle est commune à plusieurs espèces, j'ajoute à son énoncé, celui d'un ou deux caractères auxiliaires tirés des propriétés physiques ou chimiques. Enfin, lorsqu'elle est inconnue, je tâche d'y suppléer à l'aide des mêmes propriétés réunies en nombre suffisant pour distinguer l'espèce dont il s'agit (1).

J'ai préféré l'indication de la forme primitive à celle de la molécule intégrante, parce que la première représente le resultat immédiat de la division mécanique d'un cristal, et à-la-fois le produit le plus simple de la cristallisation, qui nous offre d'ailleurs isolément cette même forme dans un grand nombre d'espèces. Telle est au reste la dépendance mutuelle qui existe entre la forme primitive et celle de la molécule, que l'une ne peut être particulière à telle espèce de minéral, sans que la même chose ne soit vraie à l'égard de l'autre (2).

_____

(1) Les formes qui ont un caractère particulier de perfection, comme le cube, l'octaèdre régulier, le dodécaèdre rhomboïdal, n'ont besoin que d'être nommées. D'autres formes, telles que le rhomboïde et l'octaèdre non régulier, exigent seulement que l'on ajoute à leur nom la mesure des angles que leurs faces font entre elles. Quant aux autres formes, telles que le prisme hexaèdre régulier et le parallélipipède différent du rhomboïde, j'en indique les dimensions respectives en nombres ronds approximatifs. De cette manière on en concevra plus facilement l'aspect géométrique, et ces indications pourront encore servir à en exécuter des imitations en bois. Les véritables rapports entre les dimensions, exprimés ordinairement par des quantités radicales, se trouveront dans les notes qui composent la seconde partie de l'Ouvrage.

(2) J'ai exposé dans mon Traité les principes qui m'ont conduit à déterminer les molécules intégrantes, par la sous-division des formes primitives, combinée, lorsque cela est nécessaire, avec la théorie des décroissemens. (*Voyez* Tom. I, p. 29 et suiv., Tom. II, p. 249 et suiv.; *Id.* p. 408 et suiv.; *Id.*, p. 545 et suiv.; *voyez* aussi le même volume, p. 1 et suiv.). L'article auquel se rapporte cette dernière citation, est destiné surtout à l'exposé de la méthode que j'ai suivie pour la détermination des molécules intégrantes dans lesquelles l'observation indique des dimensions inégales, dont elle nous laisse ignorer le rapport: j'ai eu recours, dans ce cas, à une analogie fondée sur les considérations suivantes. Lorsque la forme primitive et celle des molécules sont données *à priori*, avec leurs dimensions, comme dans le cas du cube, de l'octaèdre régulier, du dodécaèdre à plans rhombes, ou même du

Les nouvelles observations que j'ai faites depuis quelques années, m'ont servi à perfectionner mon travail sur les formes primitives. J'avais quelquefois adopté comme telles, des solides hypothétiques que j'ai reconnu depuis n'être que secondaires, et auxquels j'ai substitué les véritables formes dont ils avaient, en attendant, rempli la fonction, dans les résultats de la théorie, et dans les applications de ces résultats à la distinction des espèces (1). On en verra des exemples aux articles de la topaze, du corindon et de l'étain oxydé (2). J'ai aussi rectifié des angles primitifs que l'im-

---

rhomboïde, de l'octaèdre à triangles isoscèles ou scalènes, on trouve que les lois de décroissement auxquelles le calcul mène le plus ordinairement, et dont la mesure dépend alors nécessairement de la forme elle-même, sont les plus régulières et les plus simples. Ainsi, en parcourant la suite des signes représentatifs des 105 variétés de forme que présente la chaux carbonatée, je remarque que la loi $\overset{2}{e}$ qui donne des faces parallèles à l'axe, est indiquée 48 fois; la loi B qui est celle du rhomboïde équiaxe, 32 fois; la loi $\overset{1}{D}$ qui est celle du dodécaèdre métastatique, 31 fois; la loi E''E qui est celle du rhomboïde inverse, 30 fois; la loi $\overset{1}{A}$ qui donne des faces perpendiculaires à l'axe, 24 fois; la loi $\overset{3}{e}$ qui est celle du rhomboïde contrastant, 23 fois, et la loi $\overset{5}{e}$ qui est celle de la variété cuboïde, et qui déjà s'écarte de la simplicité des précédentes, seulement 6 fois. Je remarque en même temps que chacune des lois intermédiaires qui appartiennent à la même série, n'y paraît qu'une ou deux fois.

Or, j'ai résolu le problème inverse, relativement aux formes dont les dimensions ne sont pas données par l'observation; c'est-à-dire que j'ai cherché quelles devaient être ces dimensions, pour que les lois de décroissement d'où dépendraient les formes secondaires fussent les plus simples dans leur ensemble. Ainsi ces dimensions sur lesquelles l'observation se tait, finissent par être à notre égard comme si elles avaient été connues d'avance. Leur rapport doit être regardé comme suffisamment prouvé, par cela seul qu'il ne fait autre chose que mettre la nature partout d'accord avec elle-même.

(1) *Voyez* le Traité, Tom. II, p. 15 et suiv.

(2) Le moyen qui m'a conduit à ces nouvelles déterminations, consiste à éclairer fortement les fractures des cristaux, en les présentant à la lumière

perfection des cristaux dont je m'étais servi, m'avait empêché de déterminer avec une précision suffisante, dans un
temps où ma collection était bien éloignée de l'état de ri-
chesse auquel l'ont amenée depuis les acquisitions que j'ai
faites par moi-même, et plus encore la générosité des Savans étrangers, dont les noms justement célèbres ajoutent
un grand surcroît de prix aux objets qui les rappellent.

Les bornes que me prescrivait la nature de cet Ouvrage
ne m'ont pas permis de joindre à l'indication du caractère
qui distingue le type de l'espèce, celle des diverses propriétés à l'aide desquelles on peut reconnaître les corps qui
appartiennent à celle-ci. J'en ai seulement énoncé quelques-unes qui ne se trouvent pas dans mon Traité, non
plus que dans l'extrait qui en a été rédigé par M. Lucas
fils (1). Plusieurs ouvrages modernes offrent d'ailleurs de
grandes ressources relativement à cet objet, surtout le beau
Traité de Minéralogie publié par M. Brongniart, qui a
donné une attention particulière aux caractères chimiques,
si avantageux, en ce qu'ils s'étendent presque toujours à
tous les corps qui composent l'espèce. A l'égard des caractères extérieurs que M. Werner a saisis avec une si grande
finesse de tact, et définis avec tant de justesse, l'ouvrage dans
lequel M. Brochant a exposé la méthode de ce savant célèbre, en présente les différentes modications d'une manière qui ne laisse rien à desirer.

Les variétés qui sous-divisent l'espèce sont ordinairement partagées en deux séries, dont l'une est relative aux

_____

d'une bougie. Les reflets que ces fractures renvoient à l'œil, lui font apercevoir très-distinctement des joints naturels qui échappent, lorsqu'on emploie la lumière ordinaire du jour.

(1) Tableau méthodique des espèces minérales. Paris, 1806.

formes cristallines, et l'autre aux formes que j'appelle *in-déterminables* (1). Parmi les premières, je me borne à citer celles que l'on trouve le plus communément, ou qui sont les plus favorables au développement de la théorie des décroissemens (2), et j'énonce ensuite le nombre de toutes celles que j'ai observées jusqu'à présent, pour donner au moins une idée générale du progrès de la cristallographie (3). Quant aux variétés amorphes, je n'en ai omis aucune, parce que ce sont souvent celles que l'on rencontre à chaque pas dans la nature, où leur disposition en grandes masses les rend intéressantes sous le rapport de la géologie. Elles sont renfermées d'ailleurs dans un petit nombre de modifications générales, désignées par les noms de *laminaire*, *lamellaire*, *granulaire*, *compacte*, etc., qui en offrent en même temps les définitions.

La nouvelle édition que M. Karsten vient de faire paraître de sa Méthode minéralogique élevée à un nouveau degré de perfection, renferme la synonymie de M. Werner, et je m'honore doublement de voir la mienne placée par la

---

(1) Dans le cas où les variétés se réduisent à deux ou trois, j'ai supprimé cette distinction, qui n'est faite que pour aider l'observateur à se reconnaître dans la description des espèces composées de modifications plus ou moins nombreuses.

(2) J'ai eu l'attention d'indiquer les endroits de mon Traité où ces variétés se trouvent décrites. Mais lorsque la description a été publiée plus récemment, soit dans les Annales du Muséum, soit dans le Journal des Mines, je renvoie pareillement à l'un ou l'autre de ces Ouvrages. Enfin, si la variété n'a été encore décrite nulle part, ou si sa description a été rectifiée, j'en donne la figure avec le signe représentatif et la mesure de ses principaux angles.

(3) M. Belœuf, demeurant rue Copeau, n° 6, près le Jardin des Plantes, exécute des imitations en bois, de ces différentes formes, avec une telle précision, que le gonyomètre ne donne aucune différence sensible entre leurs angles et ceux des cristaux eux-mêmes.

main d'un savant aussi distingué, à côté de celle du célèbre professeur de Freyberg. Cette édition m'a servi à établir dans mon propre Ouvrage la concordance des trois méthodes, et j'ai employé aussi, relativement à celle de M. Werner, l'exposé qui en a été publié par M. Leonhard, dans le 3ᵉ volume de son excellent Manuel de minéralogie. Pour donner à cet accessoire intéressant de ma méthode toute l'exactitude dont il était susceptible, j'ai profité des attentions éclairées de M. Tondi, auquel les méthodes et la langue des savans étrangers sont également familières.

J'avais d'abord résolu de me borner à donner le tableau de ma méthode, tel que je viens de l'esquisser. Mais j'ai bientôt senti qu'il manquerait un point essentiel à mon Ouvrage, si je n'y faisais entrer les résultats des analyses des minéraux. Dans cette vue, j'ai recueilli tout ce qui a paru depuis un certain nombre d'années sur la détermination des principes composans de ces êtres. Mes recherches à cet égard m'ont amené par degrés, à comparer les analyses, soit entre elles, soit avec les résultats de la cristallographie. Au milieu des réflexions que m'a suggérées ce parallèle, mon plan s'est étendu, et j'ai fini par concevoir l'idée de sous-diviser cet Ouvrage en deux parties, dont la première étant destinée à offrir le tableau de ma distribution méthodique des minéraux, ne me laisse plus rien à dire.

La seconde partie est composée de notes qui se rapportent aux différentes espèces que présente le tableau. C'est là que j'expose les connaissances acquises sur la chimie des minéraux, en y comprenant celles qui se trouvent déjà répandues dans mon Traité : là encore je motive les nouveaux rapprochemens que j'ai faits de diverses substances dont je n'avais que pressenti l'identité, avant l'impression du même Ouvrage, ou sur lesquelles nous n'avions alors que des notions trop imparfaites, même pour entrevoir les analogies qui devaient un jour servir à les lier ensemble dans une même espèce. J'indique, relativement à d'autres substances, les doutes qui restent à lever avant que leur classification soit arrêtée d'une manière définitive.

Mais le plus grand nombre de ces notes a pour objet la discussion des analyses que j'y ai citées. Jusqu'ici les produits de ces opérations importantes ont été vus d'une manière trop isolée. Il semble qu'on les ait considérés comme n'étant faits que pour compléter les descriptions des minéraux, en y ajoutant l'indication de ce qui a été découvert sur la nature intime de ces corps. On n'a point cherché à préciser le degré de valeur de chaque analyse, relativement à la détermination de l'espèce qui en a été l'objet, et l'on serait tenté de croire que ceux même qui ont prétendu classer les minéraux d'après les résultats de la chimie, ont quelquefois agi indépendamment de ces mêmes résultats, ensorte que telle analyse paraît moins avoir amené l'espèce à laquelle on la rapporte, qu'être venue se placer, comme après coup, à sa suite.

Personne n'apprécie plus que moi les nombreux services que la Chimie a rendus à la Minéralogie. Celle-ci ne nous fait connaître que les qualités sensibles des corps, et si elle nous en montre quelques-unes qui tiennent à leur essence, la Chimie seule nous apprend en quoi consiste cette dernière. La Minéralogie considère les corps dans leur état actuel ; la Chimie remonte jusqu'à leur origine, en démêlant dans leurs masses les divers élémens qui ont concouru à leur production. On se rappellera toujours l'intérêt général qu'ont fait naître les effets de cette sorte d'empire de la Chimie sur les molécules des corps, lorsque le schorl rouge de Hongrie, regardé jusqu'alors comme une pierre, s'est transformé, entre les mains de Klaproth, en un nouvel être qui, sous le nom de *Titane*, a été s'associer aux métaux ; lorsque le même chimiste a fait sortir d'un autre minéral rangé auparavant parmi les variétés de la blende, un métal également inconnu qu'il a appelé *Urane* ; lorsque la Glucyne retirée par Vauquelin, du beril où elle avait été confondue avec l'alumine, a enrichi d'une nouvelle terre la classe des élémens ; lorsque la découverte du chrome, fruit des recherches du même savant, a marqué au plomb rouge sa place, dans l'ordre qui renferme les combinaisons de ce métal avec des acides. La Chimie a encore l'avantage de nous fournir des genres naturels, en nous indiquant les bases communes qui lient entre elles plusieurs substances et les principes particuliers qui les distinguent. La formation des ordres et des classes dépend encore des propriétés qu'elle nous a dévoilées dans les minéraux. Elle plane ainsi sur toute la méthode, et l'on peut même dire que sans elle nous n'aurions point de véritable méthode.

Mais plus les résultats de la Chimie ont d'importance par leurs applications, et plus il est nécessaire de les examiner de près, pour s'assurer s'ils sont à l'abri de toute incertitude et de toute équivoque. C'est donc parce que l'intérêt de la science sollicite cet examen, que j'ai rassemblé ces résultats jusqu'alors comme épars, que je les ai mis en regard les uns vis-à-vis des autres, pour inviter les hommes justement célèbres qui les ont obtenus, à fixer sur eux leur attention, à remonter jusqu'aux causes des anomalies que j'ai cru y apercevoir, et à distinguer ce qui pourrait être ici la suite inévitable d'un effet dont je parlerai bientôt, de ce qui n'étant occasionné que par l'imperfection de la science, disparaîtrait dans des expériences ultérieures.

Or il suffit de parcourir d'un œil attentif ces résultats, surtout ceux qu'ont offerts les substances terreuses, pour reconnaître d'abord qu'ils sont loin de correspondre à l'unité de molécule intégrante qui a lieu dans tous les individus de chacune des espèces déterminées par la cristallographie. Les quantités relatives des principes communs varient souvent d'une manière sensible d'un résultat à l'autre, et un principe qui est nul dans une partie des résultats, est indiqué dans les autres suivant divers rapports. D'une autre part, il arrive qu'une ou plusieurs des analyses faites sur tel minéral, et quelquefois toutes, sont très-voisines de celles qui ont eu pour objet un autre minéral qui diffère sensiblement du premier, par la forme de sa molécule, ou même est incompatible avec lui. Le défaut d'harmonie entre les deux sciences devient encore plus frappant, dans le premier cas, lorsqu'ayant sous les yeux une série de corps analogues à ceux qui ont été analysés, non-seulement on observe la subordination de leurs formes à un même système de lois de décroissement, mais que de plus on retrouve dans tous ces corps à peu près les mêmes propriétés physiques, et qu'on les voit concourir tous à produire un ensemble dont les diverses parties se tiennent par des rapports multipliés. Dans l'autre cas où l'analyse tendrait à rapprocher des corps dont la cristallisation indique au contraire la séparation, il arrive souvent que le contraste des qualités physiques fait ressortir encore davantage celui que présentent les formes cristallines.

On ne peut se dissimuler qu'une partie de ces divergences entre la Chimie et la Géométrie des cristaux, ne provienne de ce que l'analyse qui a fait des progrès si rapides depuis un certain nombre d'années, n'est cependant pas encore arrivée à son plus haut degré de perfection. Mais il est difficile de ne pas reconnaître ici l'influence d'une cause qui existe dans le fond même des êtres.

Ceux qui ont adopté la doctrine du célèbre auteur de la Statique chimique (1), ne verront rien que de naturel dans les variations des principes communs aux individus d'une même espèce, parce que, d'après l'opinion de ce savant, il peut très-bien se faire que ces principes se combinent suivant des rapports différens, tandis que la forme de la molécule ne subit aucune altération. D'une autre part, une même composition peut faire naître dans deux substances minérales des qualités physiques assez différentes, pour déterminer la séparation de ces substances (2). On sent combien cette doctrine restreint l'influence de la Chimie dans la distinction des espèces, et combien au contraire elle étend celle de la Cristallographie, qui a ainsi le double avantage d'établir dans la méthode, des points fixes autour desquels les résultats de l'affinité ne font qu'osciller, et de maintenir des limites que l'identité de composition tend à effacer.

J'avoue cependant qu'il me paraît plus vraisemblable que la molécule intégrante d'un minéral est une par sa composition, comme par sa forme. On conçoit difficilement que la première puisse varier dans les individus d'une même espèce, tandis que la seconde ne subit aucun changement, si l'on suppose, comme cela est très-naturel,

(1) Tom. I, p. 334 et suiv

(2) Ibid., p. 436.

que les molécules élémentaires aient elles-mêmes des
formes déterminées. On objectera qu'il est démontré par
l'observation, qu'une même molécule peut appartenir à
plusieurs espèces, d'où il suit que l'unité de forme n'est
pas incompatible avec la variation des principes. Mais
les cas où ceci a lieu sont très-distingués de celui dont
il s'agit. Rien n'empêche, par exemple, que les molécules
de quatre principes différens, tels que la soude et l'acide
muriatique d'une part, et de l'autre le fer et le soufre,
en se combinant deux à deux, ne produisent une molécule d'une forme cubique. C'est ainsi, à peu près,
qu'un géomètre peut employer, deux à deux, quatre
figures d'espèces différentes, tellement assorties qu'il
en résulte deux mosaïques qui auront l'une et l'autre
une figure carrée. Mais dans l'hypothèse dont j'ai parlé
d'abord, les principes restant les mêmes, quant à leurs
qualités, varieraient dans leurs quantités relatives, et
dès-lors l'assortiment n'ayant plus le même rapport avec
ses parties, il semble que la forme qui peut en être
considérée comme le moule, devrait être changée à son
tour.

Ainsi, lorsqu'on essaye de mettre de la précision dans
la manière de concevoir les choses, on est conduit à
cette conséquence, que la relation entre les quantités des
principes qui composent les molécules intégrantes des
minéraux constitue des points d'équilibre non moins per-
manens que les formes de ces molécules. Je ne prétends
pas discuter ce qui a été dit de la manière dont les choses
se passent dans les expériences chimiques ; mais tout
me porte à croire que le cas dont je parle est celui de
la nature. L'observation vient ici à l'appui du raisonnement, et un examen attentif des cristaux, semble nous
inviter à rejeter sur une cause purement accidentelle,

la plupart des diversités indiquées par l'analyse dans le rapport des principes constituans.

Il n'est pas rare de rencontrer des cristaux dont les différentes parties annoncent des diversités de composition, ensorte qu'il est visible que telle partie renferme une matière qui est nulle dans les autres. Ainsi, parmi les cristaux connus sous le nom de *grès de Fontainebleau*, quelques-uns ont des portions transparentes, qui interrompent la continuité de la substance opaque dont est formé le reste du cristal ; c'est-à-dire que la chaux carbonatée pure se trouve associée, dans un même individu, à celle qui est mélangée de molécules quarzeuses. On trouve des cristaux d'axinite qui d'un côté sont violets et d'une assez belle transparence, tandis que le côté opposé est vert et approche de l'opacité. Ailleurs un cristal est sans couleur dans une partie et fortement coloré dans l'autre. On en a des exemples dans le corindon hyalin, qui offre quelquefois la coexistence de diverses couleurs séparées par la limpidité.

Il est bien clair que dans le grès de Fontainebleau, les molécules quarzeuses sont simplement interposées entre celles de la chaux carbonatée, qui les ont saisies et enveloppées, pendant qu'elles-mêmes s'arrangeaient conformément à la loi d'où dépend la forme du rhomboïde inverse que présentent les cristaux. La même chose doit avoir lieu par rapport aux autres minéraux, avec cette différence, que les molécules étrangères qu'ils renferment étant réduites à un plus grand degré de ténuité, ou même étant à l'état de molécules integrantes, leur mélange avec la matière propre de ces minéraux est plus intime et moins susceptible d'altérer la transparence.

Il est également possible qu'un des principes essentiels se trouvant en excès, sa partie surabondante s'interpose

de même entre les molécules propres ; et peut-être est-ce
à cette cause et à la précédente que l'on doit attribuer
les différences que présentent les cristaux d'une même
substance, relativement au plus ou moins de facilité que
l'on trouve à les diviser mécaniquement, et au poli plus
ou moins égal de leurs joints naturels.

Ainsi, en remontant par la pensée à la formation des
minéraux, on doit se représenter la même masse de liquide
dans laquelle étaient suspendues les molécules de telle
substance, comme renfermant à-la-fois celles de plusieurs
autres substances qui lui servent aujourd'hui de support
ou d'enveloppe. Or tandis que l'affinité agissait pour rapprocher les molécules homogènes de la première, et les
disposer à la cristallisation, celles-ci s'associaient d'autres
molécules prises parmi celles qui étaient destinées à produire des corps différens, et la réciprocité de cette action
établissant une sorte de commerce entre les diverses matières disséminées dans le liquide, chacune d'elles s'appro-
priait un surcroît qui lui était étranger.

En admettant cette manière de voir, on explique facilement une partie des anomalies que semblent offrir
les résultats de l'analyse chimique comparés à ceux de
la géométrie des cristaux. Ainsi, dans les différentes
analyses de la grammatite du Saint-Gothard par M. Laugier, la quantité de chaux a varié depuis 15 pour cent
jusqu'à 30. Mais on sait que la gangue de cette grammatite est une dolomie, c'est-à-dire une roche composée
de chaux carbonatée et de magnésie carbonatée. Aussi,
la chaux que l'on retire de la grammatite est-elle, au
moins en partie, à l'état de carbonate. On peut lire
dans l'article où M. Laugier expose les résultats de ses
analyses, les réflexions très-justes que fait cet habile chimiste, au sujet de cette influence qu'ont les gangues sur

la composition de certains minéraux (1). Le même savant ayant analysé d'une part des amphiboles du Cap de Gate, et d'une autre part, des actinotes du Zillerthal, a retiré de ceux-ci environ $\frac{1}{5}$ de magnésie, tandis que les premiers n'en ont donné que $\frac{1}{10}$. Or l'actinote du Zillerthal a pour enveloppe un talc, c'est-à-dire une roche magnésienne, tandis que la gangue des amphiboles du Cap de Gate a un caractère argileux; et puisque la Géométrie prouve que les molécules des deux substances ont la même forme, et que de plus les indications des autres caractères s'accordent avec celle de la cristallisation, il est naturel de penser que la composition est aussi la même de part et d'autre, quant à ce qu'elle a d'essentiel, et de regarder comme étrangère à l'actinote cette quantité surabondante de magnésie dont la source est connue.

Au reste, cette manière d'élaguer la composition d'une substance, telle que l'indique l'analyse, d'après la nature des corps qui servent de gangue à cette substance, est nécessairement limitée dans ses applications. En vain essayerait-on de combiner les observations faites sur ces derniers corps avec les analyses, pour démêler d'une manière certaine, d'après cette seule combinaison, les principes essentiels aux substances qui auraient été les objets des analyses, d'avec ceux qui ne seraient, pour ainsi dire, que d'emprunt, et pour résoudre ainsi, par la méthode d'exclusion, les problèmes relatifs à la distinction des espèces. Le peu de fixité des données, et le défaut de règles sûres pour se guider dans les solutions de ces sortes de problèmes (2), répandraient de l'incertitude sur les

_____

(1) Annales du Muséum d'Hist. nat. T. VI, p. 234.

(2) Lorsque la quantité de l'un des principes composans est considérable relativement à la masse totale, comme lorsqu'elle en est la moitié ou les

résultats eux-mêmes. Dans tous les cas de ce genre, où le chimiste ne pourrait se flatter de faire le triage des véritables élémens, la cristallographie fournit un terme constant de comparaison, autour duquel viennent se rallier les corps dont l'analyse laisserait la classification indécise. Elle fait abstraction de ces principes accidentels qui altèrent l'homogénéité de la composition, et dont les caractères physiques ou chimiques, tels que la dureté, la pesanteur spécifique, la fusibilité, peuvent se ressentir jusqu'à un certain point. Il n'y a que la Géométrie pour laquelle tous les minéraux soient purs.

Je ne puis me défendre, à cette occasion, de rappeler ici un fait qui a vivement frappé les premiers observateurs, et qui, pour nous être devenu familier, n'en mérite pas moins notre admiration. Je veux parler de la constance des angles dans les corps qui appartiennent à une même variété de cristallisation (1). Supposons que l'on ait rassemblé des cristaux de quarz rapportés de tous les pays, ayant la forme de la variété à laquelle j'ai donné le nom de *prismée;* tous ces cristaux tranchent si fortement les uns à côté des autres, par leurs apparences, que l'on serait tenté d'abord de demander s'il est bien vrai qu'ils ne soient que les diverses manières d'être d'une seule et même subs-

---

deux tiers, on est porté à regarder ce principe comme essentiel à la substance analysée. Au contraire, lorsque l'un des principes ne forme que les trois ou quatre centièmes de la masse, il semble naturel d'en conclure qu'il n'a qu'une existence accidentelle. Mais entre les termes dont je viens de parler, il s'en trouve une multitude d'autres dont on peut citer des exemples. Or je ne sache pas que jusqu'ici on ait établi une règle pour déterminer la limite à laquelle finissent les quantités accidentelles et commencent celles qui sont essentielles.

(1) Personne n'a plus contribué que le célèbre Romé de l'Isle à mettre en évidence ce fait important. *Voyez* l'Introduction à sa Cristallographie, p. 70 et suiv.

tance. L'un a la limpidité de l'eau la plus pure ; les autres offrent successivement diverses couleurs, dont quelques-unes sont jointes à une parfaite opacité. L'éclat de la surface et l'éclat intérieur subissent des variations analogues. Ce ne sont pas simplement des nuances qui marchent par une gradation imperceptible, ce sont quelquefois des contrastes si marqués, que, même aujourd'hui, quelques-uns des corps qui les présentent constituent une espèce particulière dans les méthodes publiées par des savans étrangers (1).

Les formes elles-mêmes semblent participer jusqu'à un certain point, de cette diversité d'aspects. Parmi les faces des sommets, quelques-unes ont pris une telle étendue aux dépens des autres qui échappent presque à l'œil, qu'il faut de l'habitude pour les remettre par la pensée à des distances égales de l'axe, et en ramener l'assortiment à la symétrie d'une pyramide droite hexaèdre.

Mais que l'on mesure sur cette multitude de cristaux l'inclinaison mutuelle, soit de deux faces voisines dans une même pyramide, soit de l'une de ces faces et du pan adjacent ; tous les résulsats coïncideront, sans laisser apercevoir la plus légère différence. Cette conformité dans les positions respectives des plans qui terminent les cristaux, suffirait seule pour annoncer qu'il existe dans tous une substance identique, qui était seule soumise à l'empire immédiat de la cristallisation, et que les plus opaques d'entre eux, et les plus chargés en couleur, ne diffèrent pas, quant au fond, de celui dont la limpidité n'est troublée par aucune teinte étrangère. La même chose a lieu,

---

(1) Tels sont les cristaux d'un jaune-brunâtre et quelquefois d'un rouge obscur, auxquels on a donné le nom d'*Eisenkiesel. Voyez* la deuxième partie de cet Ouvrage, note 35.

en général, pour toutes les autres substances, et l'on pourrait aller jusqu'à dire que, sous ce rapport, la forme extérieure et la composition sont l'image l'une de l'autre. Tous ces jeux de position qui diversifient l'ensemble des faces que présente la première, ne font que modifier accidentellement un type inaltérable en lui-même, à peu près comme les principes additionnels, qui, dans la formation des mêmes cristaux, ont fait varier la scène des affinités, n'ont porté aucune atteinte à l'unité de composition.

Ce que j'ai dit de la forme deviendra encore plus évident, si, en pénétrant dans le mécanisme intime de la structure, on conçoit tous ces cristaux comme des assemblages de molécules intégrantes parfaitement semblables par leurs formes, et subordonnées à un arrangement régulier. Ainsi, au lieu qu'une étude superficielle des cristaux n'y laissait voir que des singularités de la nature, une étude approfondie nous conduit à cette conséquence, que le même Dieu dont la puissance et la sagesse ont soumis la course des astres à des lois qui ne se démentent jamais, en a aussi établi auxquelles ont obéi avec la même fidélité les molécules qui se sont réunies pour donner naissance aux corps cachés dans les retraites du globe que nous habitons.

J'ajoute que la cristallographie a l'avantage d'employer à la détermination des espèces un moyen accessible, et, pour ainsi dire, palpable ; savoir, celui qui dépend de cette sorte d'anatomie dont les cristaux sont susceptibles, et des modifications de cette structure, qui est, jusqu'à un certain point, par rapport au minéral, ce qu'est l'organisation à l'égard des êtres qui jouissent de la vie. La minéralogie partage ainsi avec la zoologie et avec la botanique, le mérite de faire parler aux yeux les caractères qu'elle emploie ; et si elle ne peut rendre sensible immé-

diatement le rapport entre les dimensions des formes qui
servent à faire distinguer certaines espèces, un calcul très-
simple le peint à l'esprit, et les angles qui ont fourni des
données pour trouver ce rapport, ou qui en offrent la vérification, peuvent être eux-mêmes saisis par les yeux
aidés du gonyomètre, qui est comme l'interprète de la
théorie.

Je n'ai jamais prétendu au reste élever le caractère tiré
de la Géométrie, au-dessus de sa véritable valeur. Il est
limité dans ses applications, qui ne s'étendent qu'aux
corps cristallisés, ou à ceux qui, sans être des cristaux
proprement dits, ont le tissu lamelleux. Il ne fait connaître que les premiers anneaux de ces portions de chaîne
dans lesquelles consistent les espèces. Outre qu'il tient à
des observations délicates en elles-mêmes, les petites imperfections des corps soumis à son pouvoir, peuvent laisser
de l'incertitude sur la précision des résultats, ensorte que
ce n'est quelquefois qu'en y revenant à plusieurs reprises,
à mesure que l'on découvre des cristaux plus nettement
prononcés, que l'on parvient à rectifier les erreurs qui
s'étaient glissées dans une première détermination. Mais
parce que ce caractère ne souffre aucune exception dans
le calcul des lois relatives aux variétés de cristallisation
qui dépendent d'une même forme primitive, on a exigé
de lui qu'il eût le même degré de généralité et de perfection relativement à la distribution des espèces. On a prétendu qu'il fît pour la méthode ce qu'il avait fait pour la
théorie ; et c'est pour l'avoir comparé à lui-même plutôt
qu'aux autres caractères, qu'on l'a jugé si sévérement.

Les minéraux, pourra-t-on dire encore, ne se présentent que rarement dans la nature sous des formes
cristallines. Il est bien plus ordinaire de les rencontrer en
masses irrégulières, qui occupent des terrains plus ou

moins spacieux. Donner à la cristallisation une si grande influence dans la formation de la méthode, et faire dépendre le tout de ce qui n'en est qu'une très-petite partie, n'est-ce pas vouloir élever un édifice immense sur une base qui n'a aucune proportion avec lui ? Je répondrai que l'importance des moyens destinés à nous faciliter l'étude de la nature, ne se mesure pas sur les dimensions des êtres, mais sur la certitude même de ces moyens, et sur l'étendue des avantages que nous pouvons en tirer pour arriver à notre but. Ce que l'on a dit des cristaux, qu'ils sont les fleurs des minéraux, cache une idée très-juste sous l'air d'une comparaison qui ne paraît qu'ingénieuse. Le botaniste n'emploie-t-il pas les organes de la fleur, c'est-à-dire les étamines et les pistils, par préférence aux feuilles et à la tige, pour caractériser les végétaux, et en ordonner la série, parce que ces organes sont ceux qui varient le moins, quoiqu'ils n'aient qu'une existence assez fugitive; quoique souvent, pour les bien appercevoir, il faille employer un instrument d'optique; quoiqu'enfin ils ne soient que comme des atômes qui se perdent dans l'aspect imposant que présentent ces grands arbres qui peuplent les forêts?

Un autre inconvénient que l'on a reproché au caractère dont il s'agit, est celui d'assigner une même forme de molécule à des minéraux de diverse nature. Mais pour faire tomber ce reproche, il ne faut que se rappeler l'idée que j'ai donnée de l'espèce, en considérant celle-ci comme un assemblage de minéraux, dont les molécules intégrantes sont semblables par leurs formes, et composées des mêmes principes unis entre eux suivant le même rapport (1). Cette

---

(1) Traité, T. I, p. 162.

définition suppose tacitement, que deux substances distinctes peuvent avoir leurs molécules configurées de la même manière; mais alors les principes composans étant différens de part et d'autre, il suffira, pour que les deux espèces soient déterminées sans équivoque, de combiner les résultats de l'analyse avec le caractère tiré de la forme. Or, c'est ce que j'ai fait, au moins d'une manière équivalente, en associant à l'indication du caractère géométrique celle de quelque propriété inhérente à la nature des corps, et susceptible d'être facilement vérifiée, au lieu que l'analyse est une opération délicate qui exige beaucoup d'habileté et un temps plus ou moins considérable (1).

Je vais citer un exemple pour prouver que dans les cas dont il s'agit, la considération des formes, loin d'être susceptible d'induire en erreur, a encore l'avantage de contribuer à faire marcher la méthode vers son but. Le spinelle et le fer oxydulé ont tous deux l'octaèdre régulier pour forme primitive. Or il est facile, abstraction faite de la forme, de les séparer l'un de l'autre d'après le contraste que présentent leurs propriétés physiques. Mais on aurait tort d'en conclure que la forme doit être bannie d'entre

---

(1) Quoiqu'il ne me paraisse pas impossible qu'une forme qui ne serait pas une limite, telle que le cube, l'octaèdre régulier, etc., appartienne, comme forme primitive, à deux espèces distinctes, je n'ai trouvé jusqu'ici aucun exemple qui démontre que ce cas ait réellement lieu dans la nature. On peut seulement conclure des observations faites sur tous les minéraux connus, que dans la série des formes primitives différentes de celles qui donnent des limites, il y a quelques termes qui sont très-rapprochés, tandis que les autres laissent entre eux des intervalles plus ou moins sensibles. Ainsi, je n'ai observé qu'environ un demi-degré de différence entre les angles des rhomboïdes primitifs du corindon et du fer oligiste, deux substances qu'il suffit d'ailleurs de placer l'une à côté de l'autre, pour qu'elles semblent se repousser.

les modifications caractéristiques de ces minéraux ; car elle sert à faire ressortir le fer oxydulé à côté du fer oligiste, qui a un rhomboïde pour noyau, et dont il est si voisin par ses autres caractères ; et de plus, elle établit une distinction du même genre entre le spinelle et le corindon hyalin, avec lequel il a de même une assez grande analogie. En un mot, les formes identiques tombent sur des termes de la série des espèces, qui, pour le peu qu'on les compare sous d'autres rapports, vont se placer comme d'eux-mêmes dans des points éloignés ; mais elles déterminent des contrastes entre les mêmes corps et d'autres qui ont avec eux des points de contact. Elles ne peuvent infirmer ce qui est d'ailleurs évident, et elles éclaircissent ce qui sans elles serait douteux.

Il n'est peut-être pas non plus impossible que ce soit l'inverse du cas précédent qui ait lieu, c'est-à-dire que dans deux substances dont les molécules intégrantes différeraient par leurs formes, et que l'on ne pourrait se dispenser, d'après l'ensemble de leurs caractères, de considérer comme des espèces distinctes, les molécules-principes soient les mêmes quant à leurs qualités et à leurs quantités relatives. J'ai déjà remarqué que c'était le sentiment de M. Bertholet (1) ; et l'illustre géomètre Laplace, pour concilier cette identité de composition avec la différence d'espèce, pense que les molécules-principes s'unissent dans ces sortes de cas par diverses faces, d'où résultent des cristaux distingués par leur forme, leur dureté, leur pesanteur spécifique et leur action sur la lumière (2). On trouvera, dans cet Ouvrage, plusieurs exemples de minéraux, qui tendent à réaliser cette idée,

(1) Statique chimique, T. I, p. 436.

(2) Supplément au dixième livre de la Mécanique Céleste, p. 70.

du moins d'après les analyses qui en ont été données. Le plus frappant de tous ces exemples est celui que présente le parallèle du carbonate de chaux avec l'arragonite, sur lesquels l'expérience a été interrogée tant de fois, et par des hommes si habiles, que l'on paraît être persuadé, en général, que les résultats obtenus représentent fidèlement l'essence de ces deux minéraux.

Si cette opinion est fondée, et si elle peut également s'appliquer à d'autres minéraux que l'analyse identifie, et qui diffèrent cependant par leur forme et par leurs propriétés physiques, la question de savoir si l'on doit suivre ici l'indication de l'analyser ou s'en écarter, ne me paraît pas problématique. M. Bertholet lui-même a prononcé ici contre l'analyse, et le raisonnement vient à l'appui de cette décision ; car, c'est par la différence des propriétés que l'on distingue les substances élémentaires, telles que les acides, les alkalis, les terres, etc., qui entrent dans la composition des minéraux, ensorte que ceux de ces principes que l'on avait d'abord confondus, tels que l'acide sulfurique et l'acide fluorique, la baryte et la strontiane, ont été regardés comme étant de diverse nature, depuis que l'expérience a prouvé qu'ils joignent des propriétés particulières à celles qui leur sont communes. Or, en raisonnant ici des composés comme de leurs élémens, on peut dire que, quand plusieurs minéraux semblables par les qualités et par les quantités relatives de ces élémens, manifestent différentes manières d'être, dans les expériences auxquelles on les soumet, et, plus encore, lorsque la diversité de leur structure en indique une dans l'action de l'affinité qui a réuni les élémens, on est fondé à séparer ces substances les unes des autres. La cause, quelle qu'elle soit, qui a eu une si grande influence sur cette action et sur les propriétés qui en dérivent, a tracé la limite naturelle entre les corps qu'elle a marqués si profondément de son empreinte.

Mais supposons que l'on découvre un jour dans ces substances que l'analyse confond , tandis que l'indication de la forme et des propriétés tend à les éloigner, quelque principe caché jusqu'alors, qui concilie tout; cette découverte ne fera que mettre dans un plus grand jour, et la distinction des mêmes substances, et la certitude des moyens employés par la science qui aura pris l'initiative.

Que l'on me permette maintenant une réflexion sur le tableau comparatif que présente cet Ouvrage. Pour le bien juger, il faut se rappeler que, parmi les espèces dont la série s'y trouve développée, un assez grand nombre, telles que l'amphibole, le pyroxène, l'axinite, le feldspath, la tourmaline, la stilbite, la chabasie, etc., n'avaient pas encore été analysées, ou ne l'avaient été qu'imparfaitement, lorsqu'elles ont été déterminées d'après la géométrie des cristaux; et si l'on supposait que la composition des autres, telles que la plupart des substances acidifères et beaucoup de substances métalliques, eût été de même inconnue, on n'aurait pas laissé de tracer aussi entre elles des lignes de séparation, en se servant du même moyen, puisque ces substances se prêtent, tout aussi bien que les premières, à la théorie des lois de la structure. Ainsi, la chaux carbonatée, la chaux phosphatée, la chaux fluatée et la chaux sulfatée auraient occupé des places distinctes dans la série des espèces, malgré l'ignorance où l'on aurait été sur leurs principes composans : ainsi, les combinaisons du plomb avec le soufre, l'acide carbonique, l'acide chromique, l'acide molybdique et l'acide sulfurique auraient de même été se ranger dans des espèces différentes, antérieurement à la connaissance dn métal qui en est la base, et des acides qui minéralisent celle ci.

Que l'on prenne, d'une autre part, tous les résultats d'analyse que j'ai cités dans la seconde partie, et qu'après avoir essayé de les distribuer régulièrement par espèces, en supprimant, par la pensée, les noms sous lesquels je les ai rangées, on compare le résumé de ce travail avec le tableau cristallographique que présente la première partie ; on sera conduit, si je ne me trompe, à cette conséquence, que l'ensemble de tous les minéraux, considéré relativement à l'état actuel de la science, peut être divisé en deux séries. Dans l'une, les espèces sont nonseulement déterminées sans équivoque, mais encore parfaitement connues. La cristallographie, en faisant subir une sorte d'analyse physique aux corps qui leur appartiennent, nous a dévoilé la forme des molécules intégrantes qui ont concouru·immédiatement à la production de ces corps, et la chimie, en·opposant de nouvelles affinités à celles qui avaient fait naître les mêmes molécules, nous a éclairés sur la nature des élémens dont elles sont les assemblages. La méthode, toutes les fois qu'il y a lieu, indique ces deux genres de connaissances ; le dernier, par les dénominations de chaux carbonatée, de baryte sulfatée, de magnésie boratée, etc., placées en tête des espèces ; le premier, par les définitions des formes primitives. Dans l'autre série, les espèces sont de même déterminées, à l'aide des molécules intégrantes et des propriétés ; mais elles ne sont encore qu'imparfaitement connues, parce qu'il reste des doutes, soit sur le nombre des élémens essentiels à la composition des molécules intégrantes, soit sur les quantités relatives de ces élémens. Cet inconvénient a lieu surtout à l'égard des substances terreuses, dont le nombre augmente d'une année à l'autre. On ne pourra le faire disparaître qu'en analysant des corps réduits à leurs seules molécules intégrantes, sans aucune addition de matières hétérogènes. Ces analyses donneront les types chimiques des espèces dont la cristallographie avait déjà déterminé les types géométriques, et les corps analysés jusqu'à présent offriront une gradation de variétés par mélange, liées à leurs types par un fond de principes communs.

C'est principalement ce retard de nos connaissances sur la composition des substances terreuses, qui m'a empêché de soudiviser en genres la seconde classe de la Méthode. Ayant essayé d'y parvenir, je ne faisais que remplacer chaque combinaison par une autre qui ne me satisfaisait pas davantage, et j'ai fini par renoncer à un travail que la science elle-même semblait m'interdire, pour me borner à présenter encore aujourd'hui, comme je l'avais fait dans mon Traité, une simple liste de ces substances jusqu'ici rebelles aux règles d'une distribution méthodique.

C'est aussi par la crainte de tomber dans l'arbitraire, que j'ai annexé à la seconde classe un appendice qui comprend les substances sur lesquelles il nous reste encore des observations à faire, avant de leur assigner des places dans la méthode. Mon savant collègue de Jussieu, dans son *Genera plantarum*, qui a changé la face de la botanique, a rejeté à la fin de sa Méthode, sous le titre de *Plantæ incertæ sedis*, les espèces dont la fructification n'est pas assez connue pour permettre de les ranger dans leurs familles respectives. A l'imitation de cet homme célèbre, j'ai essayé de tracer relativement aux connaissances minéralogiques, la ligne qui sépare le doute de la certitude. L'appendice dont il s'agit offre déjà lui-même la preuve des avantages qui résultent de cette sage

réserve. Une grande partie des substances qui le compo-
saient, à l'époque où mon Traité a paru, occupent aujourd'hui, parmi les espèces des deux premières classes,
le rang que leur ont assigné de nouvelles recherches sur
leur structure et leurs formes cristallines.

On jugera aisément, d'après tout ce que j'ai dit jusqu'ici,
que je n'applique le nom d'espèce qu'aux corps doués
d'une molécule intégrante qui leur est propre (1). Or il
peut arriver que la forme de cette molécule échappe à la
théorie fondée sur la structure, par le défaut de cristallisation régulière, et que cependant ses principes composans soient indiqués d'une manière précise, à l'aide des
opérations chimiques (2). Par exemple, jusqu'ici le fer
chromaté ne s'est présenté sous aucune forme cristalline
déterminable; mais l'analyse, en y démontrant la combinaison indiquée par le nom qu'il porte, lui assigne une
place fixe parmi les espèces du genre dont la base est le
fer. Il en est de même du cerium oxydé, qui jusqu'ici n'a
été trouvé qu'en masses informes, et qu'on ne peut cependant s'empêcher de regarder, d'après les résultats de
la chimie, comme l'oxyde d'un métal différent de tous
ceux qui étaient connus jusqu'alors. Ici s'applique en sens
contraire ce que j'ai dit d'un grand nombre de substances
terreuses. Les espèces dont il s'agit sont bien déterminées;

---

(1) *Voyez* ce que j'ai dit dans la seconde partie de cet Ouvrage, sur les
molécules des métaux ductiles, note 110; et sur l'admission de la houille
et des autres bitumes parmi les espèces, note 105.

(2) Il est probable que nous acquerrons dans la suite, par rapport à une
bonne partie des substances qui sont dans ce cas, les connaissances cristallographiques qui nous manquent encore. Déjà le lazulite, qui n'avait été
observé pendant long-temps qu'en masses irrégulières, s'est montré sous
une forme déterminable. La gadolinite et le tantalite ont offert des signes
marqués de cristallisation. D'autres vides seront comblés par de nouvelles
observations.

mais nous ne les connaîtrons qu'imparfaitement, tant que nous ignorerons la forme des molécules intégrantes qui résultent de la combinaison de leurs élémens : sur quoi je remarquerai, en passant, que l'on saisirait mal l'esprit de ma Méthode, si l'on prétendait que je regarde la connaissance des molécules intégrantes comme étant absolument indispensable pour la formation des espèces minérales ; je pense seulement que le défaut de cette connaissance occasionne un vide d'autant plus sensible sur le tableau de l'espèce, qu'il y laisse desirer un objet que l'on peut peindre et faire parler pour ainsi dire aux yeux, à l'aide des résultats de la division mécanique ; tandis que les preuves de l'existence des principes composans restent concentrées dans les expériences longues et délicates auxquelles ont été soumis les corps qui renferment ces principes.

Mais ce que je viens de dire ne s'applique qu'à un petit nombre de minéraux ; et il est bien plus ordinaire de rencontrer des masses non cristallisées, qui ne doivent pas, suivant ma manière de voir, constituer des espèces particulières. Or, il peut y avoir ici deux cas différens ; ou bien la masse dont il s'agit est une variété amorphe d'une espèce dont il existe des cristaux, et dont la relation avec cette espèce peut être déterminée par divers moyens ; ou bien c'est un agrégat qui, n'admettant aucune limite, sort du cadre de la méthode minéralogique, et doit être placé dans une seconde méthode faisant suite à la première, et dont les bases seront fournies par la géologie.

Dans le cas dont j'ai parlé d'abord, l'observation des rapports de position qui lient les variétés amorphes avec les variétés cristallisées, peut servir d'abord à indiquer l'analogie de nature qui existe entre les unes et les autres. En suivant une même substance sur les différens morceaux qui lui servent de support, et qui forment dans la nature des masses continues, on la voit passer de la cristallisation régulière à un état où elle n'offre plus que des lames qui se croisent en différens sens, ou bien elle prend un tissu granulaire, ou enfin elle devient une matière compacte qui est comme le dernier anneau de la chaîne. J'ai toujours été très-attentif à observer cette sorte de transformation graduée, à l'aide de laquelle une substance minérale finit par devenir totalement différente d'elle-même, de manière cependant à permettre de démêler les traces de son état primitif, à travers la succession des intermédiaires qui servent à lier les extrêmes. Quelquefois il suffit qu'une des masses compactes dont j'ai parlé en dernier lieu ait été interrompue par de petites cavités, pour que la matière dont elle est composée l'ait tapissée de ses cristaux. On en a des exemples dans la chaux carbonatée, ainsi que dans le quarz-agathe pyromaque, connu sous le nom de *pierre à fusil*. En brisant, par exemple, les rognons de cette dernière substance, que l'on retire des terrains calcaires et marneux, on met à découvert de petites géodes garnies de cristaux de quarz-hyalin, dont la matière se fond quelquefois presqu'imperceptiblement dans celle du quarz-agathe, à l'endroit de leur contact mutuel.

Les propriétés physiques et chimiques peuvent être aussi employées utilement à la détermination des substances amorphes; et quoique celles-ci soient moins pures que les corps cristallisés, l'analyse à son tour peut offrir des indications qui, réunies à celles que l'on tire des autres moyens, donneront au rapprochement des masses dont il s'agit avec leurs types, un degré de probabilité qui équivaut presque à une certitude.

Reste les agrégats dont la formation n'a été soumise à

aucune mesure fixe, de manière qu'aucune des substances qui les composent n'y fait la fonction de type. Ce sont des dépôts de matières non dissoutes, au moins en partie, qui n'offrent jamais de tissu lamelleux proprement dit, et dont la tendance à se diviser en feuillets, lorsqu'elle existe, est plutôt due à leur accroissement par couches successives, ou au retrait qu'elles ont éprouvé pendant leur desséchement. Tels sont l'argile, la marne, les schistes, etc. Ces agrégats, quoiqu'ils aient en général une certaine apparence d'homogénéité, qui provient de la petitesse des parties dont ils sont formés, peuvent être considérés comme les incommensurables du règne minéral, et par-là même ils échappent à la méthode minéralogique, qui n'a aucune prise sur eux, et ne peut les renfermer dans aucuns des cadres destinés pour les véritables espèces. Sans doute ils doivent être décrits et classés, mais dans une seconde méthode, avec les substances géologiques dont ils font partie, comme n'étant autre chose que des matières que la nature a déposées en masses sur des étendues de terrain plus ou moins considérables.

J'ai conçu depuis long-temps, par rapport à cette seconde méthode, un plan d'après lequel elle formerait un tableau qui pourrait servir comme de pendant à celui que présente la méthode minéralogique. Il ne s'agirait, pour exécuter ce plan, que de prendre d'abord successivement les diverses substances simples qui entrent dans la composition des roches, pour bases d'autant de grandes divisions, dont les sous-divisions offriraient la substance principale, soit seule, soit associée à d'autres substances. Ainsi le feld-spath étant considéré comme base d'une des grandes divisions dont j'ai parlé, on aurait cette série de sous-divisions; feld-spath avec quarz et mica, sous forme de grains entrelacés, *granite*; feld-spath avec quarz et mica, sous une apparence feuilletée, *gneiss ;* feld-spath et amphibole, l'un et l'autre avec un tissu laminaire, *siénite,* etc. Le feld-spath, considéré seul sous le nom de *feld-spath compacte,* serait placé sur la même ligne. Dans l'arrangement des termes de chaque série, on aurait égard à la succession des époques relatives à leur formation, telle que l'indiquent les observations. Ainsi la série qui aurait pour base la chaux carbonatée, présenterait, en premier lieu, celle qu'on appelle *primitive,* soit seule, soit servant d'enveloppe à d'autres minéraux, comme à l'amphibole (actinote); puis la chaux carbonatée dite *de transition,* ensuite celle qu'on appelle *secondaire,* et le dernier anneau de cette chaîne serait le tuf calcaire.

Une autre série serait formée des matières nommées *schistes argileux, argiles, glaises,* etc.: ici la base ne serait plus, comme dans le cas précédent, une des espèces qui déjà occupent un rang à part dans la méthode minéralogique, mais un agrégat d'apparence homogène; et l'on aura un motif suffisant pour disposer sur une même ligne les diverses matières dont je viens de parler, si l'on considère que leur partie dominante est la silice, avec un mélange d'alumine, de fer ou autres ingrédiens.

Les substances volcaniques seraient décrites dans un ordre à part, qui ferait suite à la même classification. J'avais déjà ébauché, dans mon Traité, le tableau de ces substances; et les observations faites depuis par des géologues éclairés qui ont visité les volcans, tendent à confirmer l'opinion que j'avais adoptée au sujet des corps que j'ai appelés *laves lithoïdes,* et de quelques autres que des savans célèbres placent hors des limites qui circonscrivent le domaine du feu.

Dans la méthode dont je me suis borné à donner ici une légère idée, on supprimerait la considération de ces

rapports de position que peut avoir une même roche avec
d'autres auxquelles on dit qu'elle est *subordonnée*. La méthode dont il s'agit ne serait destinée qu'à donner une
idée exacte des substances que considère la géologie. Je
remarquerai à ce sujet que, parmi ceux qui suivent un
cours de Minéralogie, ou étudient un traité relatif à cette
science, les uns ne veulent qu'acquérir une connaissance
développée de toutes ces matières, qu'une Providence
bienfaisante a répandues dans la nature, et que les besoins
ou les agrémens de la vie mettent continuellement sous
nos yeux et entre nos mains. Les autres se proposent de
voyager et d'aller observer sur les lieux mêmes l'arrangement respectif des minéraux, et le rôle plus ou moins
important qu'ils jouent dans la structure du globe. L'ensemble des deux méthodes que je propose, en même
temps qu'il offrira aux premiers tout ce qui peut les satisfaire, mettra les seconds à portée de démêler, sans aucune
confusion, tous les corps qu'ils auront observés d'abord
séparément, au milieu des assemblages ou des groupes
qui en diversifient les positions à l'infini. Munis de ces
notions préliminaires, ils pourront faire avec plus de fruit
une étude approfondie de la géologie, telle que la présente le système de M. Werner, qui peut en être regardé comme le créateur. Ce n'est pas ici le lieu de
parler des recherches, à l'aide desquelles plusieurs célèbres géologues ont puisé dans l'inspection immédiate de
l'état actuel du globe, des inductions sur les événemens
qui l'ont amené progressivement à cet état (1); mais je ne

---

(1) On imprime dans ce moment, chez le même libraire à qui j'ai con-
fié l'Ouvrage que je publie, une nouvelle production de M. Deluc, ayant
pour titre : *Élémens de Géologie*, qui présente des vues très-saines, fondées sur des observations faites avec beaucoup de soin.

puis passer sous silence un modèle récent de la manière
d'étudier ce point de vue de la nature, que nous offrent
les belles et importantes recherches de MM. Cuvier et
Brongniart sur les terrains situés autour de Paris (1).

Qu'il me soit permis, en terminant cette Introduction,
de revenir un instant sur l'usage que j'ai fait de la cristallographie, pour la distinction des espèces minérales. Je
n'avais envisagé d'abord ma théorie sur cette branche
d'histoire naturelle, que comme un moyen de lier les
différentes variétés cristallisées d'une même espèce, soit
entre elles, soit avec un noyau commun, à l'aide des
lois de décroissement que subissent les lames qui recou-
vrent les faces de ce noyau. Mais en multipliant les
applications de cette théorie, je me suis apperçu que
des corps que l'on avait rangés dans une même espèce,
étaient incompatibles dans un même système de cristallisation, et que d'autres, qu'on avait placés dans des espèces
différentes, venaient se rallier autour d'une forme primitive commune. J'ai conçu alors l'idée de diriger l'usage
de la théorie vers la distinction des espèces, et je suis
arrivé par degrés à une distribution méthodique complète, établie sur ce fondement, autant du moins que
le sujet peut s'y prêter, et en faisant concourir vers le
même but les caractères auxiliaires que me fournissaient
les propriétés chimiques et physiques des minéraux,
lorsque la considération tirée de la forme étoit insuffi-
sante. Le progrès de cette méthode a occasionné un défaut
d'accord continuel entre elle et les autres méthodes qui
persistaient à séparer des substances que j'avais réunies,
ou à en confondre que j'avais distinguées. Cependant, si

(1) Essai sur la Géographie minéralogique des Environs de Paris, Annales
du Muséum d'Hist. nat. T. XI, p. 293 et suiv.

l'on suit la marche de ces dernières, on verra qu'elles se sont rapprochées par degrés de celle que je publie, ce qui ne serait pas arrivé sans doute s'il y avait plus de fixité dans les principes qui leur servent de bases, et si ceux qui m'ont guidé moi-même n'avaient pas à cet égard une prépondérance marquée.

Ainsi, ce qui n'était dans l'origine qu'une théorie des lois de la structure, est devenu, contre mon attente, un moyen de classification. J'ose dire que si les opinions ont été partagées, ce n'est pas sur les avantages qu'offrent les applications du calcul à la cristallographie, mais sur ceux qui m'ont paru résulter de ses applications à la méthode: j'observerai cependant, qu'il y a entre les unes et les autres une dépendance nécessaire. La théorie ne peut remplir son but, relativement aux premières, qu'en rangeant à la suite de chaque forme primitive tous les corps qui sont liés avec elle par les dimensions de leurs molécules, et par les lois auxquelles ces molécules sont soumises dans leur arrangement, et en excluant ceux qui ne se plient pas aux mêmes lois, pour les reporter dans d'autres séries dont les types sont différens. Or n'est-ce pas là travailler à la formation d'une méthode, en mettant chaque être à sa véritable place? Et lorsque le calcul m'a appris, par exemple, que deux variétés qui portaient dans toutes les minéralogies le nom de *zéolithe*, et dont l'une a la forme d'un prisme rectangulaire terminé par des sommets à quatre triangles, et l'autre celle d'un prisme du même genre, terminé par des sommets à quatre rhombes, étaient incompatibles dans les résultats des lois de la structure, n'ai-je pas dû en inférer que j'avais sous les yeux deux espèces différentes, et les noms de *mesotype* et de *stilbite*, que cette conséquence a fait naître, sont-ils autre chose qu'un langage dicté, en quelque sorte, par le calcul lui-même?

Après avoir ainsi établi le fondement de ma distribution méthodique sur la considération des corps réguliers, j'y ai ramené, d'après l'analogie des autres caractères, tous les corps que l'on peut regarder comme des produits de la cristallisation confuse; et quant aux agrégats qui ne tiennent par aucun lien aux espèces proprement dites, l'idée de les exclure de la méthode minéralogique, pour ne les laisser subsister que da nsla méthode géologique, où il eût été d'ailleurs nécessaire de les placer de nouveau, m'a paru plus conforme à l'esprit géométrique, en ce qu'il met plus d'unité dans la première méthode, et plus de simplicité dans l'ensemble de toutes les deux, par la suppression des doubles emplois qui deviennent une surcharge, lorsqu'ils ne sont pas indispensables. Si cette manière de voir n'est pas la véritable, j'ose du moins espérer que ceux même qui ne l'adopteraient pas, accueilleront avec indulgence des efforts si long-temps dirigés vers un but aussi intéressant que celui d'offrir la méthode minéralogique la mieux raisonnée et la plus conforme à la philosophie de la science.

EXPLICATION

*Des abréviations employées dans ce Tableau com-
paratif, avec la citation des Ouvrages étrangers
dans lesquels on a puisé la synonymie et une partie
des analyses.*

W. Werner. Herrn Bergrath Werner's neuestes Minéral
system ; exposé dans l'ouvrage qui a pour titre : Taschenbuch
für die gesammte Mineralogie, etc. Von Carl Cæsar Leonhard.
Dritter Jahrgang. Frankfurt am main, 1809.

K. Karsten. Mineralogische Tabellen, etc. Von Dietrich
Ludwig Gustav Karsten. 2ᵉ. auflage. Berlin, 1808.

B. Beiträge zur chemischen Kenntniss der Mineralkörper.
Von Martin Heinrich Klaproth. Berlin, 1795—1807.

R. Reuss. Lehrbuch der Mineralogie, etc. Von Franz
Ambros Reuss. Leipzig, 1801—1806.

TABLE

DES ESPÉCES DÉCRITES DANS CET OUVRAGE.

PREMIÈRE CLASSE.

SECONDE CLASSE.

TABLE DES NOMS FRANÇAIS.

A

d

B

C

M

N

O

P

T

U

FIN DE LA TABLE DES NOMS FRANÇAIS.

TABLE DES NOMS ALLEMANDS.

A

F

G

H

I

J

K

T

FIN DE LA TABLE DES NOMS ALLEMANDS.

Fautes à corriger.

Pag. 7, après la ligne 18, *ajoutez* : Couleurs. Violet, blanc-grisâtre, verdâtre.

Pag. 24, ligne 4. Quaternaire $\overset{4}{\text{D}}$P, *lisez* Unitaire DP.

Ibid., ligne 6. P sur $\overset{1}{l}$, *lisez* P sur $\overset{1}{f}$.

Pag. 107, dernière ligne. Roher, *lisez* Rother.

Pag. 108, ligne 23. Arsenikblüthe, W. et K., *lisez* Arsenikblüthe, K.

Pag. 113, ligne 19, note 134, *supprimez* cette indication.

Pag. 115, ligne 15. 11 à 17, *lisez* 10 à 11.

TABLEAU COMPARATIF

DES RÉSULTATS

DE LA CRISTALLOGRAPHIE

ET DE L'ANALYSE CHIMIQUE,

RELATIVEMENT A LA CLASSIFICATION DES MINÉRAUX.

PREMIÈRE PARTIE.

Distribution méthodique des Espèces minérales déterminées principalement à l'aide de la Cristallographie.

PREMIÈRE CLASSE.

Substances acidifères.

PREMIER ORDRE.

Substances acidifères libres.

PREMIÈRE ESPÈCE.

Acide sulfurique.

SAVEUR acide, brûlante. Exposé, dans l'état de concentration, à une température de 3 ou 4 degrés au-dessous du zéro de Réaumur, il se congèle, et cristallise en prismes hexaèdres terminés par des pyramides du même nombre de faces.

I

SECONDE ESPÈCE.

Acide boracique.

Sassolin, K.

Aspect nacré. Fusible, à la flamme d'une bougie, en un globule vitreux, qui, sans avoir besoin d'être isolé, acquiert une
électricité résineuse très-sensible, à l'aide du frottement.

SECOND ORDRE.

Substances acidifères terreuses.

A. A base simple.

PREMIER GENRE.

Chaux.

PREMIÈRE ESPÈCE.

Chaux carbonatée.

FORME PRIMITIVE. Note 1.

Rhomboïde obtus (pl. 1 de cet Ouvrage, fig. 1), dans lequel
l'incidence de P sur P est de $104^d 28' 40''$, et celle de P sur P' de
$75^d 31' 20''$. L'angle plan A au sommet est de $101^d 32' 13''$ et
l'angle latéral E est de $78^d 27' 47''$ (1).

FORMES DÉTERMINABLES. Kalkspath, W. Späthiger
Kalkstein, K.

Les plus remarquables sont la chaux carbonatée.

1. Primitive. Traité, t. II, p. 132, var. 1.
2. Equiaxe. *ibid.*, var. 2.
3. Inverse. *id.*, p. 133., var. 3.
4. Métastatique. *id.*, p. 134., var. 4.
5. Contrastante. *id.*, p. 137., var. 5.
6. Prismatique. *id.*, p. 141., var. 14.
7. Dodécaèdre. *id.*, p. 142., var. 18.

---

(1) Je ferai connaître dans la note 1, seconde partie, une nouvelle détermination de ce rhomboïde, qui donne des différences d'environ $\frac{1}{4}$ degré, avec
les angles que je viens de citer.

8. Bisalterne. *id.* p. 146. var. 22.

9. Trihexaèdre. Annales du Muséum d'Histoire naturelle, t. XI, 61ᵉ cahier, p. 67 (pl. 8, fig. 4). Journ. des Mines, n° 133, p. 50, pl. 1, fig. 4.

10. Analogique. Traité, *id.* p. 152, var. 32.

En tout 105 variétés, en y comprenant celles qui se rapportent à la chaux carbonatée ferrifère et aux autres mélanges qui seront décrits plus bas.

FORMES INDÉTERMINABLES.

En cristaux irréguliers.

1. Primitive convexe. Le rhomboïde primitif, dont les faces sont bombées.

2. Lenticulaire. Traité, t. II, p. 161, var. 1.

3. Spiculaire. *id.*, p. 162, var. 2.

4. Bacillaire-fasciculée, gris-noirâtre. Note 2. Madreporstein, Traité, t. IV, pag. 378. Vulgairement *madréporite.* Madreporstein, K.

5. Aciculaire. En aiguilles distinguées de l'arragonite par leur division mécanique.

   a. Conjointe. Aiguilles adhérentes parallèlement à leur longueur.

   b. Radiée. Aiguilles divergentes.

6. Fibreuse-conjointe. A fibres soyeuses. Traité, t. II, p. 163, var. 5. Fasriger Kalkstein, W. et K.

En masses.

7. Laminaire. *ibid.*, var. 4.

8. Lamellaire. *ib.*, var. 6. Körniger Kalkstein, W. et K.

   a. Blanche. Une partie des marbres statuaires de Paros.

   b. Incarnate.

9. Saccaroïde. *id.*, p. 164, var. 7. Körniger Kalkstein, W et K. Vulgairement *marbre statuaire, marbre salin.*

10. Subgranulaire. Tissu légérement granuleux, entremêlé de petites lames brillantes.

a. Bleuâtre, quelquefois veinée de noirâtre. *Marbre bleu-turquin.* Traité, t. ιν, p. 433.

b. Blanc grisâtre, veinée de verdâtre. *Marbre cipolin. ibid.*

11. Compacte. Traité, t. ιι, p. 164, var. 8. Dichter Kalkstein, **W.**

    a. Massive, quelquefois dendritique.

    b. Globuliforme. Rogenstein, **W.** Vulgairement *oolithe.*

12. Grossière. *id.*, p. 166, var. 9. *Pierre à bâtir*, des Parisiens.

13. Crayeuse. *ibid.*, var. 10. Kreide, **W.** et K. Vulgairement *craie.*

14. Spongieuse. *id.* p., 167, var. 11. Bergmilch, **W.** et K. Vulgairement *agaric minéral.*

15. Pulvérulente. *ibid.*, var. du Bergmilch, **W.**

FORMES IMITATIVES.

Chaux carbonatée concrétionnée. Kalksinter, **W.** Sintriger Kalkstein, K.

Les auteurs étrangers comprennent dans cette division des arragonites fibreux.

1. Fistulaire. Vulgairement *stalactite calcaire.* Traité, t. ιι, p. 168.

    Cylindrique, conique, fungiforme, c'est-à-dire terminée par une espèce de chapeau semblable à celui des champignons.

2. Stratiforme. *id.*, p. 169. *b.* Vulgairement *stalagmite calcaire.*

3. Tuberculeuse. *ibid. c.*

4. Géodique. *id.*, p. 170. *e.*

5. Globuliforme-testacée. Erbsenstein, **W.** Erbsförmiger Kalkstein, K. Vulgairement *pisolithe.*

6. Pseudomorphique. *id.*, p. 172. *h.*

7. Incrustante. *id. g.* Tuffartiger Kalkstein, K. Kalktuff, **W.**

8. Sédimentaire. Vulgairement *tuf calcaire.* Variété de la précédente, **W.** et K.

APPENDICE.

Chaux carbonatée unie, par voie de mélange, à différentes substances.

a. Ferrifère. Note 3. Annales du Muséum d'Histoire naturelle , 9ᵉ cahier, t. II, p. 181.

1. Uniternaire. Traité, t. II, p. 142, var. 16.
2. Terno-bisunitaire. Annales du Mus.*id.*, p. 184 (pl. 38, fig. 3).

b. Manganésifère rose. Note 4.

1. Primitive–contournée.
2. Amorphe.

c. Ferro-manganésifère. Note 5. Chaux carbonatée brunissante. Une partie des substances décrites sous le nom de *chaux carbonatée ferrifère*. Traité, t. II, p. 175. Braunspath , W. et K.

1. Primitive. Traité, t. II, p. 177, var. 1.
   Contournée. *id.*, p. 178, var. 8.
   Squamiforme. *ibid. a.*
2. Incrustante.
   Couleurs. Blanche, grise, jaunâtre, brunâtre, etc. Chatoyement. Perlée.

d. Quarzifère. Vulgairement *grès cristallisé de Fontaine-bleau.* Traité, t. II, p. 184.

1. Inverse. *id.*, p. 185, var. 1.
2. Concrétionnée. *ibid.*, var. 2.
3. Amorphe. *ibid.*, var. 3.

e. Magnésifère. Note 6. Traité, t. II, p. 187.

Formes déterminables.

1. Primitive. *id.*, p. 188, var. 1. Rautenspath, W. Rhomboëdrischer Dolomit, K. Anciennement *bitter-spath*, W.
2. Prismée. *id.*, p. 139, var. 10.
3. Uniternaire. *id.*, p. 142, var. 16.
4. Unitaire, verdâtre. *id.*, p. 139, var. 9. Miemit, R. Bitterspath, Klaproth, B. III, p. 301.

Formes indéterminables.

5. Lenticulaire. Variété du Miémit, R.
6. Laminaire.
7. Granulaire. Dolomit, W. Gemeiner Dolomit, K. Vulgairement *Dolomie.* Chaux carbonatée aluminifère. Traité,
t. II, p. 173.
    f. Nacrée. Note 7. Aphrit, K.
1. Primitive. Schiefer-spath, W. Verhärteter Aphrit, K.
2. Testacée. Variété de la précédente, W. et K. Spath schisteux. Traité, t. IV, p. 397.
3. Lamellaire. Schaumerde, W. Zerreiblicher Aphrit, K. Ecume
de terre. Traité. *id.*, p. 360.
    g. Fétide. Stinkstein, W. et K. Traité, t. II, p. 188.
1. Lamellaire.
2. Compacte.
    h. Bituminifère. Var. du Stinkstein, W. et K. Traité. *id.*,
p. 189.

SECONDE ESPÈCE.

Arragonite. Note 8.

Arragonite. Traité, t. IV, p. 337. Arragonit, W. Arragon,
K. Excentricher Kalkstein, R.

FORME PRIMITIVE.

Octaèdre rectangulaire (fig. 2), dans lequel l'incidence de
M sur M est de $115^d 56'$, et celle de P sur P de $109^d 28'$. Il se
soudivise parallèlement à un plan mené par les arêtes C, G.

FORMES DÉTERMINABLES.

Cristaux solitaires.

1. Unitaire. Annales du Mus. 64ᵉ cahier, t. XI, p. 247 (pl. 27,
fig. 6). Journ. des Mines, n° 136, p. 247 (pl. 23, fig. 6).

Cristaux groupés.

2. Symétrique. Arragonite prismatique. Traité, t. IV, p. 338.
3. Intégriforme. Annales du Muséum. *id.* p. 251 (fig. 8). Journ.
des Mines. *id.*, p. 252 (fig. 8).

4. Cunéolaire. Traité, t. IV, p. 340.

5. Apotome. Annales du Mus. *id.*, p. 253 , (pl. 27 , fig. 11). Journ. des Mines. *id.*, p. 255 (pl. 23, fig. 11). Variété de la chaux carbonatée dure de Bournon (Journ. des Mines, n° 103, p. 68), et probablement de la substance nommée *igloit*, par les minéralogistes allemands.

6. Confluent. Annales du Muséum. *id.*, p. 252 et 253 (pl. 27, fig. 1 et 2). Journ. des Mines, n° 136, p. 254 (pl. 23, fig. 1 et 2).

En tout treize variétés.

FORMES INDÉTERMINABLES.

1. Aciculaire-radié.

2. Fibreux. Fasriger Kalkstein, **W**.

3. Coralloïde. Chaux carb. coralloïde. Traité, t. II, p. 170. Kalksinter, **W**. Vulgairement *flos ferri*.

   a. Hérissé.

   b. Lisse.

4. Compacte.

TROISIÈME ESPÈCE.

Chaux phosphatée. Note 9.

Cristaux terminés par un plan perpendiculaire à l'axe. Apatit, W. et K.

Cristaux péridodécaèdres bleuâtres. Agustit, R.

Cristaux terminés en pointe, à l'exception de ceux de Norwège. Spargelstein, W. Variété de l'Apatit, K.

Cristaux de Norwège, bleu-verdâtres ou gris-bleuâtres. Moroxit, R. Variété de l'Apatit, K.

FORME PRIMITIVE.

Prisme hexaèdre régulier (fig. 3), dans lequel le côté B de la base est à la hauteur, comme la diagonale du carré est au côté; à peu près comme 10 est à 7.

FORMES DÉTERMINABLES.

1. Primitive. Traité, t. 1, p. 237, var. 1.

2. Pyramidée. *id.*, p. 238, var. 5.

3. Annulaire. *ib.*, var. 3.

4. Péridodécaèdre. *id.*, p. 237, var. 2.

5. Unibinaire. *id.*, p. 238, var. 5.

6. Doublante. $\overset{\frac{1}{2}\ \mathrm{I}\ 2\ \mathrm{I}}{\underset{\mathrm{M}\ z\ x\ r\ s\ u\ P}{\mathrm{M\ B\ B\ B\ A^2 A^2 P}}}$ (pl. II de cet Ouvr., fig. 23).

Incidence de M sur *z*, 148^d 31' 4"; de M sur *u*, 149^d 3'. Se trouve au Saint-Gothard.

FORMES INDÉTERMINABLES.

1. Laminaire.

2. Lamellaire. Traité. *id.*, p. 238, var. 8.

3. Fibreuse–conjointe.

4. Guttulaire. Arrondie en forme de goutte. Variété du Moroxit. R.

5. Granulaire.

6. Granuliforme. Traité. *ibid.*, var. 9.

7. Compacte.

8. Terreuse. Traité. *id.*, p. 239, var. 10. Phosphorit, W. et K.

9. Pulvérulente. Erdiger Phosphorit, K. Vulgairement *terre de Marmarosch*.

Accidens de lumière. Limpide, au Saint-Gothard; rougeâtre, violette, bleuâtre, verdâtre, jaune-verdâtre, orangée, gris-brunâtre, jaunâtre, blanchâtre.

APPENDICE.

Chaux phosphatée quarzifère. Donnant des étincelles sous le briquet; poussière phosphorescente sur des charbons ardens.

QUATRIÈME ESPÈCE.

Chaux fluatée. Note 10.

Fluss, W. et K.

FORME PRIMITIVE.

L'octaèdre régulier. La poussière mise dans l'acide sulfurique légérement chauffé, donne lieu au dégagement d'une vapeur qui corrode le verre.

FORMES DÉTERMINABLES. Flus-spath, W. Späthiger Fluss, K.

1. Primitive. Traité, t. II, p. 249, var. 1.
2. Cubique. *id.*, p. 255, var. 2.
3. Cubo-octaèdre. *id.*, p. 256, var. 4.
4. Bordée. *id.*, p. 257, var. 7.
   En tout quatorze variétés.

FORMES INDÉTERMINABLES.

1. Primitive sphéroïdale.
2. Testacée.
3. Demi-compacte.
4. Compacte. Dichter Fluss, W. et K.
5. Concrétionnée. *id.*, p. 260, var. 11.
6. Terreuse. Erdiger Fluss, K.

Accidens de lumière. Limpide, rouge, violette, verte, bleue, jaune, blanchâtre.

Variété de phosphorescence.

Chaux fluatée chlorophane. *id.*, p. 264.

APPENDICE.

Chaux fluatée aluminifère cubique. *id.*, p. 261.

CINQUIÈME ESPÈCE.

Chaux sulfatée. Note 11.

Gips, W. et K.

FORME PRIMITIVE.

Prisme droit (pl. 1, fig. 4), dont les bases sont des parallélogrammes obliquangles de 113^d 8′ et 66^d 52′, et dans lequel le rapport des côtés B, C, G ou H est à peu près celui des nombres 12, 13 et 32.

FORMES DÉTERMINABLES. Späthiger Gips, K.

1. Trapézienne. Traité, t. II, p. 270, var. 1.
2. Equivalente. *id.*, p. 272, var. 2.
   En tout cinq variétés.

FORMES INDÉTERMINABLES. Späthiger Gips, K.

1. Prismatoïde. *id.*, p. 274, var. 4.
2. Mixtiligne. *ibid.*, var. 5.
3. Lenticulaire. *id.*, p. 278, var. 8.
4. Laminaire. *id.*, p. 277, var. 7. Fraueneis, W.
5. Aciculaire. *id.*, p. 278, var. 8.
6. Fibreuse-conjointe. *ibid.*, var. 9, Fasriger Gips, W. et K.
7. Compacte. *ibid.*, var. 10. Vulgairement *albâtre gipseux*. Dichter Gips, W. et K.
8. Terreuse. *ibid.*, var. 11. Gipserde, W. Erdiger Gips, K.
9. Niviforme. *id.*, p. 279, var. 12. Variété du Gipserde, W.

Accidens de lumière. Limpide, blanche, grise, jaunâtre, incarnate, violette.

APPENDICE.

Chaux sulfatée calcarifère. Vulgairement *pierre à plâtre*. Traité, t. IV, p. 460.

SIXIÈME ESPÈCE.

Chaux anhydro-sulfatée. Note 12.

Muriacit, W. Chaux sulfatée anhydre. Traité, t. IV, p. 348.

FORME PRIMITIVE.

Prisme droit à bases rectangles (fig. 5), dans lequel le rapport entre les côtés C et B est à peu près celui de 16 à 13. La dimension G en hauteur est jusqu'ici indéterminée. Le prisme est divisible diagonalement par des plans qui font entre eux des angles de 100^d 8' et 79^d 56'. Réfraction double à un haut degré.

Variétés.

1. Primitive.
2. Périoctaèdre M^{1}G^1. (Pl. II de cet Ouvrage, fig. 24). Incidence de M sur *r*, 140^d 4'; de T sur *r*, 129^d 56'.
3. Laminaire. Traité. *id.*, p. 349, var. 1. Würfel-spath, W.
4. Lamellaire. *ibid.*, var. 2. Anhydrit, W.

5. Concrétionnée-contournée. Note 13. Pierre de trippes. Traité,
t. II, p. 303. Pesant. Specif. 2, 9.

Accidens de lumière. Limpide, blanchâtre, bleuâtre, violâtre.

APPENDICE.

1. Chaux anhydro-sulfatée muriatifère. Vulgairement *muria-
cite.* Traité, t. IV, p. 352. Soude muriatée gipsifère. *id.*,
t. II, p. 365.

2. Chaux anhydro-sulfatée quarzifère. Chaux sulfatée quarzifère. Traité, t. IV, p. 355.

3. Chaux sulfatée épigène [c'est-à-dire produite comme après
coup] (1). Note 14. Provenant de la chaux anhydro-
sulfatée qui a pris de l'eau pendant son exposition à l'air.

   a. Subtessulaire. Blanchâtre, divisible en parallélipipèdes
rectangles. Assez souvent les divisions n'ont lieu qu'imparfaitement sur deux faces opposées qui sont comme
raboteuses. En observant les fractures à une vive lumière, on y distingue des facettes qui brillent comme
par interruption au milieu d'une substance matte. Pesant.
Specif. 2, 3145. Plus tendre que la chaux anhydro-
sulfatée ; donnant du plâtre par la calcination.

   b. Subgranulaire.

SEPTIÈME ESPÈCE.

Chaux nitratée.

Vulgairement *nitre calcaire.*

Déliquescente. Mise sur des charbons allumés, elle fuse len-
tement, et laisse un résidu qui n'attire plus l'humidité.

Variétés.

1. Trihexaèdre. Traité, t. II, p. 292, var. 1.
2. Aciculaire. *ibid.*, var. 2.

---

(1) J'appelle ainsi en général les produits des altérations spontanées, à
l'aide desquelles certaines substances passent à un nouvel état, et je donne
à ce passage le nom d'*épigenie.* Le plomb phosphaté prismatique, converti
en plomb sulfuré ; le fer sulfuré qui par la perte de son soufre est devenu
pyrite hépatique, sont des corps épigènes.

HUITIÈME ESPÈCE.

Chaux arséniatée. Note 15.

Pharmakolith , K. Arsenikblüthe , W.

Soluble sans effervescence dans l'acide nitrique. Odeur d'ail par l'action du chalumeau.

Variétés.

1. Mammelonée. Traité. *id.* , p. 294, var. 1.
2. Capillaire. *id.* , var. 2.

SECOND GENRE.

Baryte.

PREMIÈRE ESPÈCE.

Baryte sulfatée. Note 16.

Schwer-spath , W. Baryt , K.

FORME PRIMITIVE.

Prisme droit à bases rhombes (pl. 1 , fig. 6), de 101^{d}32′13″ et 78^d 27′ 47″, dans lequel le rapport du côté B à la hauteur G ou H est à peu près celui de 45 à 46.

FORMES DÉTERMINABLES. Gemeiner Baryt, K.

1. Primitive. Traité, t. II, p. 298, var. 1.

2. Unitaire. $\overset{\scriptstyle 1}{M}\overset{}{E}.$ *id.* [pl. 36, fig. 121 (1)].
   $\quad$ M o

3. Binaire. *id.* , p. 298, var. 2.

4. Emoussée. $\overset{\scriptstyle 1}{M}E\overset{}{P}.$ *id.* (pl. 36, fig. 122).
   $\quad$ M o P

5. Dodécaèdre. $\overset{\scriptstyle 1}{M}E\overset{\scriptstyle 2}{A}.$ *id.* (fig. 124).
   $\quad$ M o d

6. Trapézienne. *id.*, p. 299 , var. 6.

7. Epointée. *id.* , p. 300, var. 7.

---

(1) J'emploie pour les nouvelles variétés que j'ajoute ici, les figures qui représentent leurs analogues prises dans l'espèce de la strontiane sulfatée, la différence des angles étant trop petite pour empêcher que l'on ne puisse, d'après ces mêmes figures, se faire une idée des variétés dont il s'agit.

8. Entourée. M $\overset{1}{\text{B}}$ E A P. *id.* (pl. 36, fig. 126).
   M 2 0 d P

9. Pantogène. *id.*, p. 301, var. 12.

En tout soixante-trois variétés.

FORMES INDÉTERMINABLES.

1. Crétée. *id.*, p. 301, var. 14.
2. Laminaire.
3. Lamellaire.
4. Bacillaire. *id.*, p. 302, var. 15. Stangen-spath, W. Stängli-cher Baryt, K.
5. Radiée. *ib.*, var. 16. Bologneser-spath, W. Strahliger Baryt, K.
6. Concrétionnée-fibreuse. A Chaud-Fontaine, près de Liége.
7. Granulaire. Körniger Schwer-spath, W. Körniger Baryt, K.
8. Compacte. *id.*, p. 303, var. 18. Dichter Schwer-spath, W. Dichter Baryt, K.

Accidens de lumière. Limpide, jaunâtre, rouge, bleuâtre, blanche.

APPENDICE.

Baryte sulfatée fétide. *id.*, p. 304. Hepatit, K.

SECONDE ESPÉCE.

Baryte carbonatée. Note 17.

Witherit, W. et K.

FORME PRIMITIVE.

Rhomboïde un peu obtus (pl. 11 de cet Ouvrage, fig. 25), dans lequel l'incidence de P sur P' est de 88^d 6', et celle de P sur la face de retour, de 91^d 54'.

FORMES DÉTERMINABLES.

Annulaire. e^aP $e^{\frac{1}{2}}$ A. Traité, t. II, p. 311. (Pl. 11 de cet Ou-
   c P g o
vrage, fig. 26.) Incidence de P sur c ou de g sur c', 143^d 23'.

Trois variétés.

FORMES INDÉTERMINABLES.

1. Laminaire.
2. Radiée.

3. Striée. Traité. *ibid.* , var. 2.

Accidens de lumière. Blanchâtre, blanc-jaunâtre.

TROISIÈME GENRE.

Strontiane.

PREMIÈRE ESPÈCE.

Strontiane sulfatée. Note 18.

Celestin, W. et K. Schützit, R.

FORME PRIMITIVE.

Prisme droit à bases rhombes (pl. 1, fig. 6), de 104^d $28'$ et 75^d $12'$, dans lequel le rapport du côté B à la hauteur G ou H est à peu près celui de 114 à 113.

FORMES DÉTERMINABLES.

1. Unitaire. Traité, t. II, p. 315, var. 1.
2. Emoussée. *ibid.* , p. 316, var. 2.
3. Bisunitaire. *ibid.* , var. 3.
4. Dodécaèdre. *ibid.* , var. 4.
5. Epointée. *ibid.* , var. 5.
6. Entourée. *ibid.* , var. 6.
   En tout huit variétés.

FORMES INDÉTERMINABLES.

1. Laminaire. Blättriger Celestin, W. et K.
2. Fibreuse-conjointe. Traité. *id.* p. 317, var. 8. Fasriger Celestin. W. et K.
3. Fibro-laminaire. Strahliger Celestin, K.
   Accidens de lumière. Limpide, blanchâtre, bleuâtre.

APPENDICE.

Strontiane sulfatée , calcarifère.
   a. Ovoïde-comprimée.
   b. Pseudomorphique, en chaux sulfatée lenticulaire. Traité. *id.* , p. 317.
   c. Massive. Compacte ou terreuse.

SECONDE ESPÈCE.

Strontiane carbonatée. Note 19.

Strontian , W. et K.

Soluble avec effervescence dans l'acide nitrique ; le papier imbibé de la dissolution, brûle en répandant une flamme purpurine.

FORMES DÉTERMINABLES.

Prismatique. Traité, t. II, p. 329, var. 1.

FORMES INDÉTERMINABLES.

1. Aciculaire. *ibid.* , var. 2.
   a. Eclatante. Regardée d'abord comme une variété d'arragonite. Nouveau Bulletin des Sciences de la Soc. philom. t. I, p. 89.
2. Striée.

Accidens de lumière. Blanchâtre, grisâtre, verdâtre.

QUATRIÈME GENRE.

Magnésie.

PREMIÈRE ESPÈCE.

Magnésie sulfatée. Note 20.

Bittersalz , R. Natürliches Bittersalz, W.

FORME PRIMITIVE.

Prisme droit à bases carrées (fig. 7), dans lequel le côté B est à la hauteur G à peu près comme 5 : 4.

FORMES DÉTERMINABLES.

1. Bisalterne. Traité, t. II, p. 333, var. 1.
2. Pyramidée. *ibid.* , var. 2.
   En tout cinq variétés.

FORMES INDÉTERMINABLES.

1. Concrétionnée *id.*, p. 335, var. 7.
2. Pulvérulente. *ibid.*, var. 9.
   Accidens de lumière. Limpide, blanchâtre.

APPENDICE.

a. Ferrifère, capillaire. Haarsalz, W. et K. Halotrichum de Scopoli. Traité, t. II, p. 390.

b. Cobaltifère, concrétionnée. Cobalt-vitriol, R. *id.*, p. 336.

SECONDE ESPÈCE.

Magnésie boratée. Note 21.

Boracit, W. et K.

FORME PRIMITIVE.

Le cube. Différence de configuration dans les parties qui répondent, sur les formes secondaires, aux angles solides diamétralement opposés du noyau.

FORMES DÉTERMINABLES.

1. Défective. Traité, t. II, p. 339, var. 1.
2. Surabondante. *id.*, p. 340, var. 2.
3. Quadriduodécimale. B A a e E. (Pl. II de cet Ouvr., fig. 27.)

En tout cinq variétés.

APPENDICE.

Magnésie boratée, calcarifère.

Accidens de lumière. Limpide, blanchâtre, grise, violâtre, gris-noirâtre.

TROISIÈME ESPÈCE.

Magnésie carbonatée. Note 22.

Reine Talkerde, W. Magnesit, K.

Donnant de la magnésie sulfatée après sa dissolution dans l'acide sulfurique.

Variétés.

a. Compacte.
b. Subgranulaire.

CINQUIÈME GENRE.

Chaux et silice.

ESPÈCE UNIQUE.

Chaux boratée siliceuse. Note 23.

Datholit, W. et K. Journ. des Mines, n° 113, p. 362.

FORME PRIMITIVE.

Prisme droit à bases rhombes (fig. 6), de 109^d 28′ et 70^d 32′, dans lequel le côté B de la base est à la hauteur G ou H, à peu près comme 15 est à 16.

Variétés.

1. Sexdécimale. Journal des Mines. *id.* (pl. 5, fig. 3).
2. Concrétionnée – mamelonnée. Botriolit, Leonhard, Taschenbuch, für die gesammte mineralogie, t. III, p. 113. Formée par couches concentriques; rougeâtre à l'extérieur, grise à l'intérieur. Cassure écailleuse. Le tissu est quelquefois fibreux, à fibres très-déliées. Se trouve à Arendal en Norwège.
3. Amorphe.

SIXIÈME GENRE.

Silice et alumine.

ESPÈCE UNIQUE.

Silice fluatée alumineuse. Topaze. Note 24.

Topaz, W. et K.

FORME PRIMITIVE.

Octaèdre rectangulaire (fig. 8), dans lequel l'incidence de P sur P′ est de 88^d 2′, et celle de M sur M′ de 122^d 42′. Cet octaèdre se soudivise très-nettement dans le sens du rectangle CD.

FORMES DÉTERMINABLES.

Observées avec les deux sommets.

1. Dihexaèdre. (E$^{\frac{3}{4}}$ $\frac{3}{2}$E C^2 B′) $\overset{1}{D}$ P A a. (Pl. II de cet Ou-
   ^{u} $\overset{1}{n}$ P^3$_r$ ^{3,0}

2

vrage, fig. 28.) Incidence de u sur n, 122^d $17'$; de r sur r, 128^d $26'$; de P sur r, 161^d $56'$.

2. Octosexdécimale. $\mathrm{{}^1E^1 \left(E^{\frac{2}{3}}\ {}^{\frac{2}{3}}E\ C^3 B^2 \right) {}^1B^1\ {}^1b^1\ (_3AB^3B^5)\ (_3ab^3b^5)o}$
${}_t{}_l{}_o\ {}_{o'}\ {}_s{}_x{}_s$
P p. (Pl. II de cet Ouvrage, fig. 29.) Annales du Muséum,
P p.

t. I, 5e cahier, p. 348. Incidence de l sur x, $131^d 34'$.

Observées avec un seul sommet.

3. Quadrioctonale. $\mathrm{{}^1E^1\ \left(E^{\frac{2}{3}}\ {}^{\frac{2}{3}}E\ C^3\ B^2 \right)\ {}^1B^1}$. Traité, t. II,
${}_t{}_l{}_o$
p. 507, var. 1. (1)

4. Septihexagonale. Variété de la Pycnite. Stangenstein, R. Schörlartiger Beryll, W. Annal. du Mus. t. XI, 61e cahier, p. 63, (pl. 8, fig. 2). Journ. des Mines, n° 133, p. 46, pl. 1, fig. 2).

5. Sexoctonale. $\mathrm{{}^1E^1\ \left(E^{\frac{2}{3}}\ E^{\frac{2}{3}}\ C^3\ B^2 \right)\ {}^1B^1\ P}$. Traité, t. II,
${}_t{}_l{}_o\ {}_P$
p. 507, var. 2. (2)

6. Quindécioctonale. $\mathrm{{}^1E^1\ (E^{\frac{2}{3}}\ {}^{\frac{2}{3}}E C^3 B^2)\ {}^1B^1\ (A^1 B^1 B^3)\ P\ (_3AB^3B^5)A}$
${}_t{}_l{}_o{}_s{}_P{}_x{}_z.$
Traité. *id.*, p. 509, var. 5. (3)
En tout dix variétés.

FORMES INDÉTERMINABLES.

1. Cylindroïde. Pycnite cylindroïde. Traité, t. III, p. 238. Schörlartiger Beryll, W Pycnit, K. Stangenstein, R.

2. Laminaire, limpide, Muschliger Feldspath de Link; nommée *pierre de la nouvelle mine* et *goutte d'eau* par les lapidaires portugais. Se trouve au Brésil.

3. Prismatoïde, blanc-verdâtre, translucide ou opaque. Pyrophysalite, Hisinger et Berzelius. Annales de Chimie, mai 1806.

---

(1) Dans la figure du Traité, il faut substituer t à M.
(2) Même substitution; plus celle de P à n.
(3) Mêmes substitutions; plus celle de z à P.

Accidens de lumière. Limpide, jaune-roussâtre, jaune-pâle ; rouge de rose, bleu-verdâtre, jaune-verdâtre, blanche.

TROISIÈME ORDRE.

Substances acidijères alkalines.

PREMIER GENRE.

Potasse.

ESPÈCE UNIQUE.

Potasse nitratée. Note 25.

Natürlicher Salpeter , W. Salpeter , K.

FORME PRIMITIVE.

Octaèdre rectangulaire (fig. 9) , dans lequel l'incidence de P sur P′ est de 68° 46′ , et celle de M sur M, de 60^d.

FORMES DÉTERMINABLES.

1. Primitive. Traité , t. II, pag. 348 , var. 1.
2. Trihexaèdre *ibid.* , var. 4.
3. Eptahexaèdre. *id.* , pag. 349, var. 6.
   En tout sept variétés.

FORMES INDÉTERMINABLES.

1. Aciculaire. *id.* , pag. 351 , var. 7.
2. Fibreuse. *ibid.* , var. 8.

SECOND GENRE.

Soude.

PREMIÈRE ESPÈCE.

Soude sulfatée. Note 26.

Natürliches Glauber Salz , W. Glauber Salz , K.

FORME PRIMITIVE.

Octaèdre à faces triangulaires isocèles, égales et semblables (fig. 10) , dans lequel l'incidence de P sur P′ est de 100^d. De l'Isle, Cristall. , t. I , pag. 30.

FORMES DÉTERMINABLES.

1. Primitive. De l'Isle. *ibid.*
2. Basée. *ibid.*

FORMES INDÉTERMINABLES.

1. Aciculaire.
2. Concrétionnée.
3. Incrustante.
4. Pulvérulente.

SECONDE ESPÈCE.

Soude muriatée. Note 27.

Fossile. Stein-Salz, W. et K. Marine. See-Salz, W.

FORME PRIMITIVE.

Le cube. Solubilité par l'eau.

FORMES DÉTERMINABLES.

1. Primitive. Traité, t. II, p. 357, var. 1.
2. Cubo-octaèdre. *ibid.*, var. 2.
3. Octaèdre. *ibid.*, var. 3.
4. Infundibuliforme. *id.*, p. 358, var. 4.

FORMES INDÉTERMINABLES.

1. Laminaire. Blättriges Steinsalz, W. et K.
2. Lamellaire. Körniges Steinsalz, K.
3. Capillaire. A Aussée en Stirie.
4. Fibreuse-conjointe. *id.*, p. 359, var. 5. Fasriges Stein-salz, W. et K. *ibid.* var. 6.
5. Concrétionnée.

Accidens de lumière. Limpide, rouge, bleue, verte, violette, blanchâtre.

TROISIÈME ESPÈCE.

Soude boratée. Note 28.

Tinkal, K.

FORME PRIMITIVE.

Prisme rectangulaire oblique (fig. 11) , dans lequel l'incidence de P sur M est de $106^d 7'$; et le rapport entre l'arête C,
la perpendiculaire menée du point E sur l'arête G', et cette dernière arête, est à peu près celui des nombres 24, 25 et 14.

FORMES DÉTERMINABLES.

1. Perihexaèdre. Traité , t. II , p. 368 , var. 1.
2. Emoussée. *ibid.* , var. 3.
3. Dihexaèdre. *id.* , p. 369 , var. 4.
   En tout neuf variétés.

QUATRIÈME ESPÈCE.
Soude carbonatée. Note 29.

Natürliches Mineralalkali , W. Natron, K.

FORME PRIMITIVE.

Octaèdre (fig. 12.) , dans lequel la base commune des pyramides qui ont les points A , A' pour sommets , est un rhombe
de 120^d et 60^d , et l'incidence de P sur P est de $78^d 28'$.

FORMES DÉTERMINABLES.

1. Primitive. Traité , t. II , p. 374 , var. 1.
2. Basée. *ib.* , incidence de P. sur *o* , $140^d 46'$.

FORMES INDÉTERMINABLES.

1. Aciculaire. Strahliges Natron , K.
2. Pulvérulente.
   Couleur blanchâtre.

TROISIÈME GENRE.
Ammoniaque.
PREMIÈRE ESPÈCE.
Ammoniaque sulfatée. Note 30.

Mascagnin , K. Vulgair. *Sel secret de Glauber.*

Volatile seulement en partie par l'action du feu. Formes non susceptibles d'être ramenées à l'octaèdre régulier.

Variétés.

1. Quadrihexagonale. De l'Isle. Cristall. t. I , pag. 3o5.
2. Concrétionnée.
3. Pulvérulente.

SECONDE ESPÈCE.

Ammoniaque muriatée. Note 31.

Natürlicher Salmiak, W. Salmiak, K. Vulgairement *Sel ammoniac.*

FORME PRIMITIVE.

L'octaèdre régulier. Volatile en entier par l'action du feu.

FORMES DÉTERMINABLES.

1. Primitive. Traité , t. II , p. 381 , var. 1.
2. Cubique. *ibid.*, var. 2.
3. Trapézoïdale. *id.* , p. 382, var. 3.

FORMES INDÉTERMINABLES.

1. Concrétionnée.
2. Plumeuse. *id.*, p. 382 , var. 4.
3. Amorphe. *ibid.* , var. 5.

QUATRIÈME ORDRE.

Substances acidifères alkalino-terreuses.

GENRE UNIQUE.

Alumine.

PREMIÈRE ESPÈCE.

Alumine sulfatée alkaline. Note 32.

Alaun, K. Vulgairement *Alun.*

FORME PRIMITIVE.

L'octaèdre régulier ; fusible avec boursoufflement , et laissant une masse spongieuse, après le desséchement.

FORMES DÉTERMINABLES.

1. Primitive. Traité , t. II, p. 389 , var. 1.
2. Cubique. *ibid.* , var. 2.
3. Cubo-octaèdre. *ibid.* , var. 3.
4. Triforme. *ibid.* , var. 4.

INDÉTERMINABLES.

1. Fibreuse. Vulgairement *Alun de plume. id.*, p. 390, var. 6. Federsalz , K.
2. Concrétionnée. *ibid.* , var. 7.
3. Amorphe. *ibid.* , var. 8.

SECONDE ESPÈCE.

Alumine fluatée alkaline. Note 33.

Kryolith , W. et K.

Joints naturels, parallèles aux faces d'un parallélipipède rectangle , avec d'autres que l'on aperçoit à une vive lumière , suivant des plans qui intercepteraient les angles solides du parallélipipède. Très-aisément fusible par l'action du chalumeau, en coulant sur la pince.

Variété.

Laminaire.

Couleur , blanchâtre ou blanc jaunâtre.

APPENDICE.

Glauberite. Note 34.

Brongniart. Journal des Mines , n° 133, p. 5.

FORME PRIMITIVE.

Prisme oblique à bases rhombes (fig. 13) , de 75^d $32'$ et

104ᵈ 28′, dont la coupe, prise par un plan perpendiculaire aux arêtes B, D et à la face P, est un rhombe qui a sensiblement les mêmes angles.

Variété.

Quaternaire. D⁴ P. (Pl. II de cet Ouvrage, fig. 3o.)
  l P
Incidence de P sur *l*, 142ᵈ 14′.
Couleur, jaune-pâle.

SECONDE CLASSE.

Substances terreuses.

PREMIÈRE ESPÈCE.

Quarz. Note 35.

Quarz, W et K.

FORME PRIMITIVE.

Rhomboïde un peu obtus (fig. 1), dans lequel l'incidence de P sur P est de 94ᵈ 24′, et celle de P sur P′ de 85ᵈ 36′.

I. *QUARZ-HYALIN.*

FORMES DÉTERMINABLES.

1. Primitif.
2. Dodécaèdre. Traité, t. II, p. 4o7, var. 1.
3. Prismé, *id.*, p. 411, var. 2.
4. Rhombifère, *id.*, p. 413, var. 3.
5. Plagièdre, *ibid.*, var. 4.
   En tout dix variétés.

FORMES INDÉTERMINABLES.

1. Laminiforme.
2. Laminaire. *id.*, p. 414, var. 6.
3. Aciculaire - radié.
4. Fibreux. Dickfasriger amethyst, W. Faser-Quarz, K.

a. Conjoint.

b. Radié.

5. Amorphe , *id.* p. 415 , var. 7.

6. Arénacé. Vulgair. *sable. ib.* var. 9.

7. Concrétionné , *id.* , p. 416 , var. 10. Hyalit , W. et K. Muller Glass. Fiorite de Thomson. Perlartiger Kieselsinter , K.

Accidens de lumière.

1. Limpide , *id.* , p. 147 , var. 1. Bergkrystall , W. Krystall-Quarz , K. Vulgairement *Cristal de roche.*

2. Violet , *ibid.* , var. 2, Amethyst, W. Amethyst-Quarz , K. Vulgairement *Amethyste.*

3. Bleu , *id.* , p. 418 , var. 3. Vulgair. *Saphir d'eau.*

4. Bleu-grisâtre , *ibid.* , var. 4.

5. Rose , *ibid.* , var. 5. Milch-Quarz , W. et K.

6. Jaune , *id.* , p. 419 , var. 6. Vulgair. *Topaze de Bohême.*

7. Orangé , *ibid.* , var 7.

8. Enfumé, *ibid.* , var. 8. Vulgairement *Topaze enfumée.*

9. Vert-obscur , *id.* , p. 419, var. 9. Prasem , W. Prasem-Quarz , K.

10. Hemathoïde ; *id.* , p. 420 , var. 10. Coloré par l'oxyde rouge de fer. Acquérant le magnétisme à l'aide du chalumeau , et souvent par l'exposition à la simple flamme d'une bougie.

    a. Prismé. Variété de l'Eisenkiesel , lorsqu'il est très-chargé de fer et d'un rouge foncé.

    b. Massif.

11. Rubigineux. Eisenkiesel , W. et K. Coloré par l'oxyde jaune ou brunâtre de fer.*id.* Pour le magnétisme.

12. Granulaire , jaune-verdâtre. Annales du Mus., t. 5, 28ᵉ cahier , p. 229. Cantalit, K, p. 102. *id.* pour le magnétisme.

13. Laiteux. Traité , *id* , p. 420 , var. 11.

14. Noir. *ibid.* , var. 12.

Reflets particuliers.

15. Ondulé. Très-lisse et très-éclatant, souventfendillé, limpide ou translucide.

   a. Opalin.

16. Gras. *id.*, p. 421, var. 13.

17. Aventuriné. *ibid.*, var. 14. Vulgairement *Aventurine*.

18. Irisé. *id.*, p. 422, var. 15.

APPENDICE.

Quarz-hyalin aërohydre. *id.*, p. 423.

   a. Limpide.

   b. Violet.

II. *QUARZ-AGATHE.*

FORMES.

1. Primitif. En quarz-agathe calcédoine bleuâtre.

2. Concrétionné. Quarz-agathe stalactite. *id.*, p. 424, var. 1.

   a. Cylindrique.

   b. Conique.

   c. Mammeloné.

   d. Géodique. Quarz-agathe sphéroïdal, *id.*, pag. 424, var. 2.

   Solide.

   Creux.

   Enhydre.

   e. Stratiforme.

   f. Tuberculeux.

QUALITÉS DE LA PATE ET ACCIDENS DE LUMIÈRE.

1. Calcédoine. *id.*, p. 425, var. 1, Gemeiner-Chalcedon, K. Gemeiner-Kalzedon, W.

   a. Blanchâtre.

   b. Bleuâtre.

2. Cornaline. *ib.*, var. 2. Karniol, W. Karneol, K.

3. Sardoine. *id.*, p. 426, var. 3.

4. Prase. *ib.*, var. 4. Chrysopras, K. Krysopras, W.

5. Vert-obscur. *id.*, pag. 427, var. 5.

6. Chatoyant. *ib.*, var. 6. Katzenauge, W. Schiller-Quarz, K.

7. Pyromaque. *ib.*, var. 7. Feuerstein, W. et K. Vulgair. *pierre à fusil.*

8. Molaire. *id.*, p. 428, var. 8. Vulgair. *pierre meulière.*

9. Grossier. *ib.*, var. 8. Splittriger Hornstein, W et K.

PREMIER APPENDICE.

Mélanges de matières diversement colorées.

1. Quarz-Agathe onyx. *ib.*, var. 1.
   a. Translucide. Mélangé de Calcédoine et de Cornaline ou de Sardoine. Vulgair. *Agathe onyx* ou *rubannée.*
   b. Opaque. Mélangé de brun-noirâtre et de brun-jaunâtre. Ægyptischer Jaspis, W. et K. Vulgair. *Caillou d'Egypte.*

2. Panaché. *id.*, p. 429, var. 2.

3. Ponctué. *id.*, p. 430, var. 3. Points rouges sur un fond vert. Heliotrop, W. et K. Vulgair. *Jaspe sanguin.*

4. Dendritique. *ib.*, var. 4. Vulg. *Agathe herborisée.* Moos achat, W.
   a. A Dendrites noires.
   b. A Dendrites rouges.

SECOND APPENDICE.

Aspect entièrement terreux.

1. Quarz nectique. *id.*, p. 431, var. 1. Schwimmstein, K.

2. Quarz-Agathe cacholong. *id.*, p. 432, var. 2. Perlmutter opal., K.

3. Quarz-Agathe calcifère. *ibid.*, var. 3. Silici-calce, Saussure, Voyages, n° 1524. Conit? Reuss et Schumacker. La couleur de celui-ci varie entre le gris-clair et le gris-foncé. Cassure inégale, quelquefois écailleuse. Pesant. specif. 2, 83. Rayant le verre, faisant effervescence avec l'acide nitrique.

4. Quarz-Agathe concrétionné, thermogène. Produit par la chaleur des eaux thermales. Gemeiner Kieselsinter, K.

III. QUARZ-RÉSINITE.

1. Hydrophane. *id.*, p. 433, var. 1. Halb-Opal, K.

2. Opalin. *id.*, p. 434, var. 2. Edler-Opal, W et K.

3. Girasol. *ib.* , var. 3.

4. Commun. *ib.* , var. 4. Gemeiner Opal , W. et K.

5. Subluisant.

    a. Brunâtre , *ou* gris-bleuâtre. Menilit , W. Leber Opal, K. Vulgairement *Menilite.*

IV. *QUARZ-JASPE.*

1. D'une couleur uniforme , rouge , verte , violette , jaune , noire, etc. *id.* , p. 436, var. 1 .... 6. Gemeiner Jaspis , K.

2. Onyx. *ib.* Band-jaspis , W. et K.

3. Panaché. *ib.*

V. *QUARZ PSEUDOMORPHIQUE.*

1. Quarz-hyalin , modelé en chaux carbonatée métastatique. *id.* , p. 438, var. 2. Dans le départ. des Côtes-du-Nord.

2. Quarz-hyalin , en chaux sulfatée lenticulaire. *id.* , p. 437 , var. 1.

3. Quarz-hyalin , en fer oligiste primitif.

4. Quarz-agathe grossier ; en chaux carbonatée equiaxe. *id.* , p. 438 , var. 4. Var. du Splittriger Hornstein , W. et K.

5. Quarz-agathe conchylioïde. *ib.* , var. 6. En turbinite , en corne d'ammon , etc.

6. Quarz-agathe xyloïde. *id.* , p. 439 , var. 7 Holzstein , W. Holzartiger Hornstein , K.

7. Quarz-résinite xyloïde. *ib.* , var. 8. Holzopal , W. et K.

SECONDE ESPÈCE

Zircon. Note 36.

Zirkon , K.

FORME PRIMITIVE

Octaèdre à triangles isocèles égaux et semblables , (fig. 10) , dans lequel l'incidence de P sur P′ est de $82^d 50'$, et qui se sou-divise parallèlement à des plans menés par les sommets A , et par le milieu des arêtes D.

Joints naturels peu sensibles : formes relatives à la variété prismée. Zirkon , W.

Joints naturels plus apparens : formes relatives à la variété
dodécaèdre. Hyazinth , W.

Cristaux de Norwège ; forme de la variété soustractive.
Zirkonit , Schumacher.

FORMES DÉTERMINABLES.

1. Primitif. Traité , t. II , p. 468 , var. 1.
2. Dodécaèdre. *id.* , p. 470, var. 2.
3. Prismé. *id.* , p. 471 , var. 3.
4. Soustractif. *id.* , p. 472 , var. 8.
  En tout neuf variétés.

FORMES INDÉTERMINABLES.

Granuliforme.

Accidens de lumière. Orangé-brunâtre. (Vulgair. *Hyacinthe*),
rougeâtre , verdâtre , gris , jaunâtre. (Vulgairement *Jargon
de Ceylan.*)

TROISIÈME ESPÈCE.

Corindon. Note 37.

FORME PRIMITIVE.

Rhomboïde un peu aigu (fig. 1) , dans lequel l'incidence
de P sur P est de 86^d 38$'$, et celle de P sur P$'$, de 93^d 22$'$.

FORMES DÉTERMINABLES.

1. Primitif. P. Traité (pl. L , fig. 96).
2. Ternaire. E^3 ^{3}E Traité (pl. XLII , fig. 22). Télésie mixte ,
      r
      id. , t. II , p. 482.
  Substituez *r* à *n* dans cette figure.
3. Assorti. (E^2 ^{2}E D^2 B^1). *id.* (pl. XLII , fig. 21).
      h
  Télésie unitaire. *id.* t. II , p. 482.
4. Prismatique. Traité , t. III , p. 5 , var. 2.
5. Bisalterne. *ib.* var. 3.
6. Additif. *ib.* , var. 4.
  En tout neuf variétés.

INDÉTERMINABLES.

1. Laminaire.
2. Cylindroïde.
3. Fusiforme. D'une forme arrondie , qui s'amincit depuis le milieu jusqu'aux extrémités.

Tissu et couleurs.

I. Corindon hyalin. Aspect vitreux : joints naturels ordinairement peu sensibles. Saphir , W. et K.
  (*a*) Rouge. Rubis , R. Vulgairement *rubis oriental.*
  (*b*) Bleu. Saphir , R. Vulgairement *saphir oriental.*
  (*c*) Jaune. Var. du Saphir, R. Vulgair. *topaze orientale.*
  (*d*) Violet. Vulgairement *améthyste orientale.*
II. Corindon harmophane. Tissu lamelleux. Joints naturels très-apparens. Korund , W. et K.
  (*a*) Translucide , rouge , verdâtre , incarnat , etc. Au Bengale et au Carnate. Gemeiner Korund , K.
  (*b*) Opaque , gris-obscur ou brunâtre. A la Chine et au Malabar. Diamant-spath , W. et K.
III. Corindon granulaire. Schmirgel, W. et K. Vulgair. *Emeril.* Fer oxydé quarzifère. Traité , t. IV, p. 112.

QUATRIÈME ESPÈCE.

Cymophane. Note 38.

Chrysoberyll , W. et K.
Chrysolithe orientale des lapidaires.

FORME PRIMITIVE.

Prisme droit rectangulaire (fig. 5), dans lequel les arêtes C , B , G , sont entre elles à peu près dans le rapport des nombres 25 , 17 et 14.

FORMES DÉTERMINABLES.

1. Anamorphique. Traité , t. II , p. 493, var. 1.
2. Annulaire. *id.* , p. 494 , var. 2.
3. Isogone. *ib.* , var. 3.
  Quatre variétés.

FORME INDÉTERMINABLE.

Granuliforme.

Accidens de lumière. Vert–jaunâtre, souvent avec des reflets d'une couleur laiteuse bleuâtre.

CINQUIÈME ESPÈCE.

Spinelle. Note 39.

FORME PRIMITIVE.

L'octaèdre régulier. Rayant le quarz.

FORMES DÉTERMINABLES.

1. Primitif. Traité, t. II, p. 498, var. 1.
   (*a*) Transposé. *id.*, p. 499, var. 3.

2. Dodécaèdre. B B. Traité (pl. L, fig. 102).

   Substituez *o* à *g* dans cette figure et dans les suivantes.

3. Émarginé. *id.*, t. II, p. 499, var. 2.

4. Unibinaire. P B B A A (pl. L, fig. 104).
   P   *o*   *r*

FORME INDÉTERMINABLE.

Granuliforme.

Accidens de lumière.

1. Rouge. Spinell, W. et K. *Rubis spinelle et Rubis balais* des lapidaires.

2. Noir, purpurin, bleu, vert. Pleonaste, Traité, t. III, p. 18. Zeylonit, W. Zeylanit, K. Ceilanith, R.

SIXIÈME ESPÈCE.

Emeraude. Note 40.

Smaragd, K.

FORME PRIMITIVE.

Prisme hexaèdre régulier (fig. 3), dont les pans sont des carrés.

Cristaux d'un vert pur. Schmaragd, W. Glatter Smaragd, K.

Cristaux bleuâtres , vert–jaunâtres , etc. Beryll , W. Ges-
treifter Smaragd , K.

FORMES DÉTERMINABLES.

1. Primitive. Traité , t. II , p. 519, var. 1.
2. Péridodécaèdre. *id.* , p. 520, var. 2.
3. Épointée. *ib.* , var. 3.
4. Rhombifère *ib.* , var. 4.
   En tout sept variétés.

FORMES INDÉTERMINABLE.

Cylindroïde. *id.* , p. 521 , var. 8.
Accidens de lumiere. Verte. Vulgairement *émeraude.*
Vert–bleuâtre , jaune-verdâtre.Vulgairement *beril et aigue-
marine.* Miellée , blanc-verdâtre , etc.

SEPTIÈME ESPÈCE.

Euclase. Note 41.

Euklas , W. et K.

FORME PRIMITIVE.

Prisme droit rectangulaire (fig. 5), dans lequel le rapport
entre les arètes C , B , G , est à peu près celui des nombres 18 , 11 et 14.

Variété.

Surcomposée. Traité , t. II , p. 532.
Couleur. Verdâtre.

HUITIÈME ESPÈCE.

Grenat. Note 42.

FORME PRIMITIVE.

Le dodécaèdre rhomboïdal (fig. 18) , rayant fortement le
verre.

FORMES DÉTERMINABLES.

1. Primitif. Traité , t. II , p. 544, var. 1.
2. Trapezoïdal. *id.* , p. 546, var. 2.

3. Emarginé. *id.* , p. 547 , var. 3.

En tout cinq variétés.

FORMES INDÉTERMINABLES.

1. Primitif convexe , var. De la succinite de Bonvoisin.
2. Granuliforme.

Accidens de lumière.

1. Rouge de feu, granuliforme. Pyrop , W. et K. *Grenat oriental* des lapidaires.
2. Rouge-violet , trapézoïdal ou amorphe. Edler granat , W. Almandin , K. *Grenat syrien* des lapidaires.
3. Rouge sombre.
4. Jaunâtre ou orangé-brunâtre; du départ. de la Doire. Topazolite de Bonvoisin.
5. Brun, rougeâtre , verdâtre, etc. ; translucide ou opaque. Gemeiner Granat , W. et K.
6. Résinite. Brun-noirâtre ou brun-jaunâtre , avec le luisant de la résine. Pech-Granat, K. Colophonit , R.
7. Jaune , granuliforme. Var. de la succinite.
8. Noir , émarginé. Schlackiger Granat , K. Melanit , W.

APPENDICE.

Grenat ferrifère.

NEUVIÈME ESPÈCE.

Amphigène. Note 43.

Leuzit , W. Leucit , K.

FORME PRIMITIVE.

Le cube , divisible suivant des plans qui interceptent les arêtes , et conduisent à un dodécaèdre rhomboïdal.

Variétés.

1. Trapézoïdal. Traité , t. II , p. 362 , var. 1.
2. Arrondi.
3. Altéré. Cette altération est produite par l'action des feux volcaniques. Erdiger Leucit , K.

Accidens de lumière. Blanchâtre et gris-jaunâtre.

3

DIXIÈME ESP È

Idocrase. Note 44.

Vesuvian , W. et K.

FORME PRIMITIVE.

Prisme droit à bases carrées (fig. 7), dans lequel le rapport du côté B de la base à la hauteur G , est à peu près celui de 13 à 14.

FORMES DÉTERMINABLES.

1. Unibinaire. Traité , t. II, p. 577, var. 1.
2. Soustractive. *id.* , p. 578 , var. 2.
3. Isoméride. $M\ ^1G^1\ ^2G^2\ \overset{a}{A}\ (\ ^{\frac{2}{3}}A\ A_{s}^{\frac{3}{3}}\ B^2\ G^1\ )\ \underset{P}{P}$ (pl. II de cet
   $\underset{M}{}\ \underset{d}{}\ \underset{h}{}\ \underset{c}{}$
   Ouvrage, fig. 31 ; variété du péridot idocrase de Bon-
   voisin. Journal de Physique. Mai , 1806 , p. 420.

En tout huit variétés.

FORME INDÉTERMINABLE.

Massive.

Accidens de lumière. Brune , orangée. Vert-jaunâtre , du départ. du Pô ; péridot idocrase de Bonvoisin ; du Vésuve , *Chrysolithe* des Napolitains.

ONZIÈME ESPÈCE.

Méïonite. Note 45.

Méïonit , W. et K.

FORME PRIMITIVE.

Prisme droit à bases carrées (fig. 7), dans lequel le côté B de la base est à la hauteur à peu près comme 9 est à 4.

FORMES DÉTERMINABLES.

Dioctaèdre. Traité , t. II, p. 388 , var. 1.
En tout trois variétés.

FORME INDÉTERMINABLE.

Granuliforme.

Accidens de lumière ; limpide , blanchâtre.

DOUZIÈME ESPÈCE.

Feld-Spath. Note 46.

Feld-Spath , W. et K.

FORME PRIMITIVE.

Parallélipipède obliquangle (fig. 14) dont la coupe , prise sur les faces P , M , perpendiculairement aux arêtes C , D , est un carré. Les arêtes D , H , font entre elles un angle de 65ᵈ. L'incidence de M sur T est de 120ᵈ ; et , dans la coupe prise sur les faces M , T , perpendiculairement aux arêtes G , H , le côté qui répond à T est double de celui qui répond à M.

FORMES DÉTERMINABLES.

1. Primitif.
2. Unitaire. Traité , t. II , p. 594 , var. 2.
3. Bibinaire. *id.* , p. 595 , var. 3.
4. Quadridécimal. *ib.* , var. 6. Schorl blanc de l'ancienne minéralogie.
5. Déciduodécimal. *id.* , p. 597 , var. 10.
   En tout vingt-une variétés.

FORMES INDÉTERMINABLES.

1. Laminaire. *id.* , p. 604 , var. 14.
2. Granulaire. *ib.* , var. 15.
3. Compacte. Dichter Feld-Spath , W. et K.
   (*a*) Ceroïde. Pétrosilex agarhoïde. Traité , t. IV , p. 385.

Transparence et couleurs.

Limpide. Blanc et opaque , *pétunzé* des Chinois. Gris , blanc-verdâtre , rouge , rouge-violet. Vert. , vulgair. *Pierre des Amazones.* Noir.

Chatoyement.

1. Nacré. Traité, t. II, p. 606, var. 1. Adular, W. Opalisi-
render Feld–Spath , K. Vulgairement *pierre de lune.*
2. Opalin. *id.* , p. 607 , var. 2. Labrador Feld–Spath , K.
Labrador , W. Vulg. *Pierre de Labrador.*
3. Aventuriné. *ib.* , var. 3.

PREMIER APPENDICE.

Feld–Spath tenace. Jade tenace. Traité , t. IV , p. 368 ,
var. 2. Jade de Saussure (voyages , n°ˢ 112 et 1313). Saus-
surite; Théodore de Saussure. Journal des Mines , n° 111 , p.
205. Saussurit , K. Pesant. spécif. 3,389. Très-difficile à briser.
Couleur blanchâtre , quelquefois nuancée de violet. Altérable en
passant à l'état argileux comme le feld-spath des granites , servant de gangue à la diallage verte ou métalloïde.

(*a*) Laminaire.
(*b*) Compacte.

SECOND APPENDICE.

Feld -Spath décomposé. Feld-Spath argiliforme. Traité ,
t. II , p. 616. Kaolin , K. Aufgelöster Gemeiner Feld-
Spath , W. *Kaolin* des Chinois.

TREIZIÈME ESPÈCE

Apophyllite. Note 47.

Fischaugenstein , W. Ichthyophthalm , K.

FORME PRIMITIVE.

Prisme droit rectangulaire (fig. 5) , dans lequel le rapport
des trois arêtes C , G , B, est à peu près celui des nombres 14,
15 et 18.

FORMES DÉTERMINABLES.

1. Epointé. Journal des Mines , n° 137 , p. 388 (pl. V , fig. 2).
2. Surcomposé. *ib.* (fig.3.)

FORME INDÉTERMINABLE.

Laminaire.

Accidens de lumière. Blanchâtre et nacré.

QUATORZIÈME ESPÈCE.

Triphane. Note 48.

Spodumen , W. et K.

Divisible en prisme rhomboïdal (fig. 6) , d'environ 100 et 80^d, qui se soudivise dans le sens des petites diagonales A A de ses bases (1). Pesanteur spécif. au moins de 3.

Variété.

Laminaire.

Couleur. Verdâtre.

QUINZIÈME ESPÈCE.

Axinite. Note 49.

Axinit , W. et K.

FORME PRIMITIVE.

Prisme droit (fig. 15) , dont les bases sont des parallélo- grammes obliquangles de 78 $\frac{1}{2}$ et 101^d $\frac{1}{2}$, et dans lequel le rap- port des arêtes B , C , H est à peu près celui des nombres 5 , 4 et 10.

FORMES DÉTERMINABLES.

1. Equivalente. Traité , t. III , p. 25, var. 1.
2. Amphihexaèdre. *id.* , p. 26, var. 2.
3. Sous-double. *ib.* var. 3.

   En tout cinq variétés.

---

(1) J'ai aperçu aussi, dans quelques morceaux, de légers indices de joints naturels , parallèlement à des plans, qui, en partant des petites diago- nales , intercepteraient les angles E , E.

FORME INDÉTERMINABLE

Lamelliforme alongée.
Couleurs. Violette, verte.

SEIZIÈME ESPÈCE.

Tourmaline. Note 5o.

Schörl, W. et K.

FORME PRIMITIVE.

Rhomboïde obtus (fig. 1), dans lequel l'incidence de P sur P est de 133^d 26', et celle de P, sur P' de 46^d 34'.

FORMES DÉTERMINABLES.

1. Isogone. Traité, t. III, p. 34, var. 1. Incidence de o sur l, 135^d 44', et de P sur r, 141^d 40'.

2. Equivalente. *ib.*, var. 2. Incidence de P sur l', 117^d 9'.

3. Equidifférente. *id.*, p. 35, var. 3. Incid. de n sur n, 155^d 9'; de P sur n, 156^d 43'.

4. Trédécimale. Annales du Muséum, t. III, p. 240 (fig. 2).

5. Sexdécimale. D P E¹ ¹E $e^{o.1}$ ¹·°e p a A (pl. II de cet Ou-
   $_9$P o p k'
   vrage, fig. 32 . Incidence de P sur o, 141^d 40'. De P sur s, 113^d 13'. De p sur k, 152^d 51'. Transparente, verdâtre, au Saint-Gothard.

6. Nonodécimale. Annales du Mus. *ib.*, fig. 3. Incid. de P sur t, 151^d 5'; de t sur t, 149^d 26'; de t sur t', 116^d 22'.

En tout dix-sept variétés.

FORMES INDÉTERMINABLES.

1. Cylindroïde. Traité, t. III, p. 40, var. 1.

2. Aciculaire. *ib.*, var. 2.

3. Capillaire. *ib.*, var. 3.

4. Globuliforme-radiée.

Accidens de lumière. Verte, bleu-verdâtre, vert-jaunâtre, vert-pâle, orangé-brunâtre, avec transparence. Edler Schörl, K. Electrischer Schörl, W.

Opaque et noire. Gemeiner Schörl, W. et K.

Bleue ou bleu-noirâtre, aciculaire, d'Utön, en Suède; Indi-colithe de Dandrada. Journal de Physique, fructidor an 8. Annales du Muséum, t. 1, 4e cahier, p. 257. Indicolit, K.

APPENDICE.

Tourmaline apyre. Traité, t. IV, p. 403.

Trédécimale, nono-décimale, aciculaire; violette ou violet-noirâtre; en Sibérie. Rubellit, K. Vulgairement *Sibérite*. Annales du Muséum, t. III, p. 233 *et suiv.*

Cylindroïde, violâtre ou verdâtre; à Rosena, en Moravie. Var. du Stangenstein, R. Var. du Rubellit, K.

DIX-SEPTIÈME ESPÈCE.

Amphibole. Note 51.

FORME PRIMITIVE.

Prisme rhomboïdal oblique (fig. 16), dans lequel l'incidence de M sur M est de $124^d 34'$; celle de P sur l'arête H de $104^d 57'$, et le rapport entre la diagonale qui va de A en O, et la même arête H est à peu près celui de 4 à l'unité.

FORMES DÉTERMINABLES.

Cristaux noirs ou d'un noir-brunâtre. Basaltiche Horn-blende, W. et K.

Cristaux translucides, d'un vert-foncé ou d'un blanc-ver-dâtre. Strahlstein, W. et K. Actinote, Traité, t. III, p. 73.

Cristaux blancs, blancs-jaunâtres ou d'un gris-cendré. Var. du Tremolith, W. et K. Grammatite. Traité, t. III, p. 227.

1. Dodécaèdre. Traité, t. III, p. 61, var. 1.

2. Equidifférent. *ib.*, var. 2. Cité comme var. de l'Augit, par MM. Emmerling et Reuss.

3. Bisunitaire $\overset{1}{\underset{M}{M}} \overset{}{\underset{x}{G}} \overset{}{\underset{l}{E}}$ (pl. 11 de cet Ouvrage, fig. 33).

Grammatite bisunitaire. *id.*, p. 231. Incidence de M sur M,

124^d 34′ ; de M sur x, 117^d 43′ ; de M sur l, 110^d 2′ ; de l sur l, 149^d 38′.

4. Dihexaèdre. M ^{1}H^1 P $\overset{\scriptscriptstyle\backslash}{\text{E}}$ (pl. II de cet Ouvrage, fig. 34).
M S P l
Incidence de M sur s, 152^d 17′ ; de P sur l, 164^d 49′
Observée dans l'Amphibole et dans l'ancienne Grammatite.
En tout neuf variétés.

FORMES INDÉTERMINABLES.

A sommets fracturés.

1. Rhomboïdal. Même synonymie , suivant la diversité des couleurs.
2. Hexaèdre. D'un vert-foncé ou clair. Var. du Strahlstein, W. et K.
3. Comprimé.
    (*a*) Gris-verdâtre. Actinote étalé. Traité , t. III , p. 75.
    (*b*) Gris-cendré ou blanc-grisâtre. Var. du Tremolith, W. et K. Grammatite comprimée. *id.* , p. 231.

En lames ou en aiguilles.

4. Laminaire.
    (*a*) Noir. Var. du Hornblende , W. et K.
    (*b*) Gris éclatant. Var. du Tremolith , W. et K.
5. Lamellaire.
    (*a*) Noir.
    (*b*) Vert. Gemeine Hornblende, W. et K. Actinote lamellaire. Traité, t. III, p. 75.
6. Aciculaire.
    (*a*) Noir. Var. du Strahlstein , W. et K.
    (*b*) Vert.
    (*c*) Blanchâtre. Var. du Tremolith , W. et K.
    (*d*) Blanc-jaunâtre , groupé confusément. Baïkalit , K.
7. Fibreux.
    (*a*) Noir.
    (*b*) Gris-verdâtre. Glasartiger Strahlstein , W. et K. Actinote fibreux. Traité, t. III , p. 75, var. 5.

(c) Blanc et soyeux. Asbestartiger Tremolith , K. Grammatite fibreuse. *id.* , p. 231 , var. 6.

(d) Bleu-violet. Variété de l'Asbestartiger Tremolith.

DIX-HUITIEME ESPÈCE.

Pyroxène. Note 52.

FORME PRIMITIVE.

Prisme rhomboïdal oblique (fig. 16) , dans lequel l'incidence de M sur M est de $87^d 42'$; celle de P sur l'arête H ,
de $106^d 6'$; et le rapport entre la diagonale qui va de A en O
et l'arête H , est à peu près celui de 18 à 5.

Cristaux noirs ou d'un noir-verdâtre , des terrains volcaniques , de Norwège , etc. Augit , W. Gemeiner Augit , K.

Cristaux gris-verdâtres , transparens; formes très-prononcées;
du départ. du Pô ; Alalite de Bonvoisin. Journ. de Physique ,
mai 1806 , p. 409 *et suiv.* Variété du Diopside. Journal des
Mines , n° 115 , p. 65 et suiv.

Cristaux gris-verdâtres , ou blancs-grisâtres , offrant la forme
primitive peu prononcée ; du départ. du Pô ; Mussite de Bonvoisin , Journ. de Physique. *ib.* Variété du Diopside , Journ.
des Mines. *ibid.*

Cristaux gris-verdâtre , ou d'un vert obscur , de la variété
périoctaèdre , quelquefois modifiée par des facettes obliques.
Sahlit , W. et K. Malacolithe. Traité , t. IV , p. 379. Sahlite
de Dandrada.

FORMES DÉTERMINABLES.

1. Primitif.
2. Périhexaèdre. Traité , t. III , p. 83 , var. 1.
3. Périoctaèdre. *ib.* , var. 2.
4. Bisunitaire , *ib.* , var. 3.
5. Triunitaire. *ib.* , var. 4.
6. Octovigésimal. Annales du Muséum , t. XI , 6a° cahier ,
p. 82 (pl. 10 , fig. 6). Journal des Mines , n° 154 , p. 151
(pl. III , fig. 6).

FORMES INDÉTERMINABLES.

1. Cylindroïde. Gris, opaque ou translucide. Variété de la Mussite.
2. Laminaire. Gris-verdâtre. Variété de la Sahlite.
3. Grano–lamellaire. *id.*
4. Granuliforme. Traité, t. IV, p. 355. Coccolithe de Dandrada. Kokkolith, W. Körniger augit, K.
5. Comprimé et groupé parallèlement à la longueur des prismes; d'un gris verdâtre. Variété de la Mussite.
6. Fibro-granulaire. *id.*

DIX-NEUVIEME ESPÈCE.

Yenite. Note 53.

Lelièvre, Journal des Mines, n° 121, p. 65 *et suiv.*

FORME PRIMITIVE.

Octaèdre rectangulaire (fig. 17), dans lequel l'incidence de M sur M est de 112^d 36'; et celle de P sur P', de 66^d 58'. Cet octaèdre se soudivise parallèlement à un plan qui passe par les angles I et par le milieu des arêtes B.

FORMES DÉTERMINABLES.

1. Primitive cunéiforme. L'angle I est remplacé par une arête parallèle à F.
2. Dioctaèdre. M (A C²F¹) (pl. II de cet Ouvrage, fig. 35). $\overset{l}{M} \quad \overset{o}{}$

   Journal des Mines, n° 121, var. 1. Incidence de M sur o, 128^d 29' de o sur o, 139^d 36'; de o sur la face de retour, 117^d 38'.

En tout six variétés.

FORMES INDÉTERMINABLES.

1. Bacillaire.
2. Aciculaire.
3. Amorphe.

Couleur. Noir-brunâtre.

VINGTIÈME ESPÈCE

Staurotide. Note 54.

Staurolith , W. et K. Vulgairement *Pierre de croix.*
Cristaux du Saint-Gothard. Granatit, R.

FORME PRIMITIVE.

Prisme droit rhomboïdal (fig. 6), dans lequel l'incidence de M sur M est de 129^d 30′ , et la hauteur H ou G est $\frac{1}{6}$ de la diagonale qui va de E en E.

Cristaux simples.

1. Primitive. Traité , t. III , p. 95 , var. 1.
2. Périhexaèdre. *id.*, p. 96 , var. 2.
3. Unibinaire. *ib.*, var. 3.

Cristaux croisés.

4. Rectangulaire. *ib.*, var. 4.
5. Obliquangle. *ib.*, var. 5.

En tout sept variétés.

Couleur. Brun-rougeâtre ou brun-grisâtre. La première est quelquefois jointe à un aspect translucide.

VINGT ET UNIÈME ESPÈCE.

Epidote. Note 55.

FORME PRIMITIVE.

Prisme droit (fig. 4), dont les bases sont des parallélo-grammes obliquangles , et dans lequel l'incidence de M sur T est de 114^d 37′ , et les côtés B , C , H ou G , sont entre eux à peu près dans le rapport des nombres 9 , 8 , 5.

Cristaux verts , en prismes ordinairement minces et alongés, du départ. de l'Isère ; de Chamouni , dans les Alpes , etc. Pis-tazit , W. Gemeiner Thallit , K.

Cristaux verts , ou verts-noirâtres , d'un volume plus ou moins considérable , d'Arendal en Norwége. Akanticone de

Dandrada ; Arendalit , R. Variété du Pistazit , W. Splittriger Thallit , K.

Cristaux d'un gris éclatant , ou bruns , ou d'un brun-jaunâtre , ordinairement incomplets à leurs extrémités ; du Valais, de la Carinthie, des environs de Salzbourg , etc. Zoïsit , W. et K.

FORMES DÉTERMINABLES.

1. Bisunitaire. Traité , t. III , p. 105 , var. 1.
2. Sexquadridécimal. *id.* , p. 106, var. 2.
3. Amphibéxaèdre. *id.* , p. 107 , var. 6.
4. Quadridécimal. Déterminé par Champeaux et Cressac , Journal des Mines , n° 67 , p. 9 (pl. L , fig. 4).
   En tout dix variétés.

FORMES INDÉTERMINABLES.

1. Aciculaire. *id.* , p. 107 , var. 1.
2. Comprimé.
3. Bacillaire.
4. Granulaire. *id.* , p. 108 , var. 2.
5. Arénacé. En grains peu éclatans , d'un jaune-verdâtre , qui, passés sur le verre avec frottement , le rayent. Ils sont fusibles en scorie noire irréductible (*Observation de M. Cordier*). Sandiger Thallit , K. Vulgair. *Scorza.*
6. Terreux.

Accidens de lumière. Vert-obscur , gris-obscur , gris-clair, gris-cendré , brun , jaune-brunâtre , noir-brunâtre.

APPENDICE.

Epidote manganésifère.

D'un brun-violet. Manganèse oxydé silicifère. Traité , t. 4, p. 248.

VINGT-DEUXIÈME ESPÈCE.

Hypersthène. Note 56.

Hypersten , K. Labradorische Hornblende , W.

FORME PRIMITIVE.

Prisme rhomboïdal d'environ 100 et 80^d, lequel se soudivise nettement dans le sens de la petite diagonale, et offre des indices d'un autre joint, dans le sens de la grande. Pesant. spécif. d'environ 3, 4.

Variété.

Laminaire   Des reflets d'un rouge cuivreux, sous certains aspects.

VINGT-TROISIÈME ESPÈCE.

Wernerite. Note 57.

Arktizit, W. Wernerit, K.

Formes susceptibles d'être ramenées à un prisme droit, à bases carrées (fig. 7), dans lequel le rapport entre le côté B de la base et la hauteur G, est à peu près celui de 5 à 3. Intérieurement mate et compacte.

Variétés.

1. Dioctaèdre. Traité, t. II, p. 121, var. 2.
2. Amorphe. *id.*, p. 122, var. 2.
   Couleur. Olivâtre.

VINGT-QUATRIÈME ESPÈCE.

Paranthine. Note 58.

Rapidolithe d'Abildgaard. Scapolite de Dandrada. Traité, t. IV, p. 395. Skapolith, W. et K.

FORME PRIMITIVE.

Prisme droit à bases carrées (pl. III de cet Ouvrage, fig. 36), dans lequel le rapport du côté B de la base à la hauteur G, est à peu près celui de 5 à 3, et qui se soudivise diagonalement. Tissu très-sensiblement lamelleux.

FORMES DÉTERMINABLES.

1. Périoctaèdre. M 'G¹ P (fig. 37). Incidence de M sur z, 135ᵈ.
   M z P

2. Dioctaèdre. M 'Gⁱ B̄¹ (fig. 38). Incidence de r sur r, 138ᵈ
   M z r
   12'; de r sur z , 120ᵈ; de M sur r , 110ᵈ 44ⁱ

FORMES INDÉTERMINABLES.

1. Cylindroïde.
2. Aciculaire. Nadelförmiger Scapolit , K.
3. Amorphe.

Variétés relatives aux différens états de la substance et aux accidens de lumière.

    a. Vitreux. Gris et translucide.
    b. Blanc-métalloïde. Semblable au Mica argentin. Mica-relle d'Abildgaard. Traité , t. ıv , p. 483. Strahliger Scapolit , K.
    c. Gris-métalloïde.
    d. Blanc-grisâtre , subnacré , opaque.
    e. Blanc-jaunâtre , subnacré.
    f. Rouge-obscur.

VINGT-CINQUIÈME ESPÈCE.

Diallage. Note 59.

Divisions parallèles aux pans d'un prisme rhomboïdal , dont le grand angle surpasse de quelques degrés l'angle droit , et qui se soudivise dans le sens des deux diagonales de sa base. L'une des premières divisions est beaucoup plus nette que l'autre , et quelquefois celle qui est dans le sens de la grande diagonale , se laisse plutôt soupçonner qu'apercevoir.

Variétés.

1. Diallage verte. Variété du Strahlstein , W. Smaragdit, K.
    a. Laminaire. Traité , t. ııı , p. 126 , var. 1.

b. Fibro-laminaire.

c. Compacte. *ibid.* , var. 3.

Accident de lumière. Satinée.

2. Diallage métalloïde. Schillerstein , **W.** Bronzit , **K.** Schillernde Hornblende , **R.** Labradorische Hornblende ,
Emmerling. Schiller-Spath , de quelques minéralogistes.
Spath chatoyant. Traité , t. IV , p. 395. Couleur jaunâtre , verdâtre ou brunâtre , jointe à un éclat demi-
métallique.

a. Laminaire.

b. Fibro-laminaire. Vulgairement *Bronzit.*

3. Diallage submétalloïde. D'un brun foncé , avec une légère
teinte de violet.

a. Lamellaire.

VINGT-SIXIÈME ESPÈCE.

Gadolinite. Note 60.

Gadolinit , W. et K.

Cristallisation susceptible d'être ramenée à un prisme rhomboïdal oblique (fig. 16) , dans lequel l'incidence de M sur M
est d'environ 110^d , et celle de P sur l'arête H d'environ 136^d.
Soluble en gelée dans l'acide nitrique étendu d'eau et chauffé.

Variétés.

1. Cristallisé.
2. Amorphe. Traité , t. III , p. 143.
   Couleur. Noir , et quelquefois brunâtre.

VINGT-SEPTIÈME ESPÈCE.

Lazulite. Note 61.

Lazurstein , W. et K.

Cristallisation susceptible d'être ramenée au dodécaèdre
rhomboïdal. Soluble en gelée par les acides , après la calcination.

Variétés.

1. Dodécaèdre.
2. Amorphe. Traité, t. III, p. 147.

VINGT-HUITIÈME ESPÈCE.

Mésotype. Note 62.

Faser Zeolith, W. et K. Fasriger Zeolith, R.

FORME PRIMITIVE.

Prisme droit à bases carrées (fig. 7), dans lequel le rapport du côté B de la base à la hauteur G, est à peu près celui de 9 à 8. Ce prisme se soudivise diagonalement.

FORMES DÉTERMINABLES.

Nadelstein, W.
1. Primitive.
2. Pyramidée. Traité, t. III, p. 154, var. 1.
3. Epointée. *ibid.*, var. 2.
4. Dioctaèdre. *id.*, p. 155, var. 2.
   En tout six variétés.

FORMES INDÉTERMINABLES.

1. Aciculaire-radiée. *ibid.*, var. 4.
2. Fibreuse-radiée.
3. Capillaire.
4. Floconneuse.
5. Compacte.
   Accidens de lumière. Limpide, blanchâtre, noirâtre.

APPENDICE.

Mésotype altérée. Aspect terreux. Mehl-Zeolith, W. et K.

VINGT-NEUVIÈME ESPÈCE.

Stilbite. Note 63.

Strahl-Zeolith et Blätter-Zeolith, W.
Stilbit, K.

FORME PRIMITIVE.

Prisme droit (fig. 5), à bases rectangles, dans lequel le rapport des côtés C, G, B, est à peu près celui des nombres 3, 2 et 5.

FORMES DÉTERMINABLES.

1. Primitive.
2. Dodécaèdre. Traité, t. III, p. 162, var. 1.
3. Épointée. *id.*, pag. 163, var. 2.
4. Anamorphique. *ibid.*, var. 3.
   En tout six variétés.

FORMES INDÉTERMINABLES.

1. Arrondie. *id.*, p. 164, var. 5.
2. Laminaire.

Accidens de lumière. Limpide, blanchâtre, brune, rougeâtre, grise. La Zéolithe d'Ædelfors (Traité, t. IV, p. 413), n'est peut-être qu'une stilbite laminaire ou compacte, d'un rouge-obscur.

TRENTIÈME ESPÈCE.

Laumonite. Note 64.

Lomonit, W. et K.
Zéolithe efflorescente. Traité, t. IV, p. 410.

FORME PRIMITIVE.

Octaèdre rectangulaire (pl. III de cet Ouvrage, fig. 39), dans lequel l'incidence de M sur M est de 98^d 12′; et celle de P sur P, de 121^d 34′. Cet octaèdre se soudivise suivant deux plans, dont l'un passe par les arêtes C, G, et l'autre par les angles E, E′, parallèlement à G.

Variétés.

1. Bisunitaire. $^{\prime}$E$^{\prime}$ M $^{\prime}$G$^{\prime}$ P (fig. 40). Prisme octogone à som-
   s M *l* P
   mets dièdres. Incidence de M sur *l*, 139^d 6′; de M sur P, 108^d 38′; de M sur *s*, 130^d 14′; de P sur *s*, 119^d 13′.
2. Bacillaire.

4

TRENTE-UNIÈME ESPÈCE.

Prehnite. Note 65.

Prehn't , W. et K.

FORME PRIMITIVE.

Prisme droit rhomboïdal (fig. 6), dans lequel l'incidence de M sur M , est d'environ 103^d, divisible dans le sens des petites diagonales de ses bases.

FORMES DÉTERMINABLES.

1. Primitive. Prehnite rhomboïdale. Traité , t. III , p. 169 , var. 1.
   (*a*) Lamelliforme. Koupholite. Traité , t. IV, p. 373.
2. Hexagonale. Traité , t. III , p. 169, var. 2.
3. Octogonale. *ibid.* , var. 3.

FORMES INDÉTERMINABLES.

1. Conchoïde. Prehnite flabelliforme. Traité , *ibid.* , var. 4.
2. Entrelacée , *id.* , p. 170 , var. 5. Prehnite du Cap.
3. Globuleuse , radiée. Zéolithe radiée jaunâtre. Traité , t. IV , p. 412.
4. Fibreuse–conjointe.
   Accidens de lumière. Olivâtre , blanchâtre , jaune-verdâtre.

TRENTE-DEUXIÈME ESPÈCE.

Chabasie. Note 66.

Schabasit , W.
Chabasin , K. Variété du Würfel Zéolith , R.

FORME PRIMITIVE.

Rhomboïde obtus (fig. 1), dans lequel l'incidence de P sur P est de 93^d 48' ; et celle de P sur P' , de 86^d 12'.

Variétés.

1. Primitive. Traité , t. III , p. 177 , var. 1.
2. Trirhomboïdale. *ibid.* , var. 2.

En tout trois variétés.

Couleurs. Blanchâtre et blanc-grisâtre.

TRENTE-TROISIÈME ESPÈCE.

Analcime. Note 67.

Kubizit , W.

Ánalcim , K. Variété du Würfel Zeolith , R.

FORME PRIMITIVE.

Le cube. Pesanteur spécif. au-dessous de 3.

Variétés.

1. Triépointé. Traité , t. III , p. 182 , var. 1.
2. 'Trapézoïdal. *ibid.* , var. 2.
3. Amorphe. *id.* , p. 183 , var. 5.

Accidens de lumière. Limpide , blanc , rouge-incarnat.

APPENDICE.

Analcime cubo-octaèdre ? Sarcolithe de Thomson. Couleur de chair.

TRENTE-QUATRIÈME ESPÈCE.

Népheline. Note 68.

Népheline , W. Sommit, K.

FORME PRIMITIVE.

Prisme hexaèdre régulier (fig. 3) , dans lequel le côté B de la base est à la hauteur G , à peu près dans le rapport de 15 à 7.

Variétés.

1. Primitive. Traité, t. III , p. 189 , var. 1.
2. Annulaire. *ibid.* , var. 2.
3. Granuliforme.

Couleur. Blanche ou gris-verdâtre.

TRENTE-CINQUIÈME ESPÈCE.

Harmotome. Note 69.

Kreuzstein, W. et K.

FORME PRIMITIVE.

Octaèdre (fig. 10), composé de deux pyramides à bases carrées, et dans lequel l'incidence de P sur P' est de 86^d·36'. Cet octaèdre se soudivise suivant des plans qui passent par les arêtes B et par le centre.

Variétés.

1. Dodécaèdre. Traité, t. III, p. 194, var. 1.
2. Partiel. *ibid.*, var. 2.
3. Cruciforme. *id.*, p. 195, var. 3.
   Couleur. Blanchâtre; blanc-jaunâtre.

TRENTE-SIXIÈME ESPÈCE.

Péridot. Note 70.

FORME PRIMITIVE.

Prisme droit à bases rectangles (fig. 5), dans lequel le rapport entre les côtés B, G, C est à peu près celui des nombres 11, 14 et 25.

FORMES DÉTERMINABLES.

Krysolith, W. Chrysolith, K.

1. Unitaire. Traité, t. III, p. 201, var. 1.
2. Monostique. *ibid.*, var. 2.
3. Continu. *id.*, p. 202, var. 3.
   En tout six variétés.

FORMES INDÉTERMINABLES.

Olivin, W. et K.

1. Lamelliforme.
2. Granuliforme. *id.*, p. 203, var. 7.
   (*a*) Discret.
   (*b*) Agrégé.
   Couleurs. Jaune-verdâtre; vert-jaunâtre.

APPENDICE.

Décomposé. Brun-rougeâtre ; jaune-brunâtre ; irisé. Le lim-bîlite de Saussure (Journ. de Phys. , t. XLIV , p. 241) n'est probablement qu'un péridot décomposé , en grains , d'un jaune-brunâtre.

TRENTE-SEPTIÈME ESPÈCE.

Mica. Note 71.

Glimmer , W. et K.

FORME PRIMITIVE.

Prisme droit rhomboïdal (fig. 6) de 120^d et 60^d, dans lequel le côté B de la base est à la hauteur, à peu près dans le rapport de 3 à 8.

FORMES DÉTERMINABLES.

1. Primitif. Traité , t. III , p. 211 , var. 1.
2. Prismatique. *ibid.* , var. 2.
3. Binaire. *id.* , p. 212 , var. 3.
4. Annulaire. *ibid.* , var. 4.

FORMES INDÉTERMINABLES.

1. Foliacé. *ibid.* , var. 5.
2. Lamelliforme, *ibid.* , var. 6.
3. Écailleux. *ibid.* , var. 7.
4. Testacé. *ibid.* Mica hémisphérique.
5. Pulvérulent. , *id.* , p. 213, var. 10.

Couleurs. Métalloïde ; jaune, blanc ou brun. Verdâtre , rougeâtre , noir.

TRENTE-HUITIÈME ESPÈCE.

Pinite. Note 72.

Pinit , W. et K.

FORME PRIMITIVE.

Prisme hexaèdre régulier (fig. 3) , dans lequel le côté B de la base est à la hauteur C , à peu près dans le rapport de 36 à 35.

Variétés.

1. Primitive. M P.

2. Péridodécaèdre. M 'G¹ P (pl. III de cet Ouvrage , fig. 41).
   M o P

   Incidence de M sur *o*, 150^d.

   (*a*) Semi-alterne. Ayant l'apparence d'un prisme rectangulaire , par une suite du prolongement de deux pans
   primitifs M , et de deux pans secondaires *o*. La figure 42
   représente la coupe transversale du noyau A B C D E F ,
   celle du cristal péridodécaèdre *o n m l k i h t s r q p o*, dans
   l'hypothèse de la symétrie , et celle de la sous-variété
   dont il s'agit ici, indiquée par *o' n' m' l' k' i' h' t' s' r' q' p' o'*.
   Se trouve dans le département du Puy-de-Dôme.

3. Emarginée. M 'G¹ B̀ P (fig. 43). Incidence de *s* sur M , 138^d
   M o *s* P

   11'; de *s* sur P , 131^d 49'.

   Couleurs. Brune , brun-noirâtre , grisâtre.

TRENTE-NEUVIÈME ESPÈCE.

Disthène. Note 73.

Kyanit , W. Cyanit , K. Sappare de Saussure.

FORME PRIMITIVE.

Prisme oblique (fig. 44) , dont la face P est à très-peu près
un rhombe , la face M un rectangle , et la face T un parallé-
logramme obliquangle. L'incidence de M sur P est de 106^d 6' ;
celle de M sur T , de 102^d 50' ; et le rapport entre le côté F
ou D et le côté G ou H , est à peu près celui des nombres 19 et 5.

FORMES DÉTERMINABLES.

1. Périoctaèdre. 'G¹ M 'H¹ T P (fig. 45). Incidence de M
   o M *l* T P

   sur *l*, 142^d 40' ; de T sur *l*, 140^d 01';de M sur *o*, 130^d 32'.

2. Triunitaire. 'G¹ M 'H¹ T C (fig. 46). Incidence de M sur *z*,
   o M *l* T ½̀

   90^d.

3. Double. Traité, t. III, p. 223 , var. 2.

FORMES INDÉTERMINABLES.

1. Laminaire.
2. Lamellaire.
Couleurs. Bleu, fasciolé, jaunâtre, blanc.

QUARANTIÈME ESPÈCE.

Dipyre. Note 74.

Schmelzstein, W. Dipyr, K.
Joints naturels parallèles, les uns aux faces latérales d'un prisme rectangulaire, et les autres à des plans qui soudiviseraient ce prisme diagonalement. Pesanteur spécifique au-dessous de 3.

Variétés.

1. Périoctogone. En prismes déliés à sommets fracturés, disséminés dans leur gangue.
2. Aciculaire-conjoint. Traité, t. III, p. 243. Dipyre fasciculé. Couleurs; blanchâtre, rougeâtre.

QUARANTE-UNIÈME ESPÈCE.

Asbeste. Note 75.

Tissu filamenteux ; réductible par la trituration en poussière fibreuse ou pâteuse.

Variétés.

1. Flexible. Traité, t. III, p. 247, var. 1. Amiant, W. Biegsamer Asbest, K. *Amiante* des anciens minéralogistes.
2. Dur. Traité. *ibid.*, var. 2. Gemeiner Asbest, W. et K. *Asbeste* des anciens minéralogistes.
3. Tressé. *ib.*, var. 3. Berkork, W. Schwimmender Asbest, K. *Liége fossile*, *papier fossile* des anciens minéralogistes.
   (*a*) Mou.
   (*b*) Dur.
4. Ligniforme. *id.*, p. 248, var. 4. Bergholz, W. Holz-Asbest, K.
   Couleurs. Blanc-soyeux, gris, jaunâtre, verdâtre, brun.

QUARANTE-DEUXIÈME ESPÈCE.

Talc. Note 76.

FORME PRIMITIVE.

Prisme droit rhomboïdal de 120^d et 60^d. Poussière onctueuse au toucher.

Variétés.

1. Hexagonal. Traité, t. III, p. 255, var. 1. Gemeiner Talk, W. et K.
2. Laminaire. Traité. *ib.*, var. 2, *id.*, W. et K.
3. Ecailleux. Traité. *ib.*, var. 3. *id.*, W. et K.
4. Radié. Saussure. Voyages, n° 1912.
5. Stéatite. Traité. *id.*, p. 256, var. 6. Speckstein, W. et K.
6. Ollaire. Traité. *id.*, p. 257, var. 7. Topfstein, W. et K.
7. Chlorite. Traité. *ibid.*, var. 8. Chlorit, W. et K.
    a. Terreux. Chloriterde, W. Erdiger Chlorit, K.
    b. Fissile. Chloritschiefer, W. Schiefriger Chlorit, K.
    c. Compacte.
8. Zographique. Traité. *ibid.* Talc chlorite zographique. Grün-erde, W. et K. Vulg. *terre de Vérone.*

Accidens de lumière. Blanc-verdâtre, vert obscur, brunâtre, etc.

APPENDICE.

Talc pseudomorphique.
1. En quarz hyalin prismé.
    a. Emarginé.
2. En chaux carbonatée primitive.
    a. Equiaxe.
    b. Métastatique.

QUARANTE-TROISIÈME ESPÈCE.

Macle. Note 77.

Hohlspath, W. Chiastolith, K.

Octaèdre rectangulaire (fig. 2), dans lequel l'incidence de M sur M est de 84^d $48'$; et celle de P sur P, de 120^d à peu près. Cet octaèdre se soudivise suivant trois plans, dont l'un passe par le rectangle CG ; un second, par les apothèmes des triangles P, P ; et un troisième par ceux des triangles M, M.

Variétés.

Cristaux simples.

1. Prismatique. Traité, t. III, p. 269, var. 1.
2. Cylindroïde. *id.*, p. 270, var. 2.

Cristaux groupés.

3. Quaternée. *ibid.*

Assortiment des deux substances composantes.

1. Tétragramme. *ibid.*
2. Pentarhombique. *ibid.*
3. Polygramme. *ibid.*
4. Circonscrite. *ibid.*

Substances dont les caractères ne sont pas assez connus, pour permettre de leur assigner des places dans la méthode.

1. *Allochroïte.* Note 78.

Dandrada. (Journ. de Physique, fructidor an 8, p. 243); Splittriger Granat, K.

En masse informe, opaque, d'un gris jaunâtre ou brunâtre. Cassure inégale, légérement luisante. Pesant. spécif. 3,5754. Donnant des étincelles par le choc du briquet ; difficile à briser. Plusieurs des morceaux que j'ai observés, sont recouverts de chaux carbonatée et de dodécaèdres rhomboïdaux, d'une couleur brune par réflexion et orangée par réfraction, qui paraissent être des grenats. Ces dodécaèdres sont engagés par leur partie inférieure dans la matière même de l'allochroïte avec laquelle ils se confondent insensiblement. Suivant les expériences de M. Vauquelin, l'allochroïte est fusible, sans addition, en émail noir, lisse et opaque.

2. *Alumine pure.* Note 79.

Aluminit, K. Reine Thonerde, W.

En masses arrondies, lisses ou légérement mamelonées, d'une couleur blanche, douces au toucher, ayant un aspect terreux, tendres, happant faiblement à la langue. Pesanteur spécif. 1,669, suivant Schreber.

3. *Amianthoïde.* Note 80.

Traité. t. IV, pag. 334.

Asbestoïde, (Bulletin des Sciences de la Société philom., nivose et pluviose an 5, n° 54, p. 3.) Byssolite, Saussure. Voyages, n° 1696.

En filamens déliés, d'un vert–olivâtre, quelquefois d'une couleur jaunâtre ou d'un brun foncé, luisans, flexibles et élastiques.

4. *Anthophyllite.* Note 81.

Antophyllith, Schumacher. *id.*, W. et K.

Joints naturels situés parallèlement aux pans d'un prisme rectangulaire, dont deux très–éclatans et beaucoup plus faciles à obtenir que les deux autres. En faisant tourner les fragmens à une vive lumière, on en aperçoit deux nouveaux qui soudivisent le prisme diagonalement. Pesant. spécif. 3, 2. Rayant fortement la chaux fluatée, et quelquefois légérement le verre. Couleur brunâtre, jointe à un aspect demi-métallique, dans le sens des joints les plus nets.

5. *Aplome.* Note 82.

Traité, t. IV, p. 336. *id.*, K. p. 102.

En dodécaèdres rhomboïdaux d'un brun foncé, striés parallèlement aux petites diagonales des rhombes. En faisant mouvoir les fragmens à une vive lumière, on aperçoit de légers

indices de lames , suivant des plans perpendiculaires aux axes
qui passent par les angles solides composés de quatre angles
plans. Ce mode de division, joint aux directions des stries,
peut faire présumer que la forme primitive est un cube. Pesant.
spécifique , 3,444. Rayant fortement le verre et légérement le
quarz. Fusible au chalumeau en verre noirâtre. Se trouve en
Sibérie , sur les bords du fleuve Léna.

6. *Bergmannite.* Note 83.

Bergmannit, Schumacher, p. 46.

Composé de fibres, ou de petites aiguilles d'un gris foncé
et groupées confusément. Parmi ces aiguilles , on en distingue
quelques-unes, qui sont lamelliformes, et ont leur surface assez
éclatante ; mais elles sont en général étroitement serrées les
unes contre les autres , et tellement confondues à certains
endroits , qu'elles y forment des masses qui approchent
d'être compactes, et n'ont qu'un faible éclat. Les parties aiguës
rayent sensiblement le verre et légérement le quarz. Pesant.
spécif. 2 , 3, suivant M. Schumacher. Odeur argileuse par
l'injection de l'haleine. Un petit fragment présenté à la flamme
d'une bougie , ou placé sur un charbon ardent , blanchit et
devient friable. Selon M. Schumacher , le Bergmannite se fond
en émail blanc et demi-transparent , par l'action du chalumeau.

7. *Diaspore.* Note 84.

Traité, t. IV, p. 368.

Divisions parallèles aux pans d'un prisme rhomboïdal d'environ 130ᵉ et 50ᵈ , lequel se soudivise dans le sens des petites
diagonales de sa coupe transversale. Le minéral se délite très-
facilement dans le sens de ce dernier joint , qui a un éclat un
peu nacré. Ses lames étaient légérement curvilignes dans les
morceaux que j'ai observés. Pesant. spécif. 3,4324. Les parties
aiguës rayent le verre. Un petit fragment exposé à la flamme
d'une bougie , pendant quelques secondes , se divise , par une
explosion subite , en une multitude de parcelles qui sont lan-
cées de toutes parts. Couleur , le gris-cendré. La gangue est

une argile ferrugineuse. On ne connaît pas le gisement de ce minéral.

8. *Feld-spath apyre.* Note 85.

Traité, t. IV, p. 362.

Regardé par quelques auteurs comme un corindon. Andalusit, W. et K. Stanzait, Flurl. Mikaphylith, Brunner.

Joints naturels parallèles aux pans d'un prisme rectangulaire, ou à peu près, qui se soudivise dans le sens d'une des diagonales de sa coupe transversale. On aperçoit un autre joint qui, en partant d'une ligne oblique à l'arête de jonction des deux premiers joints, fait avec ceux-ci des angles très-sensiblement obtus et inégaux entre eux. Pesant. spécif. 3,165. Rayant le quarz, et même quelquefois le spinelle. Couleur, le rouge-violet.

9. *Feld-spath bleu.* Note 86.

Traité, t. II, p. 605, var. 6.

Splittriger Lazulit, K. Variété du Dichter Feldspath, W.

Deux joints naturels sensiblement perpendiculaires entre eux, l'un continu, facile à apercevoir, l'autre apparent à une vive lumière : dans ce dernier cas, on en distingue un troisième, beaucoup plus faible que les précédens, avec lesquels il fait des angles obtus. Pesant. spécif. 3,06. Rayant le verre; étincelant par le choc du briquet. Couleur bleue.

10. *Fibrolite.* Note 87.

Bournon, Transact. philosoph. 1802. Fibrolit, K., p. 102.

Pesanteur spécifique, 3,214. Dureté au moins égale à celle du quarz. Tissu composé de fibres déliées, très-serrées les unes contre les autres, d'une couleur blanche ou grise. Acquérant une électricité résineuse très-sensible par le frottement, lorsque le morceau est isolé. M. de Bournon n'a observé qu'une seule fois cette substance sous une forme déterminable, qui était celle d'un prisme rhomboïdal d'environ 120^d et 80^d. Se trouve dans la gangue du corindon du royaume de Carnate et de celui de la Chine.

11. *Gabbronit* de Schumacher. Note 88.

Rayant le verre ; donnant difficilement des étincelles sous le briquet. Cassure en général écailleuse. Tissu très-serré, translucide aux bords. Couleur grise avec différentes nuances de bleuâtre ou de rougeâtre. Fusible au chalumeau, avec difficulté, en un globule blanc, opaque. Se trouve en Norwège, où il est accompagné de fer oligiste, de feld-spath compacte incarnat, d'amphibole et de talc.

12. *Jade*. Note 89.

Variétés.

1. Jade néphrétique. Vulgair. *jade oriental*. Traité, t. IV ; p. 368, var. 1. Gemeiner nephrit, W. Nephrit, K.
Pesant. spécif. 2,97.......3,041. Rayant le verre ; étincelant par le choc du briquet. Cassure écailleuse ; transparence semblable à celle de la cire. Difficile à travailler ; prenant un poli onctueux. Fusible par le chalumeau. Verdâtre, olivâtre, blanchâtre, quelquefois taché.

2. Jade ascien. Vulgairement *Pierre de hache*. Punamu nephrit, R. Très-dur ; cassure écailleuse ; susceptible d'un beau poli ; couleur d'un vert foncé ou d'un vert-olivâtre. Se trouve à Tavai-Punama, île méridionale de la Nouvelle-Zélande.

13. *Iolithe*. Note 90.

Iolith, W. et K.
M. Tondi a reconnu dans l'iolithe des joints naturels situés parallèlement aux pans et aux bases du prisme hexaèdre régulier, dont ce minéral présente souvent la forme. Pesant. spécif. environ de 2,6 (1). Rayant fortement le verre et légérement

---

(1) Ayant employé pour la détermination de ce caractère onze fragmens qui formaient un poids total de 6 grammes, environ 113 grains, j'ai obtenu pour résultat 2,686. Mais cette évaluation n'est qu'approximative, parce qu'il restait autour des fragmens une portion de gangue que je n'ai pu en séparer.

le quarz. Cassure vitreuse inégale, quelquefois imparfaitement conchoïde. Couleur d'un bleu-violet, tirant au noirâtre, ordinairement joint à l'opacité. Poussière d'un gris-bleuâtre.

Variétés.

1. Primitif.
2. Péridodécaèdre.
3. Granuliforme.

14. *Kanelstein*, W. et K. Note 91.

Joints naturels parallèles aux pans d'un prisme rhomboïdal de 100 et quelques degrés, avec des indices de joints obliques à l'axe, et parallèles à des faces qui naîtraient sur les arêtes longitudinales les plus saillantes. Ces divers joints sont difficiles à apercevoir, surtout les derniers. Le kanelstein, lorsqu'on le brise, présente en général une cassure conchoïde à petites concavités. Pesant. spécif. 3, 6. Rayant le quarz, quoiqu'avec difficulté. Couleur, orangé-brunâtre. Fusible au chalumeau, en émail noir-brunâtre.

Variété.

Granuliforme.

15. *Lasulit de Verner*. Note 92.

Gemeiner Lazulit, K.

Divisible en prismes qui paraissent légérement rhomboïdaux, avec des indices de joints obliques à l'axe, et qui naissent sur les arêtes longitudinales les plus saillantes. Rayant le verre. Couleur bleue. Devenant gris au chalumeau sans s'y fondre.

Variétés.

1. Aciculaire prismatique. Je n'ai pu m'assurer si les prismes sont hexaèdres ou simplement tétraèdres. Se trouve aux environs de Salzbourg.
2. Massif. A Vorau, en Autriche, dans un quarz grisâtre avec mica.

16. *Latialite*, Gismondi. Note 93.

Haüyne, Neergaard, (Journ. des Mines, n° 125, p. 365). Haüyn, K.

Rayant sensiblement le verre , quoique fragile. Pesanteur spécifique 3 , 1 , et 3,333. Cassure inégale , médiocrement luisante. Quelques fragmens offrent des indices sensibles de joints naturels. Couleur bleue dans les morceaux opaques, d'un vert-bleuâtre dans ceux qui sont translucides. Electrique par communication. Isolé et frotté il acquiert l'électricité résineuse. Infusible au chalumeau ; formant avec le borax un verre d'un jaune-verdâtre. Soluble en gelée blanche et transparente dans les acides nitrique, sulfurique et muriatique.

Variétés.

1. Cristallisé. Dans le seul échantillon que j'aye observé et dont je suis redevable à la générosité de M. l'abbé Gismondi, les cristaux, qui ont d'ailleurs leurs faces planes et très-éclatantes, sont si petits et tellement engagés les uns entre les autres, qu'il m'a été impossible d'en déterminer la forme.

2. Massif. Se trouve en Italie, dans les environs de Nemi , d'Albano et de Frascati , où il est accompagné de mica et de pyroxène vert ; et au Vésuve, où il a pour gangue des fragmens de roches rejetés par les explosions volcaniques.

3. Granuliforme.

APPENDICE.

a. Latialite dodécaèdre ? C'est le dodécaèdre rhomboïdal symétrique. A Andernach , dans les produits des volcans. Regardé d'abord comme un spinelle bleu.

b. Latialite granuliforme ? Sapphirin, Nose, Etudes minéralogiques sur les montagnes du Bas-Rhin. Trouvé sur les bords du lac de Laach , départ. de Rhin-et-Moselle , dans une roche principalement composée de grains et de petits cristaux de feldspath , ayant un tissu vitreux.

17. *Lépidolithe.* Note 94.

Lepidolith , W. et K.

Lilalite, suivant quelques auteurs. Traité , t. IV, p. 375.

Composée de lames minces, flexibles, ayant un éclat nacré, réductibles, quoique difficilement , par la trituration , en une poussière un peu onctueuse au toucher. Pesant. spécif. 2,816, Fusible au chalumeau , avec boursoufflement, en un globule transparent , incolore , qui devient violet par l'addition d'un peu de nitre.

Variétés.

1. Laminaire. En lames libres , qui ont plusieurs millimètres de largeur , et qui se croisent en différens sens.
2. Squamiforme.

Couleurs. Rouge-violette ; blanc-violâtre.

18. *Mélilite.*

Delamétherie, *Théorie de la Terre*, t. II , p. 273. *id.* Fleuriau de Bellevue , (Journ. de Phys. , t. LI, p. 455).

Substance cristallisée ordinairement en petits parallélipipèdes rectangles , dont la couleur varie entre le jaune-pâle et l'orangé. Ils sont souvent recouverts d'un enduit rouge-brunâtre ; ils étincellent sous le briquet ; ils se fondent sans bouillonnement , en un verre transparent. Leur poudre mise dans l'acide nitrique, donne une belle gelée transparente. Les gros fragmens y perdent seulement leur couleur et deviennent plus difficiles à fondre. M. Fleuriau a observé la même substance sous la forme d'octaèdres rectangulaires. Les incidens des faces d'une pyramide sur l'autre , lui ont paru être d'environ 115^d d'une part et 70^d de l'autre. Se trouve près de Rome , à *Capo di bove.*

19. *Natrolithe.* Note 95.

Natrolith , W. et K.

Pesant. spécif. 2 , 2 , selon Klaproth ; 2,289 , selon Selb. Ses parties aiguës raient le verre. Cassure légèrement luisante.

Variétés.

1. Dioctaèdre. En prismes déliés rectangulaires, terminés par des pyramides à quatre faces. (Observée par MM. Brard et Lainé, dans la collection de M. Selb).
2. Aciculaire. Blanchâtre.
3. Mamelonnée. Jaune-brunâtre.

Se trouve à Roegau, près du lac de Constance, dans un porphyre à base de wacke, renfermant de petits cristaux de feld-spath.

20. *Pierre grasse.* Note 96.

Fettstein, W.

Divisions parallèles à toutes les faces d'un prisme droit rhomboïdal, qui se soudivise dans le sens des petites diagonales des bases. Cette dernière coupe et celle qui est parallèle à la base sont les plus nettes. La cassure, dans le sens de la grande diagonale est inégale, et a un éclat gras, joint à un léger chatoyement. Rayant le verre, donnant des étincelles par le choc du briquet. Pesant. spécif. 2,6138. Aisément fusible au chalumeau, en émail blanc. (Observation de M. Cordier.) Couleur. Gris-verdâtre foncé.

Variété.

Amorphe. Se trouve en Norwège.

21. *Pseudo-Sommite.*

Fleuriau de Bellevue. (Journ. de Phys., t. LI, p. 458.) Pseudo-Népheline, *ibid.*, p. 459. Note 1. Variété de la Sommite, Delamétherie, *Théorie de la Terre*, t. II, p. 273.

En très-petits cristaux qui sont des prismes hexaèdres réguliers, blanchâtres, quelquefois émarginés au contour des bases; et en aiguilles déliées, transparentes, ayant un éclat très-vif. Rayant le verre; difficile à fondre. La poussière mise dans l'acide nitrique, y forme une gelée abondante, en quoi cette substance diffère surtout de la népheline ordinaire, suivant M. Fleuriau. Se trouve à Capo di Bove, près de Rome, où elle accompagne le mélilite.

22. *Spath en tables.* Note 97.

Tafelspath, K. Schaalstein, W.

Joints naturels très-sensibles, parallèlement aux pans d'un prisme qui paraît légérement rhomboïdal, et qui offre des indices de lames dans le sens des deux diagonales de sa coupe transversale. En faisant mouvoir les fragmens à une vive lumière, on entrevoit d'autres joints obliques à l'axe, qui naissent sur deux arêtes longitudinales opposées. On a cité des cristaux de ce minéral en prismes hexaèdres. Pesant. spécif. 2,86. Tendre et friable. Phosphorescent dans l'obscurité, lorsqu'on le gratte avec une pointe de fer. Mis dans l'acide nitrique, il y fait effervescence pendant un instant, et ensuite il s'y divise en grains, qui restent au fond de la liqueur. Couleur; blanc-grisâtre. Se trouve à Dognatska, dans le Bannat, en veine, avec une chaux carbonatée lamellaire bleuâtre, qui contient des grenats verdâtres.

23. *Spinellane.* Note 98.

Nose, Études minéralogiques sur les montagnes du Bas-Rhin, p. 109.

FORME PRIMITIVE.

Rhomboïde obtus (fig. 1), dans lequel l'incidence de P sur P est de $117^d\ 23'$, et celle de P sur P', de $62^d\ 37'$ (1). Il se soudivise en six tétraèdres, par des coupes qui coïncident avec les bords supérieurs et avec les diagonales obliques. Rayant le verre; blanchissant au chalumeau, et s'y fondant avec facilité en émail blanc très-bulleux. (Observat. de M. Cordier.) Couleur; brun-noirâtre.

Variété.

Spinellane sexduodécimal. $\overset{1}{\text{D}}\ \text{P}\ \underset{c}{\text{E}^1\ \text{P}}\ \underset{s}{\text{E}}$ (pl. III de cet Ouvrage, fig. 47). Incidence de h sur h, $87^d\ 48'$; de P sur h,

_____

(1) Je ne donne cette détermination, que d'après des mesures que je ne regarde pas comme définitives.

133^d 54′ ; de c sur h, 136^d 6′ ; de P sur l'arête z, 126^d 53′ ; de h sur l'arête x , 146^d 18′.

Se trouve sur les bords du lac de Laach , départ. de Rhin-et-Moselle , dans une roche principalement composée de grains et de petits cristaux de feld-spath , dont le tissu est vitreux, avec mélange de la substance elle-même , de quarz , d'amphibole , de mica noir , et de fer oxydulé en grains et en très-petits octaèdres primitifs.

24. *Spinelle zincifère?* Note 99.

Automalit , Corindon zincifère. (Journ. de Phys. , vendém. an 14 , p. 270). Automalit et Fahlunit , K. p. 102. Gahnit , Moll.

FORME PRIMITIVE.

L'octaèdre régulier. Les cristaux présentent , tantôt l'octaèdre simple, et tantôt l'octaèdre transposé. Pesanteur spécifique, 4,6969. Rayant le quarz. Couleur d'un noir-verdâtre , qui , à certains endroits présente un éclat métallique. Cassure en partie conchoïde , luisante , et en partie terne et inégale. Infusible au chalumeau. Se trouve à Fahlun , en Suède.

25. *Spinthère.*

Traité , t. IV , p. 398.

Variété.

Spinthère décaèdre. *ibid.*

Couleur. Gris-verdâtre.

Se trouve dans le département de l'Isère , où il est engagé dans des rhomboïdes de chaux carbonatée.

26. *Talc ?* Note 100.

1. Talc granuleux : Erdiger Talk , W. et K. Traité , t. III , p. 255 , var. 4. Très-friable ; d'un gris perlé ; humecté et passé avec frottement entre les doigts , il s'y attache sous la forme d'un enduit nacré. Il durcit, lorsqu'on l'expose à la flamme d'une bougie.

2. Talc glaphique. Traité , t. III, p. 256, var. 5. Bildstein ;
W. Agalmatholith , K. Vulgairement *Pierre de lard des*
Chinois. Pesant. spécif. 2,5834. Tissu très-serré. Cassure
terne , inégale et écailleuse. Surface et poussière très-
onctueuses au toucher. Communiquant à la cire d'Espagne l'électricité résineuse , à l'aide du frottement.

Variétés.

1. Compacte.
2. Fissile.
   Couleurs. Gris ; jaunâtre ; jaune-brunâtre.

TROISIÈME CLASSE.

Substances combustibles non métalliques.

PREMIER ORDRE.

Simples.

PREMIÈRE ESPÈCE.

Soufre. Note 101.

Schwefel , W. et K.

FORME PRIMITIVE.

Octaèdre à triangles scalènes égaux et semblables (Pl. II de
cet Ouvrage , fig. 20) dans lequel l'incidence de P sur P' est
de 143^d 7′ , et celle de l'arête D sur l'arête D′ , de 102^d 40′.

FORMES DÉTERMINABLES.

1. Primitif. Traité , t. III, p. 279 , var. 1.
2. Basé. *ibid.* , var. 2.
3. Dioctaèdre. *id.* , p. 280 , var. 6.
   En tout neuf variétés.

FORMES INDÉTERMINABLES.

1. Concrétionné , thermogène. Soufre sublimé des eaux thermales de Bex.
2. Strié. Traité. *ibid.* , var. 9. Soufre des volcans.
3. Pulvérulent, thermogène.
4. Amorphe. *ibid.* , var. 11.
  Couleurs. Jaune–citrin , miellé , blanchâtre.

SECONDE ESPÈCE.

Diamant. Note 102.

Diamant, W. et K.

FORME PRIMITIVE.

L'octaèdre régulier. Rayant le corindon.

FORMES DÉTERMINABLES.

1. Primitif. Traité, t. III , p. 289 , var. 1.
2. Cubique.
3. Sphéroïdal. *ibid.* , var. 2.
  (*a*) Sextuplé.
  (*b*) Conjoint.
  (*c*) Comprimé.
4. Plan–convexe. *id.*, p. 293 , var. 3.

FORME INDÉTERMINABLE.

Granuliforme.

TROISIÈME ESPÈCE

Anthracite. Note 103.

Glanzkohle, W. Anthracit, K.
D'une combustion lente et difficile.

Variétes.

1. Cristallisé.
2. Feuilleté. Traité , t. III , p. 308 , var. 1. Schieferige Glanzkohle , W. Gemeiner Anthracit , K.

3. Compacte. Musch'iche Glanzkohle , W. Schlackiger Anthracit , K.
   (*a*) Globuleux. *ibid.* , var. 2.
   (*b*) Amorphe.
4. Caverneux.
   Accidens de lumière.
   Submétalloïde.
   (*a*) Grisâtre.
   (*b*) Noirâtre ; très-éclatant.
   (*c*) Irisé.

SECOND ORDRE.

Composées.

PREMIERE ESPÈCE.

Graphite. Note 104.

Graphit, W. et K.

Fer carburé. Traité, t. IV , p. 96. Vulgair. *Plombagine*
ou *crayon noir.*

Tachant le papier en gris métallique plombé ; n'électrisant
pas la cire d'Espagne ou la résine par le frottement.

Variétés.

1. Cristallisé.
2. Lamelliforme.
3. Granulaire. Schuppiger Graphit , W. et K.
4. Feuilleté.
   Couleur , gris d'acier foncé.

SECONDE ESPÈCE.

Bitume. Note 105.

Brûlant avec une odeur bitumineuse. Résidu peu considérable.

Variétés.

1. Liquide. Traité , t. III , p. 311 , var. 1. Erdöl, W. Bergöl, K.
   (*a*) Blanchâtre. Liquides Bergöl , K.
   (*b*) Brun ou noirâtre. Verdicktes Bergöl , K.

2. Glutineux. *id.*, p. 312, var. 2. Zähes Erdpech, K.

3. Solide. *id.*, p. 313, var. 3.

    (*a*) Luisant. Schlackiges Erdpech, W. et K.

    (*b*) Terreux. Erdiges Erdpech, W.

4. Elastique. *ibid.*, var. 4. Elastiches Erdpech, W. et K.

TROISIÈME ESPÈCE.

Houille. Note 106.

Steinkohle, K.

Brûlant avec une odeur bitumineuse. Résidu considérable.

Variétés.

1. Feuilletée. Traité, t. III, p. 318, var. 1. Schieferkohle, W. et K.

2. Bacillaire. Stangenkohle, W. et K.

3. Compacte. *ib.*, var. 2. Kannelkohle, W. Kannelkohle, K.

4. Papyracée. Dysodîle (Cordier, Journal des Mines, n° 136, p. 271). Formant des masses qui se délitent avec facilité en feuillets très-minces, légérement flexibles, d'un gris verdâtre ou jaunâtre.

Accidens de lumière. Noire, et quelquefois irisée.

QUATRIÈME ESPÈCE.

Jayet. Note 107.

Pechkohle, W. et K.

Assez dur pour être travaillé au tour. Couleur d'un noir foncé

Variété.

Compacte. Traité, t. III, p. 326.

CINQUIÈME ESPÈCE

Succin.

Bernstein, W. et K.

Jaune. Brûlant avec une odeur aromatique agréable.

Variétés.

1. Compacte. Traité , t. III , p. 32g.
   (a) Granuliforme.
2. Feuilleté. Tableau des espèces minér., par M. Lucas,
   pag. 289.
   Couleurs. Jaune foncé, blanc-jaunâtre ; jaune-brunâtre, etc.

SIXIÈME ESPÈCE.

Mellite. Note 108.

Honigstein, W. et K.

FORME PRIMITIVE.

Octaèdre à triangles isocèles égaux et semblables (fig. 10),
dans lequel l'incidence de P sur P' est de $93^d\ 22'$.

Variétés.

1. Primitif. Traité , t. III , p. 337 , var. 1.
2. Dodécaèdre. *ibid.* , var. 2.
3. Epointé. *id.* , p. 337 , var. 3.
   Couleur. Miellé.

QUATRIÈME CLASSE.

Substances métalliques.

PREMIER ORDRE.

*Non oxydables immédiatement , si ce n'est à un
feu très-violent , et réductibles immédiatement.*

PREMIER GENRE.

Platine. Platin, W. et K.

ESPÈCE UNIQUE.

Platine natif ferrifère. Note 109.

Gediegen Platin , W. et K.
Blanc argentin. Très-difficile à fondre.

Variété.

Granuliforme.

SECOND GENRE.

Or.

Gold , W. et K.

ESPÈCE UNIQUE.

Or natif. Note 110.

Gediegen-Gold , W. et K.

Cristallisation susceptible d'être ramenée au cube. Couleur d'un jaune pur.

FORMES DÉTERMINABLES.

1. Cubique.
2. Octaèdre. Traité , t. III , p. 376 , var. 1.
3. Trapézoïdal. *ibid.* , var. 2.
4. Cubo-octaèdre. En cristaux isolés. A Matto grosso , dans le Brésil.

FORMES INDÉTERMINABLES.

1. Lamelliforme. *id.* , p. 377 , var. 5.
2. Ramuleux. *id.* , p. 376.
3. Capillaire. *id.* , p. 377 , var. 4.
4. Granuliforme , *ibid.* , var. 6.
5. Massif. *ibid.* , or natif amorphe , var. 7.
   Vulgairement *Pepite d'or.*

TROISIÈME GENRE.

Argent.

Silber , W. et K.

PREMIÈRE ESPÈCE.

Argent natif. Gediegen Silber , W. et K.

Cristallisation susceptible d'être ramenée au cube. Blanc et ductile.

FORMES DÉTERMINABLES.

1. Primitif. Traité , t. III , p. 385, var. 2.
2. Octaèdre. *ibid.*, var. 1.
3. Cubo–octaèdre. *ibid.* , var. 3.

FORMES INDÉTERMINABLES.

1. Lamelliforme. *id.* , p. 386 , var. 7.
2. Ramuleux. *id.* , p. 385, var. 4.
   a. Divergent.
   b. Filiciforme.
   c. Réticulé.
3. Filiforme. *id.* , p. 386 , var. 5.
4. Capillaire. *ibid.* , var. 6.
5. Granuliforme. *id.* , p. 387, var. 8.
6. Massif. *ibid.* Argent natif amorphe.

SECONDE ESPÈCE.

Argent antimonial. Note 111.

Spiesglanzsilber , W. et K.
Semblable à l'argent natif , mais fragile.

Variétés.

1. Prismatique. Traité , t. III , p. 393, var. 1.
2. Cylindroïde. *id.* , p. 394 , var. 2.
3. Granulaire. *ibid.* , var. 3.
4. Amorphe. *ibid.* , var. 4.

APPENDICE.

Argent antimonial ferro-arsenifère. Traité , t. III , p. 396.
Arseniksilber , W. Silber-Arsenik , K.

TROISIÈME ESPÈCE.

Argent sulfuré. Note 112.

Glaserz, W. Glanzerz, K. Vulgairement *argent vitreux.*

Cristallisation susceptible d'être ramenée au cube. Malléable et d'un gris métallique plombé.

FORMES DÉTERMINABLES.

1. Cubique. Traité, t. III, p. 599, var. 1.
2. Cubo-octaèdre. *ibid.* , var. 2.
3. Octaèdre. *ibid.* , var. 3.
4. Dodécaèdre. *ibid.* , var. 4.

FORMES INDÉTERMINABLES.

1. Lamelliforme. *ibid.* , var. 5.
2. Ramuleux. *ibid.* , var. 6.
3. Filiforme. *ibid.* , var. 7.
4. Amorphe. *ibid.* , var. 8.
   Accidens de lumière. Gris obscur ; gris éclatant.

QUATRIÈME ESPÈCE.

Argent antimonié sulfuré. Argent rouge. Note 113.

Rothgültigerz , W. et K.

FORME PRIMITIVE.

Rhomboïde obtus (fig. 1), dans lequel l'incidence de P sur P est de $109^d 28'$; et celle de P sur P', de $70^d 32'$.

FORMES DÉTERMINABLES.

1. Prismé. Traité , t. III, p. 406 , var. 1.
2. Prismatique. *ibid.* , var. 2.
3. Binoternaire. *id.* , p. 407 , var. 6.
4. Bisunitaire. *ibid.* , var. 7.
   En tout quatorze variétés.

FORMES INDÉTERMINABLES.

1. Botryoïde.
2. Granuliforme.
3. Massif.
   Accid. de lumière. Rouge vif. Lichtes Rothgültigerz, W. et K.

Rouge obscur ; Dunkles Rothgültigerz , **W. et K.**
Métalloïde. *id.* , W. et K.

APPENDICE.

Argent antimonié sulfuré noir. Argent noir.

Sprödglasers, W. Sprödglanzerz , K. Mine d'argent vitreuse
fragile de quelques-uns. Röschgewacks des mineurs hongrois.

Poussière noire.

1. Prismatique.
2. Lamelliforme.
3. Cellulaire.

CINQUIÈME ESPÈCE.

Argent carbonaté. Note 114.

Luftsaures Silber. Widenmann , p. 689.

Facile à réduire par l'action du chalumeau ; faisant effervescence avec l'acide nitrique , pendant un instant.

Variété.

Amorphe.
Couleur. Gris-cendré peu éclatant.

SIXIÈME ESPÈCE.

Argent muriaté. Note 115.

Vulgairement *Argent corné.*
Hornerz , W. et K.
Forme cubique. Réductible par le frottement du zinc humide.

Variétés.

1. Cubique. Traité , t. III , p. 419 , var. 1.
2. Mamelonné.
3. Amorphe. *ibid.* , var. 2.

SECOND ORDRE.

Oxydables et réductibles immédiatement.

GENRE UNIQUE.

Mercure.

Quecksilber, W. et K.

PREMIÈRE ESPÈCE.

Mercure natif.

Gediegen-Quecksilber, W. et K.
Liquide à une température au-dessus du 32ᵉ degré de froid, sur le thermomètre de Réaumur, et du 40ᵉ sur le thermomètre centigrade.

Variété.

Liquide.

SECONDE ESPÈCE.

Mercure argental. Note 116.

Natürliches Amalgam . W. Amalgam, K.
Cristallisation susceptible d'être ramenée au dodécaèdre rhomboïdal. Communiquant au cuivre une couleur argentée, à l'aide du frottement.

FORMES DÉTERMINABLES.

1. Primitif. (Journ. des Mines, n° 67, var. 1, pl. L, fig. 1.)
2. Unitaire. *ibid.*, var. 2. Mercure argental émarginé. Traité, t. III, p. 433, var. 1.
3. Triforme. Traité. *id.*, p. 434, var. 3.
   Quatre variétés.

FORMES INDÉTERMINABLES.

1. Granuliforme.
2. Lamelliforme. *ibid.*, var. 4.

TROISIÈME ESPÈCE.

Mercure sulfuré. Note 117.

Zinnober, W. et K. Vulgairement *cinabre*.

FORME PRIMITIVE.

Prisme hexaèdre régulier (fig. 3), dans lequel le côté de la base est à la hauteur à peu près dans le rapport de 4 à 5.

FORMES DÉTERMINABLES.

1. Primitif. Traité, t. III , p. 439, var. 1.
2. Bibisalterne. *ibid.* , var. 2.

FORMES INDÉTERMINABLES.

1. Curviligne. *id.*, p. 440, var. 3.
2. Laminaire. *ibid.*, var. 4.
3. Mamelonné.
4. Granulaire.
5. Compacte. *ibid.* , var. 6.
6. Pulvérulent. *ibid.*, var. 7. Vulgair. *Vermillon natif.*

Couleur. Rouge foncé; Dunkelrother Zinnober, W. Gemeiner Zinnober, K. Rouge vif ; Hochrother Zinnober, W. Zerreiblicher Zinnober, K. Métalloïde.

APPENDICE.

Mercure sulfuré bituminifère. Quecksilber-Lebererz, W. Lebererz, K.

1. Feuilleté. Traité, *id.* , p. 446 , var. 1. Schieferiges Quecksilber-Lebererz, W.
2. Testacé.
3. Compacte. *ibid.* var. 2. Dichtes Quecksilber-Lebererz, W. Dichtes-Lebererz, K.

QUATRIÈME ESPÈCE.

Mercure muriate. Note 118.

Quecksilber-Hornerz, W. et K.

Gris de perle ; volatile par l'action du chalumeau.

1. Trioctonal. Dodécaèdre du même genre que celui du Zircon. Traité (pl. XLI, fig. 19), dont les arêtes contiguës aux sommets sont remplacées par des facettes.

FORME INDÉTERMINABLE.

- 2. Concrétionné.

TROISIÈME ORDRE.

Oxydables, mais non réductibles immédiatement.

Sensiblement ductiles.

PREMIER GENRE.

Plomb.

Blei, W. et K.

PREMIÈRE ESPÈCE.

Plomb natif (volcanique).

Gris livide pesant. spécifique, au moins de 10.

Variété.

Amorphe. Traité, t. III, p. 451.

SECONDE ESPÈCE,

Plomb sulfuré. Note 119.

Bleiglanz, W. et K. Vulgairement *Galène.*

FORME PRIMITIVE.

Le cube. Gris métallique du plomb, mais plus éclatant.

FORMES DÉTERMINABLES.

1. Primitif. Traité, t. III, p. 458, var. 1.
2. Cubo–octaèdre. *id.*, p. 459, var. 2.
3. Octaèdre. *ibid.*, var. 3.
   En tout neuf variétés.

FORMES INDÉTERMINABLES.

1. Laminaire. *id.*, p. 460, var. 9.
2. Lamellaire. *ibid.*, var. 10.
3. Granulaire. *id.*, p. 461, var. 11.
4. Strié. *ibid.*, var. 13.
5. Compacte. *ibid.*, var. 12. Bleischweif, W. et K.
6. Spéculaire.
   Accident de lumière. Irisé.

APPENDICE.

a. Plomb sulfuré antimonifère. Spiessglanzblei, K.
b. Plomb sulfuré antimonifère et argentifère. Argent blanc.
   Weissgültigerz, W. et K.

TROISIÈME ESPÈCE.

Plomb oxydé rouge. Note 120.

Couleur d'un rouge foncé. Facilement réductible par l'action
du chalumeau.

Variété.

Amorphe.

QUATRIÈME ESPÈCE.

Plomb arsenié. Note 121.

Flokkenerz, K.
Couleur jaunâtre. Facile à réduire par l'action du chalumeau,
en répandant une odeur d'ail.

Variétés.

1. Aciculaire. Traité, t. III, p. 465, var. 1.
2. Filamenteux. *ibid.*, var. 2.
3. Concrétionné-mamelonné. Se trouve dans les montagnes
   noires du Brisgaw.
4. Compacte. *ibid.*, var. 3.

CINQUIÈME ESPÈCE.

Plomb chromaté. Note 122.

Roth-Bleierz, W. et K.

FORME PRIMITIVE.

Prisme oblique (pl. III de cet Ouvrage, fig. 48), dont la coupe transversale est un carré, et dans lequel l'incidence de P sur l'arête H est de 102^d 51', et le rapport entre l'arête B ou D et l'arête G ou H est à peu près celui de 28 à 9.

FORMES DÉTERMINABLES.

1. Quadrioctonal. $G^{44}G \overset{\frac{1}{4}}{\underset{r}{M}} \underset{M}{D} \underset{t}{}$ (fig. 49). Incidence de M sur M, 90^d; de M sur r, 165^d 57'; de t sur t, 117^d 56'; de M sur t, 145^d 5'.

2. Dioctaèdre. $G^{44}G \overset{\frac{1}{4}}{\underset{r}{M}} \overset{\frac{1}{2}}{\underset{M}{D}} \underset{t}{B} \underset{u}{}$ (fig. 50). Incidence de M sur u, 115^d 33'; de u sur u, 132^d.

FORME INDÉTERMINABLE.

Lamelliforme.

SIXIÈME ESPÈCE.

Plomb carbonaté. Note 123.

Weiss-Bleierz, W. et K. Vulgair. *Plomb blanc.*

FORME PRIMITIVE.

Octaèdre rectangulaire (fig. 9), dans lequel l'incidence de M sur M est de 62^d 56'; et celle de P sur P, de 70^d 30'.

FORMES DÉTERMINABLES.

1. Octaèdre. Traité, t. III, p. 478, var. 1.
2. Annulaire. *ibid.*, var. 2.

6

3. Trihexaèdre, *id.*, p. 479, var. 4.

En tout douze variétés.

FORMES INDÉTERMINABLES.

1. Bacillaire.
2. Aciculaire. *id.*, p. 483, var. 11.
3. Concrétionné. *ibid.*, var. 12.
4. Terreux. Bleierde, W. et K.

APPENDICE.

a. Plomb carbonaté noir. Schwarz-Bleierz , W. Dunkler Bleisphath , K. Sa couleur est l'effet d'une altération analogue à celle que produit le contact d'un sulfure alkalin.

b. Plomb carbonaté cuprifère. D'une belle couleur bleue produite par un mélange de cuivre carbonaté bleu. Se trouve en Espagne.

SEPTIÈME ESPÈCE.

Plomb phosphaté. Note 124.

Braun-Bleierz et Grün-Bleierz, W. Gemeines Phosphor-blei , K.

FORME PRIMITIVE.

Rhomboïde obtus (fig. 1), divisible suivant des plans qui passent par les sommets A et par le milieu des bords inférieurs D, D, et dans lequel l'incidence de P sur P est de $110^d 55'$; et celle de P sur P′, de $69^d 5'$.

FORMES DÉTERMINABLES.

1. Prismatique. Traité , t. III, p. 493, var. 1.
2. Péridodécaèdre. *ibid.*, var. 2.
3. Trihexaèdre. *ibid.*, var. 3.
4. Annulaire. *ibid.*, var. 4.

FORMES INDÉTERMINABLES.

1. Aciculaire. *id.*, p. 494, var. 5.

2. Mamelonné. *ibid.*, var. 6.

Couleurs. Jaunâtre ; brun-rougeâtre ; gris-brunâtre ; gris-cendré , vert.

APPENDICE.

1. Plomb phosphaté arsenifère. Muschliches Phosphorblei , K.

Formes. Trihexaèdre ; annulaire ; sublenticulaire ; curvi-ligne (la variété trihexaèdre à faces courbes) ; mamelonné.

Couleurs. Jaune ; vert-jaunâtre.

2. Plomb sulfuré épigène , prismatique. Plomb noir. Traité , t. III , p. 497.

HUITIÈME ESPÈCE.

Plomb molybdaté. Note 125.

Gelb-Bleierz , W. et K.

FORME PRIMITIVE.

Octaèdre à triangles isocèles égaux et semblables (fig. 10) , dans lequel l'incidence de P sur P′ est de 76ᵈ 40′.

FORMES DÉTERMINABLES.

1. Primitif,
2. Epointé. Traité , t. III., p. 500 , var. 4.
   En tout dix variétés.

FORMES INDÉTERMINABLES.

1. Laminaire.
2. Lamelliforme. *id.* , p. 501 , var. 7.
   Couleur. Miellé ; jaune-pâle.

NEUVIÈME ESPÈCE.

Plomb sulfaté. Note 126.

Natürlicher Bleivitriol , W. Bleivitriol , K.

FORME PRIMITIVE.

Octaèdre rectangulaire (fig. 21) , dans lequel l'incidence de P sur P est de 109ᵈ 18′ ; et celle de P′ sur P′ , de 78ᵈ 28′.

FORMES DÉTERMINABLES.

1. Primitif. Traité, t. III, p. 5o4, var. 1.
2. Semi-prismé. *ibid.*, var. 2.
3. Trihexaèdre. *id.*, p. 5o5, var. 3.
 En tout huit variétés.

FORME INDÉTERMINABLE.

Granuliforme.
Couleur. Blanchâtre.

SECOND GENRE.

Nickel.

Nickel, W. Nikkel, K.

PREMIÈRE ESPÈCE.

Nickel natif. Note 127.

Blanc métallique, malléable, et susceptible de magnétisme dans son état de pureté.

Variété.

Capillaire. Haarkies, W. Gediegen-Nikkel, K. En filamens jaunâtres. Vulgairement *Pyrite capillaire.*

SECONDE ESPÈCE

Nickel arsenical.

Kupfernickel, W. et K.
Jaune-rougeâtre, formant en peu de temps un dépôt verdâtre dans l'acide nitrique. Odeur d'ail par le choc du briquet.

Variété.

Amorphe.

TROISIÈME ESPÈCE.

Nickel oxydé.

Nickelocker, W. et K.
Verdâtre ; non soluble dans l'acide nitrique.

Variétés.

1. Massif.
2. Pulvérulent.

TROISIÈME GENRE.

Cuivre.

Kupfer, W. et K.

PREMIÈRE ESPÈCE.

Cuivre natif.

Gediegen-Kupfer, W. et K.

Cristallisation susceptible d'être ramenée au cube. Rouge-jaunâtre, et malléable.

FORMES DÉTERMINABLES.

1. Cubique. Traité, t. III, p. 520, var. 1.
2. Octaèdre. *ibid.*, var. 2.
   (*a*) Transposé.
3. Cubo-octaèdre. *ibid.*, var. 3.
   En tout cinq variétés.

FORMES INDÉTERMINABLES.

1. Ramuleux. *id.*, p. 521, var. 7.
2. Filamenteux. *ibid.*, var. 8.
3. Laminaire.
4. Lamelliforme. *ibid.*, var. 9.
5. Granuliforme. *ibid.*, var. 10.
6. Concrétionné. *ibid.*, var. 11.

SECONDE ESPÈCE.

Cuivre pyriteux. Note 128.

Kupferkies, W. et K.

FORME PRIMITIVE.

Le tétraèdre régulier (fig. 22). Jaune métallique.

FORMES DÉTERMINABLES.

1. Primitif. Traité , t. III , p. 531 , var. 1.
2. Epointé. *ibid.*
   (*a*) Transposé.
3. Cubo-tétraèdre. *ibid.* , var. 3.
   Quatre variétés.

FORMES INDÉTERMINABLES.

1. Concrétionné. *id.* , p. 532 , var. 6.
2. Amorphe. *ibid.* , var. 7.
   Accident de lumière. Irisé. Vulgair. *Pyrite à gorge de pigeon*
   ou *à queue de paon.*

APPENDICE.

Cuivre pyriteux hépatique. Traité , t. III , p. 536. Bunt-
kupfererz , W. et K.

TROISIÈME ESPÈCE.

Cuivre gris. Note 129.

Mine de cuivre grise et d'argent grise des anciens minéralogistes.

FORME PRIMITIVE.

Le tétraèdre régulier (fig. 22) ; gris métallique.

FORMES DÉTERMINABLES.

1. Primitif. Traité , t. III , p. 539 , var, 1.
2. Epointé. *ibid.* , var. 2.
3. Triépointé. *ibid.* , var. 4.
4. Encadré. *id.* , p. 540 , var. 6.
5. Dodécaèdre. *ibid.* , var. 7.
6. Apophane. *ibid.* , var. 8.
7. Progressif. *id.* , p. 541 , var. 9.
   En tout treize variétés.

FORME INDÉTERMINABLE.

Amorphe.

Variétés relatives à la composition et à la couleur.

a. Cuivre gris arsenifère. Couleur d'un gris d'acier clair. Un fragment exposé à la simple flamme d'une bougie , répand des vapeurs , sans éprouver de fusion proprement dite. Fahlerz , W. et K.

b. Cuivre gris antimonifère. Couleur tirant sur le noir de fer. Un fragment exposé à la simple flamme d'une bougie , répand des vapeurs , et finit par se fondre en un globule métallique éclatant. Graugültigerz , K. Schwarzgültigerz , W.

APPENDICE.

Cuivre gris platinifère. Se trouve à Guadalcanal en Espagne, où il est accompagné d'argent antimonié sulfuré arsenifère. Vauquelin , (Journ. de Phys. , nov. 1806 , p. 412).

QUATRIÈME ESPÈCE.

Cuivre sulfuré. Note 130.

Kupferglas , W. Kupferglanz , K.

FORME PRIMITIVE.

Prisme hexaèdre régulier (fig. 51) , dans lequel le rapport entre le côté B de la base et la hauteur G , est à peu près celui de 3 à 5.

FORMES DÉTERMINABLES.

1. Primitif. M. P.

2. Dodécaèdre. $\overset{1}{B}$ (fig. 52). Incidence de t sur t' , $123^d 44'$;

   de t sur t , $127^d 38'$.

3. Annulaire. $\underset{M\ t\ P}{M\ \overset{1}{B}\ P}$ (fig. 53). Incidence de M sur t, $151^d 52'$.

4. Ternaire. $\underset{M\ r\ P}{M\ \overset{3}{B}\ P}$ (fig. 54) Incidence de M sur r, $121^d 57'$;

   de P sur r, $148^d 3'$

En tout six variétés.

FORMES INDÉTERMINABLES.

1. Compacte.
   a. Laminiforme.
   b. Massif.
2. Pseudomorphique.
   a. Xyloïde.
   b. Spiciforme. Vulgairement *Argent en épis.* Cuivre gris spiciforme. Traité, t. III, p. 542.

APPENDICE.

Cuivre sulfuré hépatique. Semblable au cuivre pyriteux hépatique. On le reconnaît à ce qu'il accompagne le cuivre sulfuré ordinaire.

CINQUIÉME ESPÈCE.

Cuivre oxydulé. Note 131.

Cuivre oxydé rouge. Traité, t. III, p. 555.
Rothkupfererz, W. et K.

FORME PRIMITIVE.

L'octaèdre régulier. Poussière rouge.

FORMES DÉTERMINABLES.

1. Primitif. Traité, t. III, p. 557, var. 1.
2. Cubique. *ibid.*, var. 2.
3. Cubo–octaèdre. *ibid.*, var. 3.
4. Triforme. *id.*, p. 558, var. 4.

FORMES INDÉTERMINABLES.

1. Capillaire. *ib.*, var. 5. Haarförmiges Rothkupfererz, W. et K.
2. Lamellaire. *ibid.*, var. 6.
3. Massif. Dichtes Rothkupfererz, W. et K.
4. Terreux. Ziegelerz, W. et K. Vulgair. *Cuivre tuilé.*

APPENDICE.

Cuivre oxydulé arsenifère. Traité, t. III, p. 559.

SIXIÈME ESPÈCE.

Cuivre muriaté. Note 132.

Salzkupfer, W. et K.

Colorant en vert et en bleu la flamme dans laquelle on jette
sa poussière. Point d'odeur arsenicale par l'action du feu.

FORMES DÉTERMINABLES.

1. Octaèdre cunéiforme.
2. Quadrihexagonal. La variété précédente dans laquelle l'arête
   du sommet cunéiforme est remplacée par une facette
   rectangulaire.

FORMES INDÉTERMINABLES.

1. Aciculaire.
2. Concrétionné ; au Vésuve.
3. Compacte.
4. Pulvérulent. Traité, t. III, p. 561.
   Sandiges Salz-kupfer, K. Vulgair. *Atacamite.*

SEPTIÈME ESPÈCE.

Cuivre carbonaté bleu. Note 133.

Vulgairement *Azur de cuivre.* Kupferlazur, W. et K.
D'un bleu d'azur. Soluble avec effervescence dans l'acide
nitrique.

FORMES DÉTERMINABLES.

1. Ternaire. Traité, t. III, p. 565, var. 2.
2. Uniternaire. *ibid.*, var. 3.
   En tout quatre variétés.

FORMES INDÉTERMINABLES.

1. Lamelliforme. *id.*, p. 566, var. 5.
2. Concrétionné. *ibid.*, var. 7.
3. Globuliforme.
4. Terreux. Vulgairement *Bleu de montagne.* Erdige Kupferlazur, W. Gemeine Kupferlazur, K.

HUITIÈME ESPÈCE.

Cuivre carbonaté vert. Note 134.

Malachit , W. et K.
D'une couleur verte. Soluble avec effervescence dans l'acide nitrique.

Variétés.

1. Aciculaire-soyeux. Fasriger Malachit , W. et K.
2. Concrétionné. Vulgairement *Malachite.*
   a. Fibreux.
   b. Compacte. Dichter Malachit, W. et K.
3. Terreux. Vulgair. *Vert de montagne.* Kupfergrün, W. et K.

APPENDICE.

Cuivre carbonaté bleu épigène. Ordinairement cristallisé.

NEUVIÈME ESPÈCE.

Cuivre arseniaté. Note 135.

Arseniate of copper, (Bournon, Philosoph. Transactions, 1801 , p. 169).

FORME PRIMITIVE,

dans l'hypothèse d'une espèce unique. Octaèdre rectangu-Jaire , (pl. IV de cet Ouvrage , fig. 55) , dans lequel l'incidence de P sur p est de $50^d 4'$; et celle de P' sur p' , de $65^d 8'$.

FORMES DÉTERMINABLES.

1. Primitif. (Prem.espèce de Bournon). Linzenerz, W. et K.
   Couleurs. Bleu céleste , vert foncé , vert pâle.
2. Lamelliforme. (Seconde espèce de Bournon.) Kupfer-glimmer, W. et K. En lames P$z$$p'$ (fig. 56), dont les grandes faces sont des hexagones, entre lesquels se trouvent six trapèzes alternativement inclinés en sens contraire. Incidence de P sur P', suivant Bournon , 135^d; de P sur p' , 45^d ; de P sur z , 115^d. Couleur. Vert pur.

3. Octaèdre aigu (fig. 57). (Troisième espèce de Bournon).
Olivenerz, W. Dichtes Olivenerz, K. Incidence de r
sur r', 96^d suivant Bournon ; de l sur l', 112^d.

Couleur. Vert-noirâtre , plus ou moins foncé.

(*a*) Cunéiforme (fig. 58).

4. Prismatique triangulaire. En prisme droit , dont les bases
sont des triangles équilatéraux. 4ᵉ espèce de Bournon.
Couleur naturelle. Vert bleuâtre, qui par l'action de l'air
passe au vert noirâtre. En grattant les cristaux. On voit
reparaître la couleur primitive.

FOR'MES INDÉTERMINABLES.

1. Aciculaire. Var. de la 3ᵉ espèce de Bournon. Variété de
l'Olivenerz, W. Fasriges Olivenerz, K. Couleur ; olivâtre.

2. Mamelonné fibreux. 5ᵉ espèce de Bournon. Couleur ; olivâtre.

3. Terreux. Jaune-verdâtre.

PREMIER APPENDICE.

Cuivre arseniaté mamelonné , altéré ; ayant subi un relâ-
chement de ses fibres , qui les rend susceptibles de céder à
une légère pression. Pendant cette altération , la couleur passe
du vert olivâtre à différentes teintes de jaune, qui se terminent
par un gris blanchâtre satiné.

SECOND APPENDICE.

Cuivre arseniaté ferrifère. Cupreous arseniate of iron. Bournon, Transact. philos. 1801 , p. 191.

1. Dodécaèdre. En prisme rhomboïdal terminé par des sommets à quatre triangles scalènes.

2. Mamelonné.

Couleur. Bleu pâle.

DIXIÈME ESPÈCE.

Cuivre dioptase. Note 136.

Dioptase. Traité, t. III, p. 136. Kupferschmaragd, W. Diop-
tas, K.

Rhomboïde obtus (fig. 1), dans lequel l'incidence de P sur
P est de 123^d 58', et celle de P sur P' de 56^d 2'.

Variété.

Dodécaèdre. Traité, *id.* p. 138.
Couleur. Vert pur.

ONZIÈME ESPÈCE.

Cuivre phosphaté. Note 137.

Phosphor-Kupfer, W. et K.
Soluble sans effervescence dans l'acide nitrique. Fusible à la
flamme d'une bougie, et donnant un globule d'un gris métallique.

Variétés.

1. Rhomboïdal ? En petits cristaux à faces curvilignes , qui paraissent être des rhomboïdes peu obtus.
2. Mamelonné-fibreux.
3. Compacte.
Couleur. Vert à l'intérieur ; noirâtre à la surface.

DOUZIÈME ESPÈCE.

Cuivre sulfaté. Note 138.

Vulgairement *Vitriol bleu, couperose bleue.* Kupfervitriol, K.

FORME PRIMITIVE.

Parallélipipède obliquangle (fig. 14), dans lequel l'angle
EOH est de 124^d 2'. L'incidence de M sur T est aussi de
124^d 2', et celle de M sur P de 109^d 32'. Les arêtes D, H, F
sont entre elles à peu près dans le rapport des nombres 10,
8, 7.

FORMES DÉTERMINABLES.

1. Primitif. Traité, t. III, p. 382, var. 1.

2. Péridécaèdre. *id.*, p. 383, var. 4
3. Triunitaire. *ib.*, var. 5.
En tout onze variétés.

FORMES INDÉTERMINABLES.

1. Concrétionné.
2. Pulvérulent.
Couleur. Bleu foncé.

QUATRIÈME GENRE.

Fer. Eisen, W. et K.

PREMIÈRE ESPÈCE.

Fer natif. Note 139.

Gediegen-Eisen, W. et K.
Cristallisation susceptible d'être ramenée à l'octaèdre régulier. Gris-obscur métallique, ductile et magnétique.

Variété.

Amorphe. Tellureisen, K.

APPENDICE.

a. Fer natif volcanique.
b. Acier natif pseudo-volcanique.
c. Fer natif météorique. Meteoreisen, K.

SECONDE ESPÈCE.

Fer oxydulé. Note 140.

Magnet-Eisenstein, W. et K.

FORME PRIMITIVE

L'octaèdre régulier. Non ductile, et très-magnétique

FORMES DÉTERMINABLES.

1. Primitif. Traité, t. IV, p. 12, var. 1.

2. Emarginé. *ibid.*, var. 2.

3. Dodécaèdre. *ibid.*, var. 3.

FORMES INDÉTERMINABLES.

1. Lamellaire.

2. Granulaire.

3. Terreux. Brun-noirâtre, légérement caverneux. Magnétisme polaire ordinairement très-énergique.

4. Fuligineux. Très-friable ; noir bleuâtre ; tachant les doigts. Eisen Schwärze? Reuss. t. IV, seconde partie, p. 53. Trouvé dans les mines de Nassau-Siegen, par M. Fuchs. Voyez Schönbauer's, Neue analytische Methode die Mineralien etc., t. I, p. 230.

APPENDICE.

Fer oxydulé titanifère. Cordier, Journ. des Mines, n° 124, p. 149, et n° 133, p. 51.

Primitif ; dodécaèdre ; granuliforme ; arénacé, Eisensand, W. Sandiger Magnet Eisenstein, K.

TROISIÈME ESPÈCE.

Fer oligiste. Note 141.

Eisen glanz, W. et K.

FORME PRIMITIVE.

Rhomboïde un peu aigu (fig. 1), dans lequel l'incidence de P sur P est de 87^d 9′, et celle de P sur P′ de 92^d 51′.

FORMES DÉTERMINABLES.

1. Primitif.

2. Basé. Traité, t. IV, p. 41, var. 1.

3. Binaire. *ibid.*, var. 2.

4. Binoternaire, *id.* p. 43, var. 7.

En tout seize variétés.

FORMES INDÉTERMINABLES.

* *Gris métallique, au moins sous certaines positions, ou couleur rouge jointe à un éclat plus ou moins vif.*

1. Lenticulaire. *id.*, p. 44, var. 11.
2. Laminaire. *id.*, p. 45, var. 12.
3. Lamelliforme.
   a. Gris métallique.
   b. Rouge vif. Fer oxydé rouge lamelliforme. Traité, t. iv, p. 106.
   c. Chatoyant; translucide; gris métallique ou rouge vif, sous différens aspects.
4. Granulaire.
5. Ecailleux. *ibid.*, var. 13. Eisenglimmer, W. Schuppiger Eisenglanz, K.
6. Luisant. Fer oxydé rouge luisant. Traité. *id.*, pag. 106. Rother Eisenrahm, W. Schuppiger Rotheisenstein, K.
7. Concrétionné. Fer oxydé hématite rouge. Traité. *id.*, p. 106. Rother Glaskopf, W. Fasriger Rotheisenstein, K.
8. Compacte.
   ** *Couleur rouge, plus ou moins foncée; surface terne.*
9. Terreux. Fer oxydé rouge grossier. *ibid.* Dichter Roth-Eisenstein, W. et K.
10. Bacillaire-conjoint. *id.*, p. 107. En baguettes courbes, adhérentes suivant leur longueur. Stänglicher Thon-Eisenstein, W. et K.

QUATRIÈME ESPÈCE.

Fer arsenical. Note 142.

Gemeiner Arsenikkies, W. et K. Vulgair. *Pyrite arsenicale et Mispikel.*

FORME PRIMITIVE.

Prisme droit rhomboïdal (fig. 6), dans lequel l'incidence de M sur M, est de 111^d 18′ ; et le côté B de la base est à peu près égal à la hauteur G ou H.

FORMES DÉTERMINABLES.

1. Primiti^e. (Annales du Muséum d'Hist. nat. t. XII, p. 306, var. 1).

2. Unitaire. *ibid.*, var. 2.

3. Ditétraèdre. *id.*, p. 307, var. 3.

En tout cinq variétés.

FORMES INDÉTERMINABLES.

1. Bacillaire.

2. Aciculaire.

3. Amorphe.

APPENDICE.

Fer arsenical argentifère. Traité, t. IV, p. 63. Weisserz, W. Edler Arsenikkies, K.

CINQUIÈME ESPÈCE.

Fer sulfuré. Note 143.

Schwefelkies, W. et K. Vulgairement *Pyrite martiale* ou *ferrugineuse.*

FORME PRIMITIVE.

Le cube. Couleur d'un jaune de bronze.

FORMES DÉTERMINABLES.

1. Primitif. Traité, t. 4, p. 69, var. 1.

2. Octaèdre. *ibid.*, var. 2.

3. Dodécaèdre. *id.*, p. 70, var. 3.

4. Triglyphe. *id.*, p. 73, var. 4.

5. Icosaèdre. *id.*, p. 77, var. 9.

6. Parallélique. $MP \overset{1}{A} B \overset{2}{C} G^{2} \, ^{2}G B \overset{\frac{3}{2}}{C} G^{\frac{3}{2}} \, ^{\frac{1}{2}}G \, (A^{\frac{1}{2}}B^{2}G^{1}) \, (\overset{\frac{1}{2}}{A}B^{1}C^{2})$

$\quad\quad MP d \; c'' e' \; e \; \overset{\frac{3}{2}}{y''} \, y' \; y \quad\quad o'' \quad\quad\quad o'$

$(\overset{1}{\frac{1}{2}}AG^{2}C^{1}) (A^{\frac{3}{2}}B^{2}G^{1}) (\overset{\frac{3}{2}}{A}B^{1}C^{2}) (\overset{3}{\frac{3}{2}}AG^{4}C^{1}) (A^{2}B^{2}G^{1}) (\overset{2}{A}B^{1}C^{2})$

$\quad o \quad\quad f'' \quad\quad f' \quad\quad f \quad\quad s'' \quad\quad s'$

$(^{2}AG^{3}C^{1}) (A^{\frac{5}{3}} G^{1}B^{1}) (\overset{\frac{5}{3}}{A}B^{1}C^{3}) (^{5}_{3}AC^{1}G^{3}). $ (Pl. IV de cet

$\quad s \quad\quad n'' \quad\quad n' \quad\quad n$

Ouvrage (fig. 60). (1) Incidence de P sur s', de M sur s, ou M' sur s'', 150^d $47'$ $40''$; de f sur s, f' sur s', ou f'' sur s'', 139^d $18'$ $13''$; de P sur y', M sur y', ou M' sur y, 146^d $18'$ $38''$; de e sur n, e' sur n', ou e'' sur n'', 169^d $19'$ $46''$. Les autres incidences se trouvent indiquées dans le Traité. Cette variété a 134 faces. C'est la plus composée de toutes les formes cristallines observées jusqu'à présent. Si l'on considère la série des faces o, f, s, M, ou o', f', s', P, etc., on trouve que ceux de leurs bords qui forment leurs communes intersections sont parallèles entre eux : la même chose a lieu par rapport à la série des faces d, f', n', e', et des autres semblablement situées, ainsi que, par rapport aux faces M, y', e', P; M, e, y, M', etc., c'est de ce parallélisme remarquable qu'est tiré le nom de cette variété.

En tout dix-sept variétés.

FORMES INDÉTERMINABLES.

1. Dentelé. Traité, t. IV, p. 88, var. 18.
2. Dendroïde. *ibid.*, var. 19.
3. Concrétionné. *id.*, p. 89, var. 20.
4. Aciculaire-radié. *ibid.*, var. 21. Strahliger Schwefelkies, K. Strahlkies, W.
   a. Globuleux.
   b. Cylindrique.
   c. Fusiforme.
5. Fibreux-entrelacé. Fer sulfuré capillaire. *ibid.*, var. 22. Haarkies, K.
6. Lamelliforme. *ibid.*, var. 23.
7. Granuliforme. *ibid.*, var. 24.
8. Pseudomorphique. Modelé en corne d'ammon, en oursin, etc.

---

(1) Pour faciliter l'intelligence des lois qui donnent cette variété, on a indiqué séparément dans le signe les expressions des trois décroissemens identiques qui agissent autour d'un même angle solide.

APPENDICE.

1. Fer sulfuré épigène. *id.*, p. 95, var. 1. Leberkies, K. Couleur brune, Vulgair. *Fer hépatique.*
2. Fer sulfuré ferrifère. Magnetkies, W. et K.
3. Fer sulfuré arsenifère. Fer arsenical pyriteux. *id.*, p. 61.
4. Fer sulfuré aurifère. *id.*, p. 97.
5. Fer sulfuré titanifère; au Saint-Gothard.

SIXIÈME ESPÈCE.

Fer oxydé. Note 144.

FORME PRIMITIVE.

Le cube. Poussière jaunâtre. Agissant sur l'aiguille aimantée, lorsqu'il a été chauffé.

Variétés.

1. Primitif.
2. Hématite, *id.*, p. 105, var. 1. Brauner Glaskopf, W. Fasriger Brauneisenstein, K. Vulgairement *Hématite brune.*
3. Géodique. *id.*, p. 107. Eisennière, W. Schaaliger Thoneisenstein, K. Vulgairement *Ætite*, ou *pierre d'aigle.*
4. Globuliforme. *id.*, p. 108. Bohnerz, W. Kuglicher Thoneisenstein, K.
5. Massif. *ibid.*, Gemeiner Thoneisenstein, K.
6. Pulvérulent. *ibid.*
7. Cloisonné.
8. Terreux; jaune-verdâtre. Grüne Eisenerde, W. et K.

APPENDICE.

a. Fer oxydé noir vitreux. Note 145. Rayant légérement le verre. Pesanteur spécif. 3,2. Poussière jaune. Exposé à la flamme d'une bougie, il devient magnétique sans se fondre.

b. Fer oxydé résinite. Note 146. Eisenpecherz, W. et K. Brun, ayant l'apparence de la résine; facile à écraser.

Exposé à la flamme d'une bougie, il se fond, et devient magnétique.

c. Fer oxydé carbonaté. Note 147. Une grande partie de la chaux carbonatée ferrifère. Traité, t. II, pag. 177. Spatheisenstein, W. et K.

FORME PRIMITIVE.

Semblable à celle de la chaux carbonatée. Action très–sensible sur l'aiguille aimantée, dans les fragmens chauffés à la simple flamme d'une bougie.

FORMES DÉTERMINABLES.

1. Primitif.
2. Basé.
3. Equiaxe.

FORMES INDÉTERMINABLES.

1. Laminaire.
2. Lamellaire.
3. Concrétionné-mamelonné. A Steinheim, près le Mein.

SEPTIÈME ESPÈCE.

Fer phosphaté. Note 148.

Un joint naturel très–sensible, parallèle à l'axe des cristaux. Poussière bleue. Solution sans effervescence dans l'acide nitrique.

Variétés.

1. Cristallisé.
2. Terreux. Fer azuré pulvérulent. Traité, t. IV, p. 120. Blaue Eisenerde, W. et K.

HUITIÈME ESPÈCE.

Fer chromaté. Note 149.

Eisen-Chrom, K.

Infusible sans addition. Fusible avec le borax qu'il colore en beau vert.

Variétés.

1. Sublaminaire. En Sibérie.

2. Massif.

Couleur. Brun-noirâtre, légérement métallique.

NEUVIÈME ESPÈCE.

Fer arseniaté. Note 150.

Würfelerz , W. et K.

FORME PRIMITIVE.

Le cube. Couleur , d'un vert plus ou moins foncé.

Variétés.

1. Primitif.
2. Concrétionné.

DIXIÈME ESPÈCE.

Fer sulfaté. Note 151.

Natürlicher Vitriol , W. Eisenvitriol , K.

FORME PRIMITIVE.

Rhomboïde aigu (fig. 1), dans lequel l'incidence de P sur P est de 81^d 23' ; et celle de P sur P', de 98^d 37'.

FORMES DÉTERMINABLES.

1. Primitif. Traité , t. IV, p. 124, var. 1.
2. Basé. *ibid.*, var. 2.
3. Unitaire. *id.* , p. 125 , var. 3.
En tout sept variétés.

FORMES INDÉTERMINABLES.

1. Fibreux. Traité. *ibid.*, var. 8.
2. Concrétionné.

CINQUIÈME GENRE.
Etain.

Zinn., W. et K.

PREMIERE ESPÈCE.
Etain oxydé. Note 152.

Zinnstein , W. et K.

FORME PRIMITIVE.

Octaèdre composé de deux pyramides , dont la base est un carré , et dans lequel l'incidence de P sur P (pl. IV de cet Ouvrage , fig. 61) est de $67^d 42'$.

FORMES DÉTERMINABLES.
Cristaux simples.

1. Quadrioctonal. $^1E^1$ ($E^1 B^2 D^1$). Etain pyramidé. Traité ,

   $\overset{}{\underset{g}{}}$ $\overset{}{\underset{s}{}}$

   t. IV , p. 140 , var. 1 , fig. 177 (1). Incidence de s sur s , $121^d 45'$; de s sur g , $133^d 29'$.

2. Dioctaèdre. $^1E^1 \overset{\cdot}{D}$ ($E^1 B^2 D^1$). *id.* Traité , *ibid.* , var. 2 ,

   $\overset{}{\underset{g}{}}$ $\overset{}{\underset{l}{}}$ $\overset{}{\underset{s}{}}$

   fig. 178. Incidence de g sur l , 135^d.

3. Dodécaèdre. $^1E^1$ P. *id.* Traité , *ibid.* , var. 4 , (fig. 179).

   $\overset{}{\underset{g}{}}$ $\overset{}{\underset{P}{}}$

   Incidence de P sur P , $133^d 36'$ de P sur g , $156^d 48'$.

4. Octosexdécimal. $^1E^1 \overset{\cdot}{D}$ ($E^1 B^2 D^1$) P. Etain oxydé équi-

   $\overset{}{\underset{g}{}}$ $\overset{}{\underset{l}{}}$ $\overset{}{\underset{s}{}}$ $\overset{}{\underset{P}{}}$

   valent. Traité , *ibid.* , var. 3 , fig. 180. Incidence de P sur s , $150^d 52'$; de P sur l , $123^d 51'$.

5. Bissexdécimal. $\overset{\cdot}{D}$ ($^{\frac{3}{3}}E^{\frac{2}{3}} D^3 B^2$) $^1E^1$P ($E^1 B^2 D^1$). Etain oxydé

   $\overset{}{\underset{l}{}}$ $\overset{}{\underset{r}{}}$ $\overset{}{\underset{g\,P}{}}$ $\overset{}{\underset{s}{}}$

   soustractif. Traité , *id.* , p. 141 , var. 5 , (fig. 181). Incidence de r sur g , $161^d 33'$; de l sur l , $153^d 26'$.

6. Distique. $^1E^1 \overset{\frac{3}{2}}{E}$ ($E^1 B^2 D^1$) P. *id.* Traité , *id.* , p. 141 ,

   $\overset{}{\underset{g}{}}$ $\overset{}{\underset{z}{}}$ $\overset{}{\underset{s}{}}$ $\overset{}{\underset{P}{}}$

---

(1) Dans cette figure et dans les suivantes, substituez g à M, et P à o.

var. 9 , fig. 185. Incidence de z sur z ,118^d 19′ ; de z sur z′, 159^d 6′ ; de z sur g , 154^d 59′ ; de P sur z , 137^d 52′.

Cristaux composés.

Hémitrope. *id.* , p. 142 , var. 10. Incidence de l'arête *n* sur l'arête *n*′, 112^d 16′ 44″.

FORMES INDÉTERMINABLES.

1. Concrétionné. *id.* , p. 147 , var. 11. Kornisches Zinnerz, W· Holzzinnerz , K.
2. Granuliforme.
3. Massif.

Couleurs. Blanc - jaunâtre ; brun ; brun - rougeâtre ; noir ; brun-noirâtre.

SECONDE ESPÈCE.

Etain sulfuré. Note 153.

Zinnkies , W. et K.

Couleur , d'un gris - jaunâtre métallique. Poussière faisant effervescence dans l'acide nitrique.

Variété.

Amorphe.

SIXIÈME GENRE.

Zinc.

Zink , W. et K.

PREMIÈRE ESPÈCE.

Zinc oxydé. Note 154.

Galmei , W. et K.

FORME PRIMITIVE.

Octaèdre rectangulaire (fig. 2), dans lequel l'incidence de P sur P , est de 120^d ; et celle de M sur M , de 80^d. 4′.

FORMES DÉTERMINABLES.

1. Unitaire. Traité , t. IV , p. 161 , var. 1. Incidence de *r* sur M, 130^d 2′ ; de l'arête z sur r , 90^d ; de P sur P′ , 120^d.

2. Trapézien. M ^{1}G^1 A. Traité. *ibid.*. Incidence de *s* sur *r*,

M   *r* $\overset{1}{s}$

115^d 52′

Trois variétés.

FORMES INDÉTERMINABLES.

1. Lamelliforme. *id.*, p. 162, var. 3.
2. Concrétionné. *ibid.*, var. 4.
3. Terreux.

Couleurs. Jaunâtre ; blanc-jaunâtre ; blanc.

SECONDE ESPÈCE.

Zinc carbonaté. Note 155.

FORME PRIMITIVE.

Rhomboïde obtus. Le papier imbibé d'une dissolution un peu forte de sa poussière, par l'acide nitrique, et présenté après la dessication, à la distance d'environ trois décimètres, ou un pied, d'un brasier, s'allume spontanément. La même chose n'a pas lieu, par rapport au papier trempé dans une dissolution de chaux carbonatée par le même acide.

Variétés.

1. Prismé ? au Derbyshire, en Angleterre.
2. Rhomboïdal très-aigu. A Limbourg, départ. de l'Ourthe.
3. Concrétionné.
4. Compacte.

Couleurs. Blanc-jaunâtre ; blanchâtre ; jaune-brunâtre, noirâtre.

APPENDICE.

Zinc carbonaté pseudomorphique. En chaux carbonatée métastatique.

TROISIÈME ESPÈCE

Zinc sulfuré. Note 156.

Blende, W. et K.

FORME PRIMITIVE.

Le dodécaèdre à plans rhombes (fig. 18). Tendre et très-lamelleux.

FORMES DÉTERMINABLES.

1. Primitif. Traité , t. IV , p. 170 , var. 1.
2. Octaèdre. *id.*, p. 171 , var. 2.
3. Tétraèdre. *ibid.*, var. 3.
4. Transposé. *ibid.*, var. 6.
  En tout neuf variétés.

FORMES INDÉTERMINABLES.

1. Laminiforme.
2. Lamellaire. *id.*, p. 176 , var. 8.
3. Concrétionné. *ibid.*, var. 9.
  a. Mamelonné.
  b. Globuliforme.
4. Strié.
  Couleurs. Jaune-citrin, très-éclatant, à Baigorry ; rouge ; verdâtre ; brun ; noirâtre.

QUATRIÈME ESPÈCE.

Zinc sulfaté. Note 157.

Zinkvitriol , K.
Soluble dans l'eau ; fusible avec bonrsoufflement, et laissant une scorie grise.

Variétés.

1. Quadrioctonal. Traité , t. IV , p. 181 , var. 1.
2. Concrétionné. *id.*, p. 182 , var. 2.

** *Non ducti'es.*

SEPTIÈME GENRE.

Bismuth.

Wismuth , W. et K.

PREMIÈRE ESPÈCE.

Bismuth natif. Note 158.

Gediegen-Wismuth , W. et K.

FORME PRIMITIVE.

L'octaèdre régulier. Couleur , d'un blanc-jaunâtre.

FORMES DÉTERMINABLES.

1. Primitif.
2. Rhomboïdal. En rhomboïde aigu de 60^d et 120^d. (Annales du Mus. d'Hist. nat. , t. XII , p. 202 , pl. 23 , fig. 8.)

FORMES INDÉTERMINABLES.

1. Lamellaire. Traité , t. IV , p. 186 , var. 1.
2. Ramuleux. *ibid.* , var. 2.

SECONDE ESPÈCE.

Bismuth sulfuré. Note 159.

Wismuthglanz , W. et K.

Joints naturels situés parallèlement aux pans d'un prisme légérement rhomboïdal , qui se soudivise dans le sens de la petite diagonale de sa coupe transversale. Soluble sans effervescence dans l'acide nitrique.

Variétés.

1. Aciculaire. Traité , t. IV , p. 193 , var. 1.
2. Lamellaire. *ibid.* 2.

APPENDICE.

Bismuth sulfuré plumbo-cuprifère. Nadelerz , W. et K.

Couleur, d'un gris métallique, souvent avec une teinte
de jaunâtre. Cassure inégale, médiocrement luisante. Faisant
effervescence avec l'acide nitrique.

Variétés.

1. Aciculaire-prismatique. Le prisme est hexaèdre, suivant
   M. Karsten.
2. Amorphe.

TROISIÈME ESPÈCE.

Bismuth oxydé.

Wismuthocher, W. et K. Réductible par le chalumeau
en bismuth métallique.

Variétés.

1. Massif.
2. Pulvérulent.
   Couleurs. Jaune-verdâtre ; gris-jaunâtre.

HUITIÈME GENRE.

Cobalt.

Kobalt, W. et K.

PREMIÈRE ESPÈCE.

Cobalt arsenical. Note 160.

FORME PRIMITIVE.

Le cube. Texture granulaire : odeur d'ail par l'action du feu.

FORMES DÉTERMINABLES.

Weisser Speiskobalt, W. et K.
1. Primitif. Traité, t. IV, p. 202, var. 2.
2. Octaèdre. *ibid.*, var. 1.
3. Cubo-octaèdre. *ibid.*, var. 3.
4. Triforme. *ibid.*, var. 4.

FORMES INDÉTERMINABLES.

1. Concrétionné.

2. Amorphe.
3. Dendritique.

Couleurs.

a. Blanc argentin. Variété du Wei.   · Speiskobalt , **W.**
et K.

b. Gris-noirâtre , subluisant. Grauer   eiskobalt , **W.**
et K.

SECONDE ESPÈCE.

Cobalt gris. Note 161.

Glanzkobalt , **W.** et K.

FORME PRIMITIVE.

Le cube. Tissu très-lamelleux. Odeur d'ail , par l'action
du feu.

FORMES DÉTERMINABLES.

1. Primitif.
2. Octaèdre. Traité , t. IV , p. 207 , var. 1.
3. Dodécaèdre. *ibid.* , var. 2.
4. Icosaèdre. *ibid.* , var. 4.
En tout sept variétés.

TROISIÈME ESPÈCE.

Cobalt oxydé noir.

Schwarzer Erdkobalt , **W.** Erdkobalt , K.
Noir ou d'un noir bleuâtre. Colorant en bleu le verre de
borax.

Variétés.

1. Mamelonné. Traité , t. IV , p. 215 , var. 1.
2. Terreux. *ibid.* , var. 2.

QUATRIÈME ESPÈCE.

Cobalt arseniaté. Note 162,

Roher Erdkobalt , **W.** Kobaltblüthe , K.

Couleur, d'un rouge violet. Colorant en bleu le verre de borax.

Variétés.

1. Aciculaire. Traité, t. IV, p. 217, var. 1. Kobaltblüthe, **W.** Strahlige Kobaltblüthe , K.
2. Pulvérulent. Kobalt-Beschlag, W. Gemeine Kobaltblüthe, K.

APPENDICE.

Cobalt arseniaté terreux argentifère. Vulgairement *Mine d'argent merde-d'oie. id.* p. 219. Gänseköthiges Silber, R.

NEUVIÈME GENRE.

Arsenic.

Arsenik, W. et K.

PREMIÈRE ESPÈCE.

Arsenic natif.

Gediegen-Arsenik, W. et K.

Gris d'acier, susceptible de se ternir facilement par l'action de l'air. Odeur d'ail par l'action du feu.

Variétés.

1. Tuberculeux-testacé. Traité, t. IV, p. 221, var. 1.
2. Bacillaire. Dans une chaux carbonatée lamellaire.
3. Amorphe. *id.*, p. 222, var. 2.

SECONDE ESPÈCE.

Arsenic oxydé.

Arsenikblüthe, W. et K.

FORME PRIMITIVE.

L'octaèdre régulier. Couleur blanche ; odeur d'ail par l'action du feu.

Variétés.

1. Primitif.
2. Granulaire.
3. Aciculaire. Traité. *id.*, p. 227, var. 1.
4. Pulvérulent. *ibid.*, var. 2.

TROISIÈME ESPÈCE.

Arsenic sulfuré. Note 163.

Rauschgelb, W. et K.

PREMIÈRE SOUS-ESPÈCE.

Arsenic sulfuré rouge. Rothes Rauschgelb, W. Dichtes Rausch-gelb, K. Vulgairement *Réalgar.*

FORME PRIMITIVE.

Octaèdre à triangles scalènes, qui, suivant Romé de Lisle, paraît être le même que celui du soufre. Couleur rouge.

FORMES DÉTERMINABLES.

1. Emoussé. Traité, t. IV, p. 230, var. 1.
2. Sexoctonal. *id.*, p. 231, var. 2.
   En tout six variétés.

FORMES INDÉTERMINABLES.

1. Laminaire.
2. Concrétionné. *id.*, p. 132, var. 7.
3. Compacte.

SECONDE SOUS-ESPECE.

Arsenic sulfuré jaune. Vulgairement *Orpiment.*
Gelbes Rauschgelb, W. Blättriges Rauschgelb, K.
Jaune citrin. Odeur d'ail par l'action du feu.

Variétés.

1. Laminaire. Traité, t. IV, p. 236.

2. Sublaminaire.
3. Lamellaire. *ibid.*
4. Concrétionné.

DIXIÈME GENRE.

Manganèse.

Braunstein , W. Mangan, K.

PREMIERE ESPÈCE.

Manganèse oxydé. Note 164.

FORME PRIMITIVE.

Prisme droit rhomboïdal d'environ 100^d et 80^d, lequel se soudivise dans le sens des petites diagonales de ses bases. Colorant en violet le verre de borax, par la fusion.

*. *Métalloïde gris.* Grau-Braunsteinerz, W. Strahliges Graumanganerz, K. Excepté la var. compacte.

FORMES DÉTERMINABLES.

1. Primitif. Traité, t. IV, p. 246, *a.*
2. Quadrioctonal. *ibid.*, *b.*
3. Dioctaèdre. *ibid.*, *c.*

FORMES INDÉTERMINABLES.

1. Aciculaire. *id.*, p. 247, var. *d.*
    a. Radié.
    b. Entrelacé.
2. Compacte. Dichtes Grau-Braunsteinerz, W. Dichtes Graumanganerz, K.
    **. *Métalloïde argentin.* Manganschaum., K.

Variété.

Incrustant. Traité, *id.*, p. 245. Formant un enduit à la surface du fer oxydé hématite et du fer carbonaté.

***. *Noir brunâtre.* Schwarze Braunsteinerz, W. Schwarzmanganerz, K.

Variétés.

1. Pseudo-prismatique. Traité, *id.*, p. 245 , *a.* Léger et friable.
2. Concrétionné. *id.*, p. 246, *b.*
3. Ramuleux. *ibid.*, *c.* Formant des dendrites à la surface de différentes pierres.
4. Massif.
5. Pulvérulent. *ibid.*, *d.* Wad, K.

PREMIER APPENDICE.

Manganèse oxydé noirâtre barytifère. Traité, *id.*, p. 248.4.

SECOND APPENDICE.

Manganèse oxydé carbonaté.
- *a.* Rouge de rose. Manganèse oxydé rose silicifère amorphe. Traité, *id.*, p. 248, *b.* Rothmanganerz, K. Roth-Braunsteinerz, W.
- *b.* Blanc. Manganèse oxydé blanc silicifère amorphe. Traité, *id.*, p. 247, *b.*
- *c.* Brunâtre. (Lelièvre , Mémoires de l'Institut , premier semestre, 1807 , p. 90.)

SECONDE ESPÈCE.

Manganèse sulfuré. Note 165.

Manganglanz, K. Schwarzerz des Mineurs de Transylvanie.

Divisible en prisme rhomboïdal, qui se soudivise dans le sens des diagonales de sa coupe transversale. Couleur d'un gris métallique aux endroits récemment fracturés. Poussière verdâtre.

Variétés.

1. Lamellaire.
2. Compacte.

TROISIÈME ESPÈCE.

Manganèse phosphaté (ferrifère). Note 166.

Phosphormangan, K.

Divisible suivant des plans qui paraissent conduire à un parallélipipède rectangle. Couleur d'un brun-rougeâtre. Soluble sans effervescence dans l'acide nitrique.

Variété.

Sublaminaire.

ONZIÈME GENRE.

Antimoine.

Spiesglas, W. Spiessglanz, K.

PREMIÈRE ESPÈCE.

Antimoine natif.

Gediegen-Spiesglas, W. Gediegen-Spiessglanz, K.

FORME PRIMITIVE.

L'octaèdre régulier, qui se soudivise en dodécaèdre rhomboïdal.

Variété.

1. Lamellaire. Traité, t. IV, p. 253.

APPENDICE.

Antimoine natif arsenifère. *id.*, p. 263.

SECONDE ESPÈCE.

Antimoine sulfuré. Note 167.

Grau-Spiesglaserz, W. Grau-Spiessglanzerz, K.
Divisible par des coupes très-nettes dans un seul sens parallèle à l'axe des cristaux. Fusible à la flamme d'une bougie.

FORMES DÉTERMINABLES.

1. Quadrioctonal. Traité, t. IV, p. 266, var. 1.
2. Sexoctonal. *ibid.*, var. 2.

FORMES INDÉTERMINABLES.

1. Cylindroïde. *ibid.*, var. 3.
2. Aciculaire. *ibid.*, var. 4.

3. Capillaire. *ibid.*, var. 5. Federerz, W. Haarförmiges Grau-
spiessglanzerz, K.
4. Compacte. Dichtes Grauspiessglanzerz, K.

PREMIER APPENDICE.

Antimoine sulfuré argentifère.

SECOND APPENDICE.

a. Antimoine oxydé épigène. Jaune.
b. Antimoine oxydé sulfuré épigène. Rouge ; aciculaire ou
terreux.

TROISIÈME ESPÈCE.

Antimoine oxydé. Note 168.

Weiss-Spiesglaserz, W. Weisspiessglanzerz, K.
Blanc nacré. Fusible à la simple flamme d'une bougie.

Variétés.

1. Laminaire. Traité, t. IV, p. 274, var. 1.
2. Aciculaire. *ibid.*, var. 2.
3. Terreux. Spiesglasocker, W. Spiessglanzocher, K.

QUATRIÈME ESPÈCE.

Antimoine oxydé sulfuré. Note 134.

Antimoine hydro-sulfuré. Traité, t. IV, p. 276.
Roth-Spiesglaserz, W. Rothspiessglanzerz, K.
Couleur, d'un rouge more-doré. Mis dans l'acide nitrique,
il se couvre d'un enduit blanchâtre.

Variété.

Aciculaire. Traité, t. IV, p. 277, var. 1.

DOUZIÈME GENRE.

Urane.

Uran, W. et K.

PREMIÈRE ESPÈCE.

Urane oxydulé. Note 169

Pecherz, W. et K.

8

Pesanteur spécifique au moins de 6. Soluble dans l'acide nitrique.

Variétés.

1. Sublaminaire.
2. Amorphe.
   Couleur. Noir-brunâtre.

SECONDE ESPÈCE.

Urane oxydé. Note 170.

Uranglimmer, W. et K.

FORME PRIMITIVE.

Prisme droit à bases carrées (fig. 7), dans lequel le rapport entre le côté B de la base et la hauteur G est à peu près celui de 5 à 16.

FORMES DÉTERMINABLES.

1. Primitif. Traité, t. IV, p. 285, var. 1.
2. Trapézien. *ibid.*, var. 3. L'incidence des faces obliques sur les bases est de 107^d 32′.

FORMES INDÉTERMINABLES.

1. Flabelliforme. Traité, *ibid.*, var. 4.
2. Lamelliforme. *ibid.*, var. 5.
3. Squamiforme.
4. Terreux. Fester Uranocker, W. Verhärtete Uranocher, K.
   Zerreiblicher Uranocker, W. Zerreibliche Uranocher, K.
   Couleurs. Vert ; jaune.

TREIZIÈME GENRE.

Molybdène.

Molibdän, W. Molybdän, K.

ESPÈCE UNIQUE.

Molybdène sulfuré.

Wasserblei, W. Molybdänglanz, K.

Gris-de plomb. Communiquant à la cire d'Espagne et à la résine l'électricité vitrée, à l'aide du frottement.

Variétés.

1. Prismatique. Traité, t. IV, p. 292, var. 1.
2. Laminaire.

QUATORZIÈME GENRE.

Titane.

Menac , W. Titan, K.

PREMIÈRE ESPÈCE.

Titane oxydé. Note 171.

Rutil, W. Rutill, K.

FORME PRIMITIVE.

Prisme droit à bases carrées (fig. 7), dans lequel le côté B de la base est à la hauteur G, à peu près dans le rapport de 11 à 17.

FORMES DÉTERMINABLES.

1. Géniculé.
   a. Bis-unitaire. Traité, t. IV, p. 299.
   b. Ternaire. *ibid.*
   c. Soustractif. *ibid.*
2. Bigéniculé.

FORMES INDÉTERMINABLES.

1. Cylindroïde. Traité, *id.*, p. 300, var. 2.
2. Aciculaire. Souvent engagé dans le quarz, *ibid.*, var. 3.
3. Réticulaire. Sagénite , Saussure, Voyages, n° 1894.
4. Pulvérulent.

Couleurs. Rouge-brunâtre ; brun-noirâtre ; jaune-cuivreux ; orangé ; jaune pâle.

APPENDICE.

1. Titane oxydé chromifère (Annales du Mus., 6ᵉ année,

t. vi , p. 93). A Vestra Fernbo , près de Sala, en Westmanie.

2. Titane oxydé ferrifère.

   a. Massif.

   b. Granuliforme. Menakan, W. Mänakan, K. Vulgaire-ment *Menakanite.*

SECONDE ESPÈCE.

Titane anatase. Note 172.

Oktaedrit , W. Anatas, K.

Anatase. Traité , t. III , p. 129.

FORME PRIMITIVE.

Octaèdre à triangles isocèles égaux et semblables (fig. 10) , dans lequel l'incidence de P sur P′ est de 137^d 10′.

FORMES DÉTERMINABLES.

1. Primitif. Traité, t. III, p. 131 , var. 1.
2. Basé. *ibid.* , var. 2.
3. Dioctaèdre. *ibid.* , var. 3.

Quatre variétés.

Couleurs. Gris métalloïde ; jaune-brunâtre ; bleu et trans-lucide.

TROISIÈME ESPÈCE.

Titane siliceo-calcaire. Note 173.

Menac, W. Sphen, K. Titanit , R.

Cristaux du Saint-Gothard. Sphène. Traité , t. III , p. 114.

Très-petits cristaux dont la couleur varie entre le jaune citrin et l'orangé , disséminés dans le sable voisin d'Andernach , ou engagés dans des roches du même pays. Seméline , Fleuriau de Bellevue , Journ. de Phys. t. LI , p. 448. Variété du titane siliceo-calcaire , Cordier, Journ. des Mines, n° 124, p. 250 , note 1.

Grains irréguliers ou petits cristaux orangé-brunâtres, d'une forme analogue à celle de la variété mégalogone, engagés dans une roche composée principalement de feld-spath à tissu vitreux; des bords du lac de Laach, département de Rhin et Moselle. Spinelline , Nose, Etudes minéral. sur les montagnes du Bas-Rhin.

FORME PRIMITIVE.

Octaèdre rhomboïdal (pl. IV de cet Ouvrage, fig. 62), dans lequel l'incidence de l'arête D sur l'arête D′ est de 103^d 20′ ; et celle de P sur P′, de 131^d 16′.

FORMES DÉTERMINABLES.

1. Emoussé. P ′B¹ (fig. 63). Incidence de P sur P, 111^d 11′ ;
   P h
   de P sur la face de retour, 88^d 46′ ; de P sur h, 134^d 23′. Au Saint-Gothard.

2. Ditétraèdre. (′I¹ D² C¹) C (fig. 64) Traité, t. IV, p. 309,
   r n
   var. 1. Incidence de r sur r, 136^d 50′; de n sur la face de retour 60^d; de n sur r, 143^d 39′. A Arendal , en Norwège ; et en France, près de Nantes.

3. Plagièdre. La variété précédente, dans laquelle les facettes n sont remplacées par d'autres également triangulaires, mais situées de biais. Au Saint-Gothard.

4. Dioctaèdre (′I¹ D² C¹) C P. (fig. 65). Incidence de P
   r n P
   sur n , 145^d 36′ ; de P sur r, 150^d 44′. A Arendal.

5. Mégalogone. D̀ (′I¹ D² C¹) (₃I D⁴ C³) (I³ C²D¹). (fig. 66).
   y r t s
   Incidence de s sur la face s située derrière le cristal , 41^d 46′ ; de s sur r, 155^d ; de s sur r′, 144^d 45′ ; de t sur r, 169^d 44′ ; de y sur r, 163^d 15′. Au Saint-Gothard.
   En tout neuf variétés.

FORMES INDÉTERMINABLES.

1. Canaliculé. Sphène canaliculé. Traité, t. III, p. 117. Rayonnante en gouttière , Saussure, Voyages, n° 1921. A Arendal et au Saint-Gothard.

2. Cruciforme. Sphène cruciforme. Traité , *ibid.* Au Saint-Gothard.

3. Polyèdrique. En très-petits cristaux, chargés de facettes qui ont un vif éclat. Au Saint-Gothard.

Couleurs. Blanc-jaunâtre, Gelb-Menakerz, W. Schaliger Sphen, K. Verdâtre, violâtre, brunâtre, Braun-Menakerz, W. Gemeiner Sphen, K.

QUINZIÈME GENRE.

Schéelin.

Scheel, W. et K.

PREMIÈRE ESPÈCE.

Schéelin ferruginé. Note 174.

Wolfram, W. et K.

FORME PRIMITIVE.

Parallélipipède rectangle (fig. 5), dans lequel les arêtes G, B, C sont entre elles à peu près dans le rapport des nombres, 12, 6 et 7.

FORMES DÉTERMINABLES.

1. Primitif. Traité, t. IV, p. 316, var. 1.
2. Epointé. *id.*, p. 317, var. 2.
3. Unibinaire. *ibid.*, var. 3.

FORMES INDÉTERMINABLES.

1. Laminaire.
2. Lamellaire.

SECONDE ESPÈCE.

Schéelin calcaire. Note 175.

Schwerstein, W. Scheelerz, K. Tungstène des anciens minéralogistes.

FORME PRIMITIVE.

Octaèdre à triangles isocèles égaux et semblables (pl. IV de cet Ouvrage, fig. 67), dans lequel l'incidence de P sur P′ est de 130ᵈ 20′.

FORMES DÉTERMINABLES.

1. Unitaire. ^{1}B^1 (fig. 68). Incidence de g sur g, 107^d 26′;
   g
   de g sur g', 113^d 36′.
2. Dioctaèdre. ^{1}B^1 P (fig. 69). Incidence de P sur g, 140^d 4′.
   g P

FORME INDÉTERMINABLE.

Amorphe.

Couleurs. Blanchâtre, jaunâtre, brunâtre.

SEIZIÈME GENRE.

Tellure.

Silvan, W. Tellur, K.

ESPÈCE UNIQUE.

Tellure natif, associé à différens métaux. Note 176.

FORME PRIMITIVE.

L'octaèdre régulier. Volatile par l'action du feu, en fumée blanchâtre, qui répand une odeur de rave.

Variétés.

1. Tellure natif auro-ferrifère. Traité, t. IV, p. 325, var. 1, Gediegen-Silvan, W. Gediegen Tellur, K.
   a. Lamelliforme. Vulgairement *Or blanc.*
2. Tellure natif auro-argentifère. Traité. *id.*, p. 326.
   a. Graphique. Schrifterz, W. et K. Vulgair. *Or graphique.*
3. Tellure natif auro-plombifère. Traité, *id.*, p. 327.
   a. Hexagonal. Traité, *id.*, p. 326, var. 1. Ce n'est peut-être qu'un segment d'octaèdre primitif, analogue à celui que présentent le spinelle et d'autres minéraux.
   b. Laminaire. Traité, *ibid.*, 2. Nagiakerz, W. Blätte-rerz, K. Vulgairement *Or de Nagyag.*
   c. Lamelliforme. Traité, *ibid.*, 3. même synonymie.
   d. Compacte.

DIX-SEPTIÈME GENRE.

Tantale.

Tantal, K.

ESPÈCE UNIQUE.

Tantale oxydé.

PREMIÈRE SOUS-ESPÈCE.

Tantale oxydé ferro-manganésifère. Note 177.

Tantalit, K.
Brun–noirâtre. Poussière d'un gris-brunâtre ; pesant. spécif.
d'environ 8.

Variétés.

1. Cristallisé. Un léger aperçu, pris sur des cristaux incomplets, semble indiquer la forme d'un prisme oblique
   rhomboïdal, modifié par des facettes additionnelles.
2. Amorphe.

SECONDE SOUS-ESPÈCE.

Tantale oxydé yttrifère. Note 178.

Yttro–Tantal, K.
Brun–noirâtre. Poussière d'un gris cendré. Pesant. spécif.
d'environ 5.

Variété.

Amorphe.

DIX-HUITIÈME GENRE.

Cerium.

Cererium, K.

ESPÈCE UNIQUE.

Cerium oxydé silicifère. Note 179.

Cererit, K. Cerit, Hissenger et Berzelius.
Brun–rougeâtre. Pesant. spécif. d'environ 5. Poussière grise,
qui devient rouge par la calcination.

Variété.

Amorphe.

FIN DE LA PREMIÈRE PARTIE.

SECONDE PARTIE.

Notes relatives aux résultats de l'analyse et à différens points de philosophie minéralogique.

Note 1.

DANS la forme primitive (fig. 1), le rapport entre les diagonales du rhombe, tel que je l'ai donné jusqu'ici, est celui de $\sqrt{3}$ à $\sqrt{2}$.

Ce rapport dépend originairement de la condition, que quand l'axe du rhomboïde est situé verticalement, chacune de ses faces soit également inclinée à un plan vertical et à un plan horizontal. En le combinant avec des lois régulières de décroissement, j'ai déterminé, à l'aide de la théorie, les incidences respectives des faces de tous les cristaux qui appartiennent aux nombreuses variétés de la chaux carbonatée, et les mesures mécaniques m'ont paru être conformes aux valeurs que j'avais déduites du calcul.

Je remarquerai, à cette occasion, que dans toutes les déterminations des formes primitives, je me suis proposé de résoudre ce problème : trouver le rapport de dimensions le plus simple qui conduise à des résultats sensiblement d'accord avec les mesures prises sur le plus grand nombre possible de formes secondaires ; et l'on peut dire qu'aucune autre substance ne semble offrir une solution plus heureuse de ce problème, que la chaux carbonatée.

Un travail très-intéressant sur la double réfraction ayant conduit M. Malus à mesurer, au moyen du cercle répétiteur, les angles du rhomboïde primitif de la même substance, en employant la réflexion des images sur les faces des rhomboïdes, dits *Spaths d'Islande*, cet habile physicien a trouvé la plus grande incidence de 105^d 5′, en faisant abstraction des secondes, au lieu de 104^d 28′. Cette incidence est la même que celle qu'avait déjà obtenue M. Wollaston, célèbre physicien anglais, (Transact. philos. an 1802). L'autre, à laquelle j'étais parvenu, s'accorde avec celle que Lahire avait déterminée, (Mém. de l'Acad. des Sciences, an 1710.) De toutes les approximations susceptibles de représenter l'angle de 105^d 5′, à l'aide du rapport entre les diagonales, la plus simple est celle qui donne pour ce rapport $\sqrt{\frac{111}{73}}$, au lieu de $\sqrt{\frac{3}{2}}$ ou de son équivalent $\sqrt{\frac{111}{74}}$. En admettant ce rapport, on trouve que dans le rhomboïde primitif, dont l'axe est situé verticalement, l'inclinaison de chaque face sur un plan horizontal, est plus forte de 23′, que celle qui est donnée pour la limite dont j'ai parlé.

Si l'on part de ce même rapport, pour calculer les angles des variétés secondaires, on trouve que dans le rhomboïde equiaxe, la plus grande inclinaison respective des faces est de 134^d 57′, au lieu de 134^d 25′; différence 32′: dans le rhomboïde inverse, elle est de 101^d 9′, au lieu de 101^d 32′; différence 23′: dans la variété contrastante, elle est de 114^d 10′, au lieu de 114^d 18′; différence 8′: dans la variété métastatique, les deux incidences mutuelles des faces situées vers un même sommet, sont: l'une de 144^d 24′, et l'autre de 104^d 38′, au lieu de 144^d 20′ et 104^d 28′; différences 4′ et 10′ (1). Dans le dodécaèdre qui

(1) J'ai trouvé récemment, que tous les rhomboïdes obtus, quelles que soient les valeurs de leurs angles, sont susceptibles de donner, à l'aide d'une loi de décroissement sur les bords inférieurs, un dodécaèdre qui aurait les propriétés du métastatique, c'est-à-dire, que le grand angle de ses faces serait égal à celui du rhomboïde primitif, et que la plus petite inclinaison des mêmes faces serait égale à la plus grande de celles du noyau. Désignant par n le nombre de rangées soustraites, et par g, p, les deux demi-diagonales, on a, en général, $n = \frac{p^2}{g^2 - p^2}$. Si l'on fait $g = \sqrt{3}$, $p = \sqrt{2}$, comme dans la détermination que j'avais adoptée, on trouve $n = 2$. Si l'on suppose

a pour signe $\overset{\frac{3}{5}}{D}$, et qui est assez commun, elles sont: l'une de $134^d\,26'$, et l'autre de 109^d, au lieu de $134^d\,25'$, et $108^d\,56'$; différences, $1'$ et $4'$. La plupart de ces différences sont inappréciables, à l'aide du gonyomètre, et quant à celle que donne le rhomboïde equiaxe, et qui est d'un demi-degré, je n'ai pu la saisir en répétant les mesures avec tout le soin possible.

Une différence plus sensible encore, puisqu'elle va jusqu'à $37'$, est celle que présentent les angles primitifs. J'avais négligé, dans le commencement, de les mesurer immédiatement, soit parce que je n'avais aucuns cristaux de la variété primitive qui fussent assez nettement prononcés, soit parce que j'avais remarqué dans les rhomboïdes extraits par la division mécanique dont j'aurais pu me servir, des inégalités qui altéraient le niveau des faces. Parmi un grand nombre qui se trouvent maintenant dans ma collection, j'ai choisi ceux dont les faces approchent le plus d'être exactement planes, au moins dans les parties qui avoisinent leurs arêtes de jonction, et la plus grande incidence, prise à l'aide du gonyomètre, a toujours paru être plutôt de $104^d\,\frac{1}{2}$, que de 105^d. Des naturalistes exercés à manier le même instrument, ont vu comme moi.

Je sens néanmoins que tous ceux qui savent à quel degré de justesse peut atteindre le cercle répétiteur manié par des mains aussi habiles que celles de M. Malus, ne pourront se défendre de rejeter les différences entre les résultats sur les petites erreurs inévitables des mesures prises avec le gonyomètre, jointes à quelques déviations imperceptibles dans le niveau des faces de mes rhomboïdes. Mais tout ce que je prétends conclure des faits que j'ai cités, c'est qu'à en juger d'après les moyens directs de vérification que les naturalistes ont en leur disposition, et qui réunissent au mérite de la commodité, celui d'une précision suffisante pour le but qu'on se propose en les employant,

---

$g = \sqrt{111}$, $p = \sqrt{73}$, comme dans la détermination de M. Malus, on aura $n = \frac{12}{13}$, résultat exclus par les lois de la structure. Le décroissement par deux rangées offre dans ce cas une solution très-admissible, qui diffère extrémement peu de la précédente.

on ne serait pas tenté de substituer le rapport $\sqrt{\frac{111}{73}}$ à celui de $\sqrt{\frac{3}{2}}$, qui, d'un côté en diffère si peu par sa valeur, et de l'autre a sur lui un si grand avantage, par la simplicité de la limite dont il dérive. La faute qui aurait pu être commise en l'adoptant dans l'origine, préférablement à tout autre, était, j'ose le dire, inévitable, parce qu'elle s'offrait avec tous les caractères d'une plus grande perfection.

Au fonds, la correction que nécessiterait le rapport $\sqrt{\frac{111}{73}}$ dans les valeurs des angles secondaires, ne porte aucun préjudice réel à la théorie. J'ai fait de moi-même, depuis l'impression de mon Traité, des changemens plus considérables à quelques-unes des valeurs qui m'avaient servi de données, ainsi qu'on pourra le reconnaître, en lisant les articles *tourmaline*, *étain oxydé*, etc. La correction dont il s'agit laisse d'ailleurs intactes toutes les propriétés générales du rhomboïde, dont la plupart se trouvent réalisées par la cristallisation, comme le rapport $\frac{1}{3}$ entre l'axe du noyau et celui de la variété qui naît du décroissement $\overset{2}{D}$ (Traité, t. 1, p. 330); la double existence de cette même variété, à l'aide d'une loi simple et d'une loi intermédiaire (Traité, t. II, p. 35, et Journ. des Mines, n° 133, p. 50); la production d'une forme semblable à celle du noyau, en vertu d'un décroissement sur les angles inférieurs (Traité, t. 1, p. 335, et Journ. des Mines, *ibid.*) etc. Cette même correction n'altère que certaines propriétés inhérentes au rapport $\sqrt{\frac{3}{2}}$, comme celles qui ont suggéré les noms d'*inverse*, de *métastatique* et de *contrastant*. Il en résulte que des angles qui devraient être égaux sur les formes que ces noms mettent en relation l'une avec l'autre, diffèrent d'une quantité qui varie depuis quelques minutes jusqu'à environ un degré. Je pense néanmoins que dans le cas où le rapport $\sqrt{\frac{111}{73}}$ serait pris pour définitif, on devrait conserver encore les noms dont il s'agit, comme exprimant des résultats qui auraient une grande analogie avec les limites géométriques offertes par le rapport $\sqrt{\frac{3}{2}}$; et l'on aura une nouvelle raison pour se contenter ici d'à-peu-près, si l'on considère qu'une variation sou-

vent imperceptible dans les angles d'une des formes dont il
s'agit ; par exemple , celle de 4' d'une part et de 10' de l'autre,
relativement au métastatique , suffit pour ramener le résultat
qui dépend du nouveau rapport à celui du rapport hypothé-
tique dont il aurait pris la place.

La forme du rhomboïde calcaire est aussi celle que donne
à l'aide de la division mécanique , la substance connue sous le
nom de *fer spathique*. S'il était bien prouvé que cette dernière
substance fût le produit immédiat de la combinaison du fer et
de l'acide carbonique , il faudrait en conclure que le rhomboïde dont il s'agit est un des solides primitifs susceptibles d'appartenir à des espèces différentes. J'avais dit dans mon Traité,
que jusqu'à l'époque à laquelle j'écrivais , ces solides étaient
du nombre de ceux qui constituent des limites , comme le cube,
l'octaèdre régulier, etc. (T. 1 , p. 33) ; et si dans le rhomboïde
calcaire l'inclinaison de chaque face était exactement la même
à l'égard d'un plan vertical et d'un plan horizontal , ce rhomboïde pouvant être aussi considéré comme une limite , on serait
moins surpris de le voir paraître dans deux espèces distinctes.
Mais quand même il serait dépourvu de la propriété dont il
s'agit , rien ne s'oppose à ce qu'une forme , qui ne serait pas
une limite , n'appartienne à deux substances de diverse nature.
La seule chose qui me paraisse bien démontrée , c'est qu'une
même substance ne peut avoir deux formes primitives , ou mieux
encore, deux formes de molécule intégrante. (Annales du Mus.
d'Histoire natur. t. IX , p. 264 ; Journal des Mines, n° 130,
p. 267).

Quant à la question de savoir si la combinaison du fer et
de l'acide carbonique produit par elle-même une molécule
semblable à celle de la chaux carbonatée, elle tient à la solution d'un problème minéralogique , qui a pour but de déterminer la manière dont s'est formé le fer spathique. Je revien-
drai sur ce sujet , à l'article du fer oxydé, et je prouverai que
cette solution , quelle qu'elle puisse être , ne porte aucune
atteinte aux principes que j'ai adoptés pour la classification
des minéraux, et que les difficultés qui pourroient rester sur

celle du fer spathique se tournent également contre toutes les méthodes.

Il existe des rhomboïdes de chaux carbonatée qui offrent des joints parallèles à des plans menés par les grandes diagonales des faces opposées deux à deux. On observe aussi quelquefois des joints qui suivent d'autres directions, comme celles qui coïncident avec des plans perpendiculaires à l'axe du rhomboïde, ou avec des plans parallèles aux bords inférieurs **D**, **D** (fig. 1), et en même temps à l'axe. En général, ces joints sont toujours parallèles à des faces qui seroient produites par des lois de décroissement. Or, d'après le principe que les molécules intégrantes des corps sont à des distances respectives incomparablement plus grandes que leurs épaisseurs, on parvient à expliquer ces joints surnuméraires, sans être obligé de supposer qu'ils traversent et qu'ils morcèlent les molécules. Ils ne font que passer entre elles, de manière qu'on peut les considérer comme des plans tangens à des suites d'arêtes ou d'angles solides appartenant à ces molécules qui conservent ainsi leur simplicité. J'ajoute que ces joints, qui ne se montrent que comme par accident, et qu'il faut souvent chercher, pour les apercevoir, sont d'ailleurs comme éclipsés par la netteté et par la constance des divisions principales qui donnent la forme primitive, et qui sont précisément celles que l'observateur à intérêt de connaître (1).

Analyse de la chaux carbonatée, par MM. de Fourcroy et Vauquelin. (Annales du Mus. d'Hist. nat., 24ᵉ Cahier, t. IV, p. 405).

Chaux, 57. Acide carbonique, 43.

Par MM. Biot et Thenard (Nouveau Bulletin des Sciences de la Société philom., t. 1, p. 32).

Chaux, 56,351. Acide carbonique, 42,919. Eau, 0,73.

---

(1) J'ai remarqué dans plusieurs des masses qui présentaient des joints surnuméraires, une matière étrangère, disposée par couches, qui suivaient les directions de ces mêmes joints. Des morceaux de chaux carbonatée et de chaux sulfatée qui font partie de ma collection, en fournissent des exemples.

Note 2.

Analyse du madréporite, par Klaproth. B., t. III, p. 276.

Chaux carbonatée, 93. Magnésie carbonatée, 0,5. Fer carbonaté, 1,25. Charbon, 0,5. Silice, 4,5. Manganèse oxydé, un atôme. Perte, 0,25.

J'ai reconnu dans le madréporite des indices de la division en rhomboïde semblable à celui de la chaux carbonatée ordinaire.

Note 3.

Les principaux caractères de la chaux carbonatée ferrifère sont les suivans. Pesant. spécif. 2,8143. Rayant la chaux carbonatée limpide. Point d'aspect perlé. Soluble avec une lente et légère effervescence dans l'acide nitrique lorsqu'elle a été pulvérisée. Ne noircissant pas par l'action du feu. Fusible au chalumeau en un globule noir et attirable. Couleur, d'un gris-noirâtre, inégalement répandue dans l'intérieur des cristaux. Gangue, la chaux sulfatée en partie lamellaire et en partie compacte. Lieu, les environs de Salzbourg.

Note 4.

Analyse de la chaux carbonatée manganésifère rose, par Klaproth. B., t. III, p. 25.

Carbonate de chaux, 13. Carbonate de manganèse, 34. Quarz, 53.

Cette analyse a eu pour sujet la substance qui sert de gangue au tellure natif jaune de Nagyag. Il paroît que l'on a rapporté cette substance à la modification suivante, qui est le spath brunissant des Allemands, mais dont elle est distinguée, en ce qu'elle ne renferme pas de fer. On ne doit pas non plus la confondre avec le manganèse oxydé rose, dont je parlerai à l'article de ce dernier minéral. Ses cristaux ont d'ailleurs beaucoup d'analogie avec les rhomboïdes contournés qui appartiennent au spath brunissant, et il est probable que si on en choisissait, par préférence aux morceaux amorphes, pour les soumettre à l'analyse, la quantité de chaux carbonatée y serait dominante, comme elle l'est en général dans le spath brunissant.

Note 5.

La chaux carbonatée ferro-manganésifère peut être ainsi caractérisée. Pesant. spécif. au-dessous de 3. Rayant la chaux carbonatée ordinaire. Aspect souvent perlé. Jaunissant aux endroits où l'on a versé de l'acide nitrique. Soluble avec une lente effervescence dans le même acide. Noircissant par l'action du feu. Devenant attirable, au moyen du chalumeau.

Ces caractères se rapportent à la substance considérée dans son état primitif, où elle est blanche. Mais les altérations qu'elle subit, par succession de temps, font passer sa couleur au jaune, au brun et au noirâtre. Lorsque l'altération a eu lieu à un certain degré, un fragment présenté à la simple flamme d'une bougie, devient susceptible d'agir sensiblement sur l'aiguille aimantée. La discussion relative à cette substance étant liée avec celle qui a pour objet le fer spathique, trouvera sa place dans l'article de ce dernier minéral.

La variété incrustante modifie une multitude de cristaux en rhomboïde inverse, en dodécaèdre métastatique, etc., dont l'intérieur est de chaux carbonatée ordinaire, et qui sont recouverts d'une croûte composée de cristaux squamiformes de chaux carbonatée brunissante perlée.

Note 6.

J'avois regardé d'abord la variété granulaire, d'après une analyse peu exacte, comme une chaux carbonatée aluminifère. Mais le célèbre Klaproth a prouvé qu'elle appartient à la chaux carbonatée magnésifère (B., t. IV, p. 204 et suiv.). Un échantillon de celle que l'on trouve aux Alpes renfermoit 65 de chaux carbonatée et 35 de magnésie carbonatée.

Le même chimiste ayant analysé la variété primitive du Tyrol, en a retiré 52 de chaux carbonatée, 45 de magnésie carbonatée et 3 d'oxyde de fer et de manganèse. Une autre variété provenant de Taberg, dans le Vermeland, a donné 73 de chaux carbonatée, 25 de magnésie carbonatée, et 2,25 d'oxyde de fer et de manganèse; total, 100,25. (B., t. I, p. 304 et suiv.)

Deux morceaux de la substance nommée *miémite*, l'un de

Miémo, en Toscane, l'autre du pays de Gotha, ont offert des résultats analogues (*id.* t. III, p. 292 *et suiv.*). Le célèbre Karsten qui a décrit ces deux variétés (*ibid.*, p. 292 et 297), indique pour l'une une forme qui, d'après la description qu'il en donne, doit être un rhomboïde, et pour l'autre, un tétraèdre presque rectangulaire, dont les arêtes sont fortement tronquées. Celle-ci me paraît se rapporter à la variété unitaire (Traité, t. II, p. 139, var. 9), dont un des sommets seulement serait saillant au-dessus de la gangue. Effectivement, j'ai observé des cristaux de miémite qui présentaient cette même forme.

Note 7.

Cette variété fait avec l'acide nitrique une effervescence plus vive encore que celle qui a lieu lorsqu'on emploie la chaux carbonatée ordinaire. L'idée de la réunir avec celle-ci m'a été suggérée par l'observation de certains morceaux qui présentent des joints naturels dans le sens des faces du rhomboïde de $101^{d}\frac{1}{2}$. On y aperçoit aussi des joints surnuméraires perpendiculaires à l'axe du rhomboïde, et qui sont dus probablement à la présence d'une matière particulière, interposée dans la substance principale, et que M. Vauquelin présume être d'une nature talqueuse. Le tissu des masses informes paraît être feuilleté dans le même sens. (*Voyez* ce que j'ai dit des joints surnuméraires, note 1). A l'égard de l'écume de terre, schaumerde de M. Werner, elle a de si grands rapports avec le spath schisteux, qu'elle semblait devoir naturellement le suivre, lorsqu'il irait prendre une place dans la méthode, à côté de la chaux carbonatée.

ARRAGONITE.

Note 8.

Si du centre de l'octaèdre (fig. 2), on mène une première perpendiculaire sur l'arête G, une seconde sur l'arête C, et une troisième qui aboutisse à l'angle E, ces trois lignes seront entre elles dans le rapport des nombres $\sqrt{18}$, $\sqrt{23}$ et $\sqrt{46}$.

Analyse par MM. de Fourcroy et Vauquelin. (Annales du Mus., t. IV, p. 405.)

9

Chaux, 58,5. Acide carbonique, 41,5.

Par MM. Biot et Thenard. (Nouveau Bulletin des Sciences de la Société philom., t. 1, p. 32.)

Chaux, 56,327. Acide carbonique, 43,045. Eau, 0,628.

A ne consulter que la cristallisation de l'arragonite, on serait déjà forcé, ce me semble, d'en faire une espèce distinguée de la chaux carbonatée. Non-seulement les formes primitives de ces deux substances diffèrent beaucoup entre elles, l'une étant un octaèdre et l'autre un rhomboïde, mais elles sont incompatibles dans un même système de lois de structure. C'est une suite de ce que chacun des décroissemens qui modifient l'octaèdre, en supposant qu'il agisse symétriquement, a lieu sur un nombre de bords ou d'angles solides, qui ne peut jamais être ni trois, ni un multiple de trois; tandis que dans chaque décroissement relatif au rhomboïde, le nombre de bords ou d'angles qui le subissent, est toujours trois ou une fonction de ce nombre; ensorte que les deux cristallisations ont pour échelles deux séries de termes pour ainsi dire incommensurables, lorsqu'on les compare entre eux (Annales du Mus., t. XI, p. 241 et suiv., et Journ. des Mines, n° 136, p. 241 et suiv.). La différence des propriétés qui se tirent de la dureté, de la pesanteur spécifique, de la réfraction, de l'action de la chaleur, se joint au contraste que présentent les formes, pour augmenter l'intervalle que les résultats du calcul ont déjà mis entre l'arragonite et la chaux carbonatée (Annales du Mus., et Journal des Mines, ibid.). Cependant l'analyse chimique les identifie. Les hommes les plus habiles de l'Europe dans ce genre d'opérations ont épuisé toutes les ressources que leur offrait une science qui doit à chacun d'eux une partie de sa perfection, pour déterminer exactement les principes composans de ces deux substances; ils y ont trouvé les mêmes quantités relatives de chaux et d'acide carbonique, sans pouvoir d'ailleurs reconnaître dans l'une ou l'autre la présence d'aucun principe particulier.

Quelques minéralogistes, frappés d'un résultat qu'ils ne pouvaient se défendre de regarder comme définitif, ont soupçonné que peut-être y avait-il dans la structure des cristaux relatifs

aux deux minéraux quelque lien caché qui avait jusqu'alors
échappé à l'attention, et l'on a même proposé des hypothèses
spécieuses, dont le but était de faire dériver la forme de l'arragonite de celle de la chaux carbonatée. Ces hypothèses sont
nées en général de l'opinion, qu'indépendamment des joints
naturels ordinaires que l'on obtient par la division mécanique
des cristaux, et qui conduisent à la détermination de la forme
primitive, il en existe dans l'intérieur de ces corps une multitude d'autres moins apparens, ou même imperceptibles, quoique réels, situés parallèlement à toutes les faces susceptibles
d'être produites par des lois de décroissement. Maintenant si
l'on conçoit une forme secondaire qui ait, par exemple, trente
faces, et si l'on combine ces faces six à six, de manière que
dans chaque combinaison il y en ait toujours trois qui soient
parallèles aux trois autres; on obtiendra des parallélipipèdes
de différentes formes ; et si, au lieu de six faces on en combine huit, sous la même condition, on aura des octaèdres qui
différeront aussi par leur configuration. On pourra donc ima-
giner dans l'intérieur du parallélipipède ou de l'octaèdre des
joints parallèles à ses différentes faces, d'où il résulte que
chacun de ces deux solides portera le caractère d'une forme
primitive.

C'est à cela que reviennent les tentatives qui ont été faites
en particulier par M. Bernhardi, cristallographe d'un mérite
distingué, dans la vue de lier ensemble les deux substances par
leur cristallisation (Journal de Chimie, Physique et Minéralogie, t. VIII, premier Cahier, p. 152 et suiv.). On conçoit
effectivement la possibilité que parmi ce grand nombre de combinaisons de faces produites par des décroissemens relatifs à la
forme de la chaux carbonatée, il s'en trouve quelqu'un qui
représente à peu près la forme de l'arragonite. Mais pour
arriver à cette imitation, il faut supposer que les joints parallèles aux faces du rhomboïde calcaire aient disparu dans l'arragonite, et que parmi les nouveaux joints qui les remplacent, il
s'en trouve dont on n'aperçoit jamais le plus léger indice, en
divisant le même rhomboïde. Il faut supposer encore que ses

nouveaux joints dérogent à la symétrie des cristallisations ordinaires, en ne se montrant que suivant des plans qui interceptent
deux bords ou deux angles solides opposés, tandis que les autres
bords ou les autres angles, qui cependant ont la même relation
que les premiers avec le rhomboïde calcaire, et qui ne sont
que la répétition de ceux-ci, refusent d'en partager la propriété. Le même renversement de symétrie aura lieu dans la
manière d'agir des lois de décroissemens indiquées par les positions des joints dont je viens de parler.

Mais indépendamment des considérations générales que l'on
peut opposer à des hypothèses qui ont l'air d'arranger les faits
d'avance conformément aux résultats que l'on se propose d'en
déduire, j'ai trouvé que ces mêmes hypothèses ne soutenaient
pas l'épreuve du calcul, soit parce qu'elles exigeaient que des
quantités qui sont réellement incommensurables, eussent au contraire une mesure commune, soit parce qu'elles conduisaient
à des valeurs d'angles dont les différences avec les véritables,
sont très-appréciables à l'aide du gonyomètre. Enfin j'ai fait
voir que dans le passage de la forme de la chaux carbonatée
à celle de l'arragonite, la position de l'axe subirait un changement qui en déterminerait un autre dans la réfraction, ce qui
contrarie encore l'idée que ces deux substances puissent avoir
une molécule commune. (Annales du Mus. d'Hist. nat., t. XIII,
p. 241 *et suiv*).

Si nous parcourons les méthodes les plus récentes publiées
par divers minéralogistes, nous trouvons que toutes, excepté
celle de M. Brongniart, assignent à l'arragonite un rang à part,
en le plaçant néanmoins à la suite de la chaux carbonatée. A
l'égard des chimistes qui ont analysé ces deux substances, la
plupart se sont bornés à donner leurs résultats sans décider si
elles devaient être réunies ou séparées dans la méthode. MM. de
Fourcroy et Vauquelin, qui ont mis dans leurs expériences toute
l'habileté et toutes les attentions propres à les rendre con-
cluantes, ainsi qu'on peut en juger par les détails extrêmement
intéressans que renferme leur Mémoire, ont regardé la différence qui existe ici entre l'indication de l'analyse et celle des

propriétés chimiques et physiques, comme un fait extraordi-
naire que l'on tenterait envain d'expliquer dans l'état actuel de
la science (Annal. du Mus. t. IV, pp. 410 *et* 411). MM. Thenard et Biot s'en sont tenus de même à l'exposé des résultats
auxquels ils sont parvenus, en employant des moyens aussi in-
génieux que précis, pour déterminer les principes des mêmes
substances. (Nouveau Bulletin des Sciences de la Soc. Philom.,
t. I, p. 32 *et suiv.*)

Le seul savant qui ait prononcé sur la question relative à la
classification, est le célèbre auteur de la Statique chimique,
en reprochant à la considération des formes cristallines le grave
inconvénient d'obliger le minéralogiste de séparer, dans des
espèces différentes, des substances que l'analyse prouve être
parfaitement identiques, telles que l'arragonite et la chaux
carbonatée (t. I, p. 443). Mais ce passage, dont la conséquence est évidente, si on le considère isolément, devient susceptible d'une interprétation favorable à cette doctrine même
que combat ici M. Bertholet, d'après ce qu'on lit plus haut
dans l'Ouvrage cité (*id.*, p. 436) ; savoir, qu'une même composition peut donner naissance à des qualités physiques assez
différentes, pour qu'il soit nécessaire de distinguer les minéraux qui la présentent. J'ose croire qu'il n'est aucunes substances auxquelles ce principe s'applique avec plus d'avantage
que l'arragonite et la chaux carbonatée.

D'après tout ce qui vient d'être dit, on juge facilement où
est le nœud de la difficulté. Lorsqu'une même forme de molécule est commune à des substances dans lesquelles l'analyse
démontre une différence de nature, les propriétés de ces substances confirment par leur diversité l'indication de la chimie ;
elles représentent en quelque sorte la marche de l'analyse, et
c'est pour cela qu'il suffit d'en combiner une ou deux avec la
forme, pour déterminer, même indépendamment de la connaissance des principes composans, la séparation des substances
dont il s'agit. Ici l'ordre est renversé : c'est l'analyse qui paraît
solliciter la réunion de deux minéraux dont les formes diffèrent, et les propriétés, au lieu de marcher dans le sens de

l'analyse, comme il semble qu'on aurait dû s'y attendre, sont du côté de la Géométrie. Tel est le problème dont la solution réservée à d'autres temps conciliera les intérêts de deux sciences faites pour être toujours d'accord, en même temps qu'elle nous indiquera le véritable nom que doit prendre l'espèce qui nous occupe. En attendant, je n'ai pas cru devoir changer le nom d'*arragonite*, tiré de celui du royaume d'Arragon, où l'on a découvert la substance qui le porte, et dont le vice doit être encore mieux senti aujourd'hui qu'on la retrouve parmi les productions minérales de la France et de l'Allemagne.

CHAUX PHOSPHATÉE.
Note 9.

Dans la forme primitive (fig. 3), la perpendiculaire menée du centre de la base sur un des côtés est à la hauteur du prisme comme $\sqrt{3}$ à $\sqrt{2}$.

Analyse de la variété dite *apatite*, par Klaproth. (B., t. IV, p. 198).

Chaux, 55. Acide phosphorique, 45.

De la variété d'Espagne, dite *spargelstein*, par Vauquelin.

Chaux, 54,28. Acide phosphorique, 45,72.

De la variété terreuse, par Pelletier et Donadei. (Mém. et Observ. de Chimie de Bertrand Pelletier, t. I, p. 309).

Chaux, 59. Acide phosphorique, 34. Acide carbonique, 1. Acide muriatique, 0,5. Acide fluorique, 2,5. Silice, 2,0. Fer, 1.

De la variété pulvérulente du comté de Marmaros à Kobolo-Bojana, près de Sigeth, en Hongrie, par Klaproth. (B., t. IV, p. 273).

Chaux, 47. Acide phosphorique, 32,25. Acide fluorique, 2,5. Silice, 0,5. Oxyde de fer, 0,75. Eau, 1. Mélange de quarz et de matière argileuse, 11,5. Perte, 4,5.

J'ai observé que la phosphorescence par le feu était très-sensible dans les cristaux terminés par une face perpendiculaire à l'axe, et nulle dans les cristaux terminés en pointe. Quelle que soit la cause de cette corrélation remarquable entre la

forme cristalline et la propriété phosphorique, il en résulte
que d'une part on peut reconnaître à la seule inspection d'un
cristal, s'il a cette propriété ou s'il en est dépourvu, et que
d'une autre part on peut deviner, par l'épreuve du feu, si une
masse soit granulaire, soit terreuse, aurait pris une forme
terminée en pointe ou par une face plane, dans le cas où les
circonstances auraient été favorables à la cristallisation.

A en juger par les cristaux de chaux phosphatée, qui ont été
seuls connus pendant long-temps, on aurait pu étendre à l'ensemble des faces produites par les lois de décroissement, ce
que j'ai dit du rapport entre la forme et la vertu phosphorique. Dans tous les cristaux dépourvus de cette vertu, les
sommets étaient déterminés par la loi $\overset{\backprime}{B}$. Dans tous les autres,
les facettes obliques étaient dues aux lois $\overset{\backprime\prime}{B}$ et $\overset{\backprime}{A}$, ensorte qu'il
n'y avait rien de commun à cet égard entre les deux séries. Il
en est résulté que dans les applications que j'ai faites de la
théorie au spargelstein et à l'apatit, qui, dans la méthode de
M. Werner, forment encore aujourd'hui des espèces distinctes, relatives aux deux séries, j'avais déduit, sans m'en
apercevoir, la même forme de molécule de deux lois différentes de décroissement (Traité, t. II, p. 243). On a découvert dans la suite, au Saint-Gothard, la variété doublante,
qui réunit les diverses lois dont j'ai parlé, et offre ainsi une
nouvelle preuve en faveur du rapprochement des corps qui
jusqu'alors offraient exclusivement ces mêmes lois.

La chaux phosphatée terreuse de l'Estramadure est à l'apatit
et au spargelstein de M. Werner, ce qu'est la chaux carbonatée, dite *pierre à bâtir*, à celle qui est cristallisée ou laminaire. Il me semble que la première ne doit pas être considérée comme une espèce à part, lorsque l'autre n'a que le rang
de simple variété.

CHAUX FLUATÉE.

Note 10.

Analyse par Klaproth. (B., t. IV, p. 365.)
Chaux, 67,75. Acide fluorique, 32,25.

CHAUX SULFATÉE.

Note 11.

Voyez pour la détermination exacte du rapport entre les dimensions de la forme primitive, le *Traité de Minér.*, t. II, p. 267, note 1.

Si l'on suppose que la quantité d'eau contenue dans la chaux sulfatée soit de 22 pour 100, ainsi que l'ont déterminée Bergmann et d'autres chimistes, et si l'on adopte le rapport 4 à 6 donné par M. Vauquelin, pour celui de la chaux et de l'acide sulfurique, dans la chaux anhydro-sulfatée (Traité, t. IV, p. 349), rapport qui est le même que dans la chaux sulfatée avec eau de cristallisation, on trouve que cette dernière substance doit renfermer les trois principes dans les proportions suivantes :

Chaux, 31,2. Acide, 46,8. Eau, 22.

M. Berthier, ingénieur des mines, a obtenu le résultat suivant, qui diffère peu de celui de M. Vauquelin :

Chaux, 32,8. Acide, 45,2. Eau, 22. (Journal des Mines, n° 124, p. 309.)

Analyse de la chaux sulfatée laminaire nacrée d'Onondago de New-York, par M. Warden, consul général des Etats-Unis.

Chaux, 32. Eau, 21. Acide, 47.

La chaux sulfatée, indépendamment des joints naturels qui servent à déterminer sa forme primitive, en offre quelquefois de surnuméraires, analogues à ceux dont j'ai parlé note 1. Je n'ai jamais observé de ces derniers dans les cristaux proprement dits. Mais des masses laminaires qui se trouvent les unes en Espagne, et les autres dans le département du Mont-Blanc, près de Pesai, en fournissent deux exemples différens. Les premiers ont une disposition à se déliter dans le sens des petites diagonales des bases de la forme primitive, c'est-à-dire que les joints qui en résultent sont parallèles à une face produite en vertu du décroissement 'H' (fig. 4). Les mêmes lames sont traversées par des veines blanchâtres d'une matière étrangère, qui interrompt leur belle transparence, et qui suit exactement les directions des joints dont je viens de parler. Dans la chaux sulfatée de Pesai, qui est aussi diaphane et de plus a un aspect nacré, les joints surnuméraires font avec les faces P, M, des angles qui paraissent droits à l'œil; ensorte que si on les combine avec ces mêmes faces, on a un parallélipipède sensiblement rectangle. On peut présumer avec beaucoup de vraisemblance, que ces joints sont situés parallèlement à une face qui résulterait du décroissement ^{3}G′, en masquant le pan T. Le calcul prouve que cette face ferait avec la face M et son opposée, un angle de 92^d d'une part et de 88^d de l'autre, et il est évident qu'elle serait perpendiculaire sur P. Comme les joints dont il s'agit sont un peu curvilignes, on ne peut mesurer exactement leurs incidences sur les faces M, M, ni estimer la petite différence de 2^d que donne ici la théorie comparativement à l'angle droit. Du reste, lorsqu'on essaye de rompre les lames qui présentent ces deux espèces de joints surnuméraires, elles se divisent à l'ordinaire en rhombes de 113^d et 67^d, et souvent, après avoir détaché un de ces rhombes, on essaye inutilement de le soudiviser dans le sens du joint surnuméraire, surtout s'il n'a qu'une petite étendue. Il ne se prête plus qu'au clivage principal, qui conserve ainsi sa prédominance.

Les joints surnuméraires dont je viens de parler en second lieu, m'ont conduit à déterminer la structure de la chaux sulfatée fibreuse. Les masses dans lesquelles ils existent passent quelquefois à cette dernière variété, ensorte qu'une partie de ces masses est à l'état lamelleux, tandis que l'autre présente le tissu fibreux. Or en comparant ces parties entre elles, on voit que les lames dont est composée la première, ont donné naissance aux fibres de la seconde, à l'aide des nombreuses soudivisions qu'elles ont subies dans le sens des joints surnuméraires. Chaque fibre peut ainsi être considérée comme un prisme droit quadrangulaire très-délié, qui aurait pour signe M^{J}G′P, M étant dans le sens des bases, et les deux autres quantités désignant les faces latérales comprises entre ces bases.

CHAUX ANHYDRO-SULFATÉE.

Note 12.

Analyse, par Vauquelin, de la variété laminaire.

Chaux, 40. Acide sulfurique, 60.

De la variété laminaire, par Klaproth. (B., t. IV, p. 235.)

Chaux, 41,75. Acide sulfurique, 55. Soude muriatée, 1. Perte, 2,25.

Par Berthier, ingénieur des mines. (Journ. des Mines, n° 124, p. 306.)

Chaux, 43. Acide sulfurique, 57.

Par Chenevix. (Journ. des Mines, n° 77, p. 420.)

Chaux, 55,12. Acide sulfurique, 44,88.

Deux considérations fondées sur les caractères les plus importans des minéraux, savoir : ceux qui se tirent de leur composition et de leur structure, pourraient faire douter, au premier aperçu, si la chaux anhydro-sulfatée doit être considérée comme une espèce distinguée de la précédente. D'une part, les quantités relatives de chaux et d'acide sulfurique sont les mêmes dans les deux substances. La seule différence consiste dans la présence ou l'absence du fluide aqueux, dont l'action, suivant le célèbre auteur de la Statique chimique, n'a qu'une influence très-faible, et par conséquent contribue très-peu aux propriétés caractéristiques d'une substance (t. I, p. 436). Mais l'induction que l'on pourrait tirer, au moins dans le cas présent, de cette opinion, a contre elle un principe émis par le même savant (*ibid.*, p. 444), et que j'ai déjà eu occasion de citer, savoir, qu'une même composition peut donner naissance à des qualités physiques assez différentes, pour qu'il soit nécessaire de séparer les minéraux qui la présentent, c'est-à-dire sans doute d'en faire des espèces distinctes. Or ici, la composition est un peu moins qu'identique, parce que l'action de l'eau ne peut être absolument nulle. A plus forte raison doit-on séparer ces deux substances dont les qualités physiques, la dureté, la pesanteur spécifique, la réfraction, etc., diffèrent autant et même plus que celles qui appartiennent à une multitude de minéraux incompatibles dans une même espèce. J'ajoute que si ces différences ne tiennent pas à la présence ou à l'absence de l'eau que M. Bertholet regarde comme n'ayant qu'une légère influence sur les propriétés caractéristiques, il faut qu'elle dépende de quelqu'autre cause plus active, qui échappe aux moyens chimiques, ce qui fournirait un motif de plus pour séparer les deux substances.

Voyons maintenant quels sont les doutes que pourraient faire concevoir les lois de la structure sur la justesse de cette séparation. Soit PMT (fig. 4), la forme primitive de la chaux sulfatée ordinaire. Si l'on suppose un décroissement représenté par $^3G'$, il produira une face qui masquera la face T, et dont l'incidence sur la face M, calculée d'après les données que j'ai adoptées, sera d'environ 92^d; c'est-à-dire, qu'il ne tiendra qu'à une différence de 2 degrés, que la forme primitive du gypse ordinaire ne se trouve transformée en celle de la chaux anhydrosulfatée. Or, si cette différence n'était qu'apparente, et ne tenait qu'à une erreur dans les mesures qui m'ont fourni mes données, on pourrait dire qu'il s'établit dans la chaux anhydrosulfatée un joint surnuméraire, semblable à celui dont j'ai parlé (note 11), qui remplace le joint parallèle à T, et en même temps le fait disparaître, et ce passage d'une forme à l'autre semblerait offrir une raison de rapprocher les deux substances.

Mais ce qui prouve que la différence est réelle, c'est le jeu de cristallisation qui produit la variété de chaux sulfatée que j'ai nommée *prominule* (Traité, t. II, p. 272), et dans laquelle les deux arêtes terminales situées l'une à la droite, l'autre à la gauche de x, font une saillie, en s'inclinant, l'une sur l'autre, sous un angle de 176^d. Car les positions de ces arêtes, d'après la description que j'ai donnée au même endroit, dépendent de la loi $^3G'$, et comme ces arêtes existent dans deux moitiés de cristal, dont l'une est censée avoir subi un renversement, elles coïncideraient sur une même ligne, si elles faisaient des angles droits avec les faces adjacentes, au lieu de leur être inclinées de 92^d.

Ce n'est pas tout, et il faudrait encore que la forme pri-

mitive de la chaux sulfatée fût susceptible de passer à celle
de la chaux anhydro-sulfatée périoctaèdre (fig. 24), en vertu
d'une loi de décroissement. Or, en supposant successivement
que le décroissement eût lieu sur l'arête G' (fig. 4), ou sur
l'arête C, j'ai trouvé que les lois ordinaires donnaient des
angles dont les différences avec ceux qui résultent des mesures
prises avec soin, à l'aide du gonyomètre, allaient jusqu'à 4 ou
5 degrés, ensorte que l'on n'aurait pu faire évanouir ces différences, qu'en employant des lois inadmissibles par leur com-
plication.

D'ailleurs, dans tous les cristaux de chaux sulfatée que j'ai
observés, les joints principaux conduisent à un prisme rhomboïdal, et dans tous ceux qui appartenaient à la chaux anhydro-
sulfatée, ils tendaient à produire un parallélipipède rectangle,
de manière que les deux substances sont déjà, par cela seul,
distinguées nettement l'une de l'autre.

Les inductions qui se tirent des considérations précédentes
ne laisseraient rien à desirer, si, ayant déterminé, dans la forme
primitive (fig. 5) de la chaux anhydro-sulfatée, la dimension
G en hauteur, on trouvait que son rapport avec les autres
dimensions indiquât une nouvelle différence entre cette form
et celle de la chaux sulfatée. Mais quoique des savans dist: .
gués m'aient assuré qu'il existait des variétés de chaux anhydro-
sulfatée assez composées pour permettre de déterminer com-
plètement la molécule de cette substance, je n'ai pu jusqu'ici
m'en procurer aucune.

Note 13.

Analyse de la chaux anhydro-sulfatée concrétionnée contournée, par Klaproth. (B., t. IV, p. 231.)

Chaux, 42. Acide sulfurique, 56,5. Soude muriatée, 0,25.
Perte, 1,25.

Ayant entendu dire que l'analyse avait fait reconnaître dans
cette substance les principes de la chaux sulfatée, j'avais
annoncé, lors de mes Cours, que je présumais d'après sa dureté,
sa pesanteur spécifique et ses autres caractères, qu'elle devait

être placée plutôt à côté de la chaux sulfatée privée d'eau que de celle qui en renferme. La connaissance que j'ai acquise depuis du résultat obtenu par le célèbre chimiste de Berlin, m'a appris que cette idee, que je ne donnais que comme une conjecture, était déjà une vérité démontrée par l'expérience.

Note 14.

L'altération qui détermine cette épigénie a été observée près de Pesai, par M. Cordier. J'ai dans ma Collection un morceau que ce savant a bien voulu me donner, et dont une partie est à l'état de chaux anhydro-sulfatée lamellaire, d'un éclat nacré, encore intacte, tandis que l'autre partie a passé à l'état de chaux sulfatée compacte, par l'intermède de l'eau qui s'est introduite dans son intérieur. En même temps la substance a perdu de sa dureté, et son tissu est devenu plus lâche. Suivant une observation qui m'a été communiquée par M Hassenfratz, il existe à Pesai des galeries percées dans la chaux anhydro-sulfatée dont la partie extérieure, pénétrée par l'humidité, a subi un renflement considérable.

CHAUX ARSENIATÉE.

Note 15.

Analyse par Klaproth. (B., t. III, p. 281.)
Acide arsenique, 50,54. Chaux, 25. Eau, 24,46.

BARYTE SULFATÉE.

Note 16.

Dans la forme primitive (fig. 5), la grande diagonale est à la petite comme $\sqrt{3}$ a $\sqrt{2}$, et sa moitié est à la hauteur comme $2 : \sqrt{7}$.

Le nombre des formes cristallines connues de cette substance, qui n'était que de 13 à l'époque où j'ai publié mon Traité, s'est accru depuis jusqu'au-delà de 60. Cette extension est due en grande partie aux savantes observations de M. Mabru, sur les cristaux de baryte sulfatée qui abondent dans les départemens du Puy-de-Dôme et du Cantal.

Suivant les expériences de M. Chenevix, la baryte sulfatée

pure contient sur 100 parties, baryte 76, acide sulfurique, 24. (Journal des Mines, n° 77, p. 418.)

M. Berthier, ingénieur des mines, a trouvé un rapport différent entre la terre et l'acide, qui est celui de 66 à 34. (Journ. des Mines, n° 124, p. 308.)

Analyse de la baryte sulfatée granulaire de Peggau, en Stirie, par Klaproth. (B., t. II, p. 70).

Baryte, 60. Acide sulfurique, 30. Silice, 10.

De la baryte sulfatée laminaire de Freyberg, par le même. (*Ibid.*, p. 73.)

Baryte sulfatée, 97,5. Strontiane sulfatée, 0,85. Silice, 0,8. Oxyde de fer, 0,1. Alumine, 0,05. Eau, 0,7.

BARYTE CARBONATÉE.

Note 17.

Je ne puis donner que comme approximatives les mesures que j'ai citées pour les formes de la baryte carbonatée. La rareté des cristaux de cette substance ne m'a pas permis non plus de m'assurer des positions de leurs joints naturels. Mais les observations que j'ai déjà faites me paraissent suffire pour indiquer un système particulier de cristallisation.

Analyse, par Pelletier. (Mém. et Observ. de Chimie, t. II, p. 456.)

Baryte, 62. Acide carbonique, 22. Eau, 16.

Autre, par Klaproth (B., t. I, p. 211). Baryte, 78. Acide carbonique, 22.

Il serait à desirer que l'on entreprît de nouvelles expériences pour trouver la cause de la divergence que présentent ici deux analyses faites par des mains très-habiles, et dans lesquelles la quantité d'acide étant la même, le reste est d'un côté la baryte pure, et de l'autre, cette même terre unie à une quantité d'eau considérable.

STRONTIANE SULFATÉE.

Note 18.

Dans la forme primitive (fig. 5), la moitié de la grande

diagonale de la base, celle de la petite, et la hauteur G ou H sont entre elles comme les nombres 9, $4\sqrt{3}$ et $8\sqrt{2}$.

Les découvertes dont j'ai parlé, à l'article de la baryte sulfatée, en ont fait connaître de nouvelles formes dont les analogues existent dans l'espèce de la strontiane sulfatée. Les variétés de cette dernière, qui portent les noms d'*émoussée*, de *dodécaèdre*, d'*épointée* et d'*entourée*, se retrouvent avec les mêmes signes parmi celles qui appartiennent à la baryte sulfatée. La variété bisunitaire de strontiane et la variété raccourcie de baryte présentent le même aspect, avec des signes différens. La cristallisation a concouru pour rapprocher deux substances déjà si voisines par leurs autres caractères, en les mettant sous des formes qui semblent avoir été travaillées d'après le même modèle. Le gonyomètre est ici comme la boussole qui est indispensable à l'observateur pour s'orienter.

Analyse de la strontiane sulfatée cristallisée de Sicile, par Vauquelin.

Strontiane, 54. Acide sulfurique, 46.

De la strontiane fibreuse de Pensylvanie, par Klaproth. (B., t. II, p. 92.)

Strontiane, 58. Acide sulfurique, 42.

STRONTIANE CARBONATÉE.

Note 19.

Analyse, par Pelletier. (Journal des Mines, n° 21, p. 46.)
Strontiane, 62. Acide carbonique, 30. Eau, 8. Par Klaproth. (B., t. I, p. 270.)
Strontiane, 69,5. Acide carbonique, 30. Eau, 0,5.

MAGNÉSIE SULFATÉE.

Note 20.

Analyse, par Bergmann.
Magnésie, 19. Acide sulfurique, 33. Eau, 48.

MAGNÉSIE BORATÉE.

Note 21.

La différence de configuration qui a lieu à l'égard des parties qui répondent, sur les formes secondaires, aux angles solides du noyau, est liée à la propriété qu'a la magnésie boratée de s'électriser par la chaleur. On aurait pu prendre aussi cette propriété pour caractère auxiliaire, mais il m'a paru plus simple de tirer celui-ci de la forme elle-même.

Analyse, par Westrumb.

Acide boracique, 68. Magnésie, 13,5. Chaux, 11. Alumine, 1. Oxyde de fer, 0,75. Silice, 2.

La chaux est ici à l'état de carbonate, et d'après les expériences de M. Vauquelin, les cristaux transparens n'en renferment pas. En la supposant nulle dans le résultat de l'analyse, et en faisant de même abstraction de l'alumine, de la silice et du fer, on a le rapport suivant :

Acide boracique, 83,4. Magnésie, 16,6.

MAGNÉSIE CARBONATÉE.

Note 22.

Analyse de la magnésie carbonatée de Baudissero, département de la Doire, par Giobert. (Journal de Physique, n° 118, p. 304.)

Magnésie, 68. Acide carbonique, 12. Silice, 15,6. Sulfate de chaux, 16. Eau, 3. Total, 100,2.

De celle de Castellamonte, même département, par Guyton.

Magnésie, 26,3. Acide carbon., 46, Silice, 14,2. Eau, 12,0. Perte, 1,5.

De celle de Hrubschitz, en Moravie, par Wondraschek.

Magnésie, 33. Acide carbonique, 30. Silice, 8. Chaux, 0,5. Manganèse et fer, 1,5. Eau, 20. Perte, 7.

Il n'est pas facile de décider, dans l'état actuel de nos connaissances, si l'espèce dont il s'agit ici consiste originairement dans une combinaison de magnésie et d'acide carbonique, ou si les masses dont on retire cet acide n'étaient d'abord formées que de magnésie pure, à laquelle se serait unie, par succession de temps, une partie de l'acide carbonique contenu dans l'atmosphère, ainsi que l'a annoncé M. Giobert (Journal des Mines, n° 119, p. 402). Dans le dernier cas, ce serait de la magnésie native, qu'il faudrait placer parmi les substances terreuses. Il serait cependant singulier que la terre magnésienne eût absorbé, pendant son exposition à l'air, une quantité d'acide carbonique aussi considérable que celle qui est indiquée par les analyses de MM. Guyton et Wondraschek.

CHAUX BORATÉE SILICEUSE.

Note 23.

Dans la forme primitive (fig. 6), le rapport des diagonales est celui de $\sqrt{2}$ à 1, et la moitié de la grande est à la hauteur, comme $\sqrt{3}$ à $\sqrt{5}$.

Analyse, par Klaproth. (B., t. IV, p. 354.)

Chaux, 35,5. Silice, 36,5. Acide boracique, 24. Eau, 4.

Le morceau qui m'a servi à observer la variété nommée *Botryolit*, m'a été donné par M. le comte Dunin Borkowski, minéralogiste d'un mérite distingué. M. Klaproth a retrouvé dans cette substance les mêmes principes que dans la variété cristallisée, appelée *Datolite*, de manière cependant que la chaux paraissait être le principe le plus abondant.

SILICE FLUATÉE ALUMINEUSE. Topaze.

Note 24.

On ramènera la forme de l'octaèdre primitif à celle du prisme rhomboïdal que j'avais adoptée hypothétiquement (Traité, t. II, p. 505, note 1), en concevant que ce prisme subisse un décroissement représenté par $\overset{\overset{a}{}}{E}\overset{\overset{a}{}}{A}$.

Analyse de la topaze de Saxe, par Klaproth. (B., t. IV, p. 160)

Silice, 35. Alumine, 59. Acide fluorique, 5. Perte, 1.

De la topaze du Brésil, par le même, *ibid.*

Silice, 44,5. Alumine, 47,5. Acide fluorique, 7. Fer oxydé, 0,5. Perte, 0,5.

De la même, par Vauquelin (Annales du Mus., t. VI, p. 24).

Silice, 29. Alumine, 50. Acide fluorique, 19. Perte, 2.

De la topaze, dite *Picnite*, par Vauquelin. (Brongniart. Traité de Minér., t. 1, p. 419.

Silice, 30. Alumine, 60. Acide fluorique, 6. Chaux, 2. Eau, 1. Perte, 1.

De la même, par Bucholz. (Journal de Phys., t. LXVIII, p. 37.)

Silice, 34. Alumine, 48. Acide fluorique, 17. Fer et Manganèse, 1.

De la même, par Klaproth. Karsten, Minér., Tabel.

Silice, 43. Alumine, 49,5. Acide fluorique, 4. Eau, 1. Oxyde de fer, 1. Perte, 1,5.

Des observations récentes ont fait prendre, pour ainsi dire, un aspect tout nouveau à l'espèce dont il s'agit ici. 1°. La découverte de l'acide fluorique qu'elle contient, et dont on est redevable au célèbre Klaproth, lui assigne une place dans l'ordre des substances acidifères. 2°. J'ai déterminé sa véritable forme primitive, à laquelle j'avais substitué hypothétiquement une forme secondaire, qui n'avait pas laissé de me conduire à des résultats théoriques d'accord avec l'observation (Annales du Mus., t. XI, p. 62. Journal des Mines, n° 133, p. 43). 3°. J'ai démontré, d'après les lois de la structure, que la pycnite n'en est qu'une variété, et ce rapprochement se trouve confirmé par les caractères physiques, tels que la dureté, la pesanteur spécifique et l'électricité à l'aide de la chaleur, *ibid.* Les variations considérables qu'offrent les résultats des analyses citées plus haut, et qui ont lieu même pour les anciennes topazes, ne peuvent être attribuées qu'à la difficulté d'évaluer exactement la quantité d'acide fluorique qui se dégage pendant l'opération. 4°. Il n'est pas douteux qu'on ne doive réunir encore à la topaze le pyrophysalite de MM. Hisinger et Berzélius.

Je ne dois pas omettre que, depuis l'impression de mon Traité, j'ai reconnu la propriété de s'électriser par la chaleur dans un grand nombre de topazes de Saxe, ensorte qu'elle est beaucoup plus générale à l'égard des individus de cette espèce, que je ne l'avais cru d'abord.

On voit dans la Collection du Muséum d'Histoire naturelle un gros cristal de quarz hyalin rhombifère, venant du Brésil, qui a été poli, et dans lequel sont engagées des topazes rouges. C'est le premier indice que l'on ait eu jusqu'ici de la gangue de cette variété de topaze. Le cristal dont je viens de parler a été donné par M. Geoffroy Saint-Hilaire, profeseur des mammifère.

POTASSE NITRATÉE.

Note 25.

Dans l'octaèdre primitif (fig. 9), si du centre on mène une première droite qui aboutisse à l'angle I, une seconde qui soit perpendiculaire sur F, et une troisième qui le soit sur B, ces trois lignes seront entre elles dans le rapport des nombres $4\sqrt{6}$, $4\sqrt{2}$ et $3\sqrt{5}$.

Analyse, par Bergmann.
Potasse, 49. Acide nitrique, 33. Eau, 18.

SOUDE SULFATÉE.

Note 26.

N'ayant point observé par moi-même les formes cristallines de la soude sulfatée, je me suis servi de la détermination de Romé de Lille, qui ne me paraît se rapporter qu'à cette seule espèce, et suffit par conséquent pour la caractériser.

Analyse, par Bergmann.
Soude, 15. Acide sulfurique, 27. Eau, 58.

SOUDE MURIATÉE.

Note 27.

Analyse, par Bergmann.
Soude, 42. Acide muriatique, 52. Eau, 6.

SOUDE BORATÉE.

Note 28.

Dans la forme primitive (fig. 11), désignant par $\sqrt{48}$ le sinus de l'angle A pris sur la face T, on aura 2 pour le cosinus, $\sqrt{14}$ pour la perpendiculaire menée de l'angle E sur l'arête inférieure opposée à B, et $\sqrt{45}$ pour l'expression de EE'.

Analyse de la soude boratée dite *Tinkal*, par Klaproth. (B., t. IV, p. 353.)

Soude, 14,5. Acide boracique, 37. Eau, 47. Perte, 1,5.

SOUDE CARBONATÉE.

Note 29.

Les observations que j'ai faites récemment sur de très-beaux cristaux de soude carbonatée dont je suis redevable à M. Mollerat, m'ont mis à portée de déterminer exactement la forme primitive de ce sel, que je n'avais indiquée, dans mon Traité, que d'après Romé de Lisle.

Dans l'octaèdre (fig. 12), qui représente cette forme, le rapport des lignes menées du centre du rhombe DD' aux angles E, I, A, est celui des nombres $\sqrt{6}$, $\sqrt{2}$, 1.

Analyse, par Bergmann, de la soude carbonatée obtenue par des moyens chimiques.

Soude, 20. Acide carbonique, 16. Eau, 64.

Autre analyse de la même, par Klaproth. (B., t. III, p. 87.)

Soude, 22. Acide carbonique, 16. Eau, 62.

Autre, de la soude carbonatée naturelle, de la province de Sukena, en Afrique, par le même, *ibid.*

Soude, 37. Acide carbonique, 38. Eau, 22,5. Soude sulfatée, 2,5.

AMMONIAQUE SULFATÉE.

Note 30.

Je n'ai point encore observé les résultats de la cristallisation de l'ammoniaque sulfatée. Suivant Romé de Lisle, ce sont

des prismes hexaèdres comprimés, à sommets dièdres ou tétraèdres. (Cristallogr., t. 1, p. 3o5). Quelle que soit la forme
primitive de ces cristaux, il est visible qu'elle ne peut être
l'octaèdre régulier, ce qui suffit pour distinguer géométrique-
ment le sel dont il s'agit, de l'espèce suivante.

Analyse, par Kirwan. (Elements of mineralogy, t. II, p. 11.)

Ammoniaque, 29,7. Acide sulfurique, 55,7. Eau, 14,16.
Perte, 0,44.

AMMONIAQUE MURIATÉE.

Note 31.

Analyse. Ammoniaque, 40. Acide muriatique, 52. Eau, 8.

ALUMINE SULFATÉE ALKALINE.

Note 32.

Analyse, par Vauquelin, de celle que l'on obtient par des
procédés chimiques. Sulfate d'alumine, 49. Sulfate de potasse, 7. Eau, 44.

Analyse de l'alumine sulfatée alkaline naturelle fibreuse de
Freyenwalde. (Klaproth, B., t. III, p. 103.)

Alumine, 15,25. Acide sulfurique, 77. Potasse, 0,25. Fer
oxydulé, 7,5.

ALUMINE FLUATÉE ALKALINE.

Note 33.

Ce minéral encore extrêmement rare, a de l'analogie, par
son aspect, avec la chaux sulfatée et la baryte sulfatée en
lames blanchâtres. Mais un œil tant soit peu attentif le dis-
tinguera facilement de l'une et de l'autre, par les positions
respectives à angle droit de ses joints naturels les plus apparens. Les autres qui échappent d'abord, et qui exigent, pour
être apperçus, que le minéral soit fortement éclairé, achèvent
de le faire ressortir.

Analyse, par Klaproth (B., t. III, p. 214.). Soude, 36,
Alumine, 24. Acide fluorique et eau, 40.

Par Vauquelin. Soude, 32. Alumine, 21. Acide fluorique
et eau, 47.

GLAUBÉRITE.

Note 34.

Les diagonales soit du rhombe de la base (fig. 13), soit de
celui que l'on obtient en coupant le solide perpendiculairement aux arêtes B, D, sont entre elles comme $\sqrt{5}$ à $\sqrt{3}$.

Analyse, par Brongniart. (Journ. des Mines, n° 133, p. 17.)
Chaux sulfatée anhydre, 49. Soude sulfatée anhydre, 51.

J'ai placé le glaubérite séparément, à la suite des substances
acidifères, parce qu'il serait assez difficile, dans l'état actuel
de nos connaissances, de déterminer le rang qu'il doit occuper
parmi ces substances, ainsi que de lui donner un nom tiré de
sa composition. M. Brongniart, auquel nous sommes redevables
de la description et de l'analyse de ce minéral intéressant, le
regarde comme formé de deux sels distincts, savoir, la chaux
sulfatée et la soude sulfatée, l'une et l'autre anhydres; d'où il
paraîtrait résulter que les molécules intégrantes des deux composans existent toutes formées dans le glaubérite. Ces sortes de
réunions ne sont pas sans exemple. Ainsi M. Leblanc ayant
fait dissoudre ensemble du sulfate de cuivre et du sulfate de
fer, obtint des cristaux composés de ces deux substances.
Mais leur forme primitive était celle du sulfate de fer, qui
avait communiqué au mixte le caractère de sa cristallisation particulière. Il s'agirait donc de savoir si le glaubérite ne
se trouve pas dans un cas semblable. Il est d'abord évident
que sa forme n'a rien de commun avec celle de la chaux
sulfatée anhydre, dont toutes les faces sont perpendiculaires
entre elles. Mais nous ne connaissons pas celle de la soude
sulfatée anhydre, et tant que cette connaissance nous man-
quera, il restera de l'incertitude sur la classification du glaubérite. Ce qu'il y a de bien prouvé, même d'après les seuls résultats de la géométrie des cristaux, c'est que ce sel doit être
regardé comme une espèce distinguée de toutes les autres.
Au reste, si de nouvelles recherches démontraient que, dans

le cas présent, les deux molécules se combinent de manière à en produire une troisième d'une forme différente, il n'en résulterait aucune objection contre la théorie de la cristallisation. C'est un problème dont la solution intéresse plus la chimie que la minéralogie.

QUARZ.

Note 35.

Dans la forme primitive (fig. 1), le rapport des deux diagonales est celui de $\sqrt{15}$ à $\sqrt{13}$.

Analyse du quarz violet, dit *Améthyste*, par Rose.

Silice, 97,5. Alumine, 0,25. Fer oxydé, 0,5. Manganèse oxydé, 0,25. Perte, 1,5.

Du quarz-hyalin rubigineux, par Bucholz. (K., p. 25.)

Silice, 93,5. Oxyde de fer, 0,5. Eau, 0,1. Perte, 5,9.

Du quarz granulaire vert-jaunâtre, par Laugier. (Annal. du Mus., t. V, 28e Cahier, p. 231).

Silice, 85. Oxyde de fer, 8. Eau, 7.

Du quarz-agathe cornaline, par Tromsdorff. (Annales de Crell, 1800, p. 107.)

Silice, 99. Perte, 1.

Du quarz-agathe pyromaque gris-noirâtre, par Klaproth. (B., t. 1, p. 46.)

Silice, 98. Chaux, 0,5. Alumine, 0,25. Oxyde de fer, 0,25. Parties volatiles, 1.

Du quarz-résinite commun dit *Menilite*, par Klaproth. (B., t. 11, p. 169.)

Silice, 85,5. Alumine, 1. Fer oxydé, 0,5. Chaux, 0,5. Eau et substance charbonneuse, 11 Perte, 1,5.

On voit, en comparant les résultats de ces analyses, que des modifications du quarz, dont on a fait des espèces distinctes, n'offrent aucune différence chimique essentielle dans leur composition. Il me semble qu'il n'y a pas plus de raison pour établir une ligne de séparation entre le quarz-agathe pyromaque, par exemple, et le quarz-hyalin, qu'entre la chaux carbonatée

compacte et la même substance à l'état cristallin. J'ai du quarz
pyromaque gris, auquel adhèrent de petits cristaux de quarz
hyalin, dont la matière se fond presque imperceptiblement
avec celle du support, ensorte qu'il est visible que les molécules intégrantes siliceuses, qui dans le quarz pyromaque
étaient disposées confusément, et peut-être logeaient dans leurs
interstices une petite quantité de matière hétérogène, n'ont fait
autre chose que s'épurer et passer à un arrangement symétrique, pour produire les cristaux situés à la surface. La chaux
carbonatée compacte jaunâtre de Cousons, que je cite ici par
préférence, offre une limite bien plus tranchée avec la matière
des beaux cristaux limpides de chaux carbonatée inverse auxquels elle sert de support. On n'a cependant pas fait de la
chaux carbonatée compacte une espèce à part.

Le quarz hémathoïde est lié au quarz hyalin transparent par
sa forme et par le tissu vitreux qu'offrent une partie de ses
cristaux. D'autres morceaux, soit cristallisés, soit en masses,
dont la pâte est moins fine, ne diffèrent du quarz rubigineux,
que par la couleur rouge du fer disséminé entre leurs molécules
propres. Dans le quarz jaune-verdâtre, le fer prend une autre
teinte sous laquelle il est même assez rare de le rencontrer
lorsqu'il fait la fonction de principe colorant. Mais il me semble
que la présence de ce métal, en quantité sensible, ne détermine pas plus une distinction spécifique dans les cas dont je
viens de parler, qu'à l'égard du feld-spath compacte, par
exemple, que l'on a réuni avec l'adulaire, quoiqu'il contienne
$\frac{1}{15}$ de fer, tandis que l'adulaire n'en donne pas un atôme.

La variété primitive du quarz hyalin a été trouvée aux environs de Liége, en petits cristaux qui occupent les cavités d'un
quarz gris-noirâtre. La calcédoine bleuâtre forme quelquefois
des groupes de cristaux qui paraissent être des rhomboïdes un
peu obtus, semblables à celui du quarz, et qui reposent sur
des couches de la même substance. La matière de ces couches
n'a que le luisant très-faible de la calcédoine ordinaire. Mais
elle a pris un aspect qui tire sur le vitreux, en passant à l'état
de cristallisation. Cette succession des cristaux aux couches

enveloppantes, analogue à celle qui a lieu dans une multitude de géodes quarzeuses et autres, semble annoncer que les cristaux dont il s'agit ont été produits immédiatement par les lois de l'affinité qui sollicitait les molécules siliceuses. Cependant, il ne me paraît pas démontré que ces cristaux ne soient pas des pseudomorphoses.

A l'égard des cristaux presque cubiques, dont la matière est un quarz blanchâtre, et que l'on trouve engagés dans un fer oxydé rouge, je me suis assuré que leur forme n'est point celle d'un rhomboïde un peu obtus, comme cela aurait lieu dans le cas d'une cristallisation produite d'un premier jet, mais celle d'un rhomboïde un peu aigu, semblable à la forme primitive du fer oligiste. Nous verrons dans la suite, que l'oxyde de fer rouge dont il s'agit est aussi susceptible de prendre cette forme, d'où il suit que c'est le même fer qui a fourni le type de la pseudomorphose.

La variété de quarz-hyalin, que j'ai nommée *Ondulée*, présente l'apparence d'une matière vitreuse qui aurait coulé. M. Launoy l'a rapportée, il y a long-temps, des environs du cap de Gate. D'après les observations récentes faites par M. Tondi, dans le voisinage de ce cap, l'endroit où elle se trouve est celui qu'on appelle *Granatillo*, à cause de la grande quantité de grenats qui, après s'être dégagés de la roche qui les renfermait, se sont répandus sur la terre, au point que les lits des anciens torrens en sont tout couverts. M. Tondi a recueilli des morceaux de cette variété de quarz qui offrent de belles couleurs d'opale.

ZIRCON.

Note 36.

Si l'on soudivise une des faces primitives en deux triangles, par une ligne menée du sommet A (fig. 10), sur le milieu du côté D, les trois côtés de chaque triangle seront entre eux sensiblement dans le rapport des nombres 5, 4 et 3.

Analyse du zircon de Ceylan, hyazinth de Werner, par Klaproth. (B., t. I, p. 231.)

Zircone, 70. Silice, 25. Oxyde de fer, 0,5. Perte, 4,5.

Du zircon de Ceylan, zirkon de Werner, par le même. (*Ibid.*, p. 222.)

Zircone, 69. Silice, 26,5. Oxyde de fer, 0,5. Perte, 4.

Du zircon d'Expailly, en France, par Vauquelin. (Journal des Mines, n° 26, p. 106.)

Zircone, 66. Silice, 31. Oxyde de fer, 2. Perte, 1.

Du zircon de Norwège, zirkonit de Reuss, par le même. (B., t. III, p. 271.)

Zircone, 65. Silice, 33. Oxyde de fer, 1. Perte, 1.

Je ne connais aucun rapprochement qui soit mieux démontré par l'accord de la Chimie avec la Cristallographie, que celui des trois substances appelées *Zircon*, *Hyacinthe* et *Zirkonit* (1). La seule différence un peu sensible entre le zircon et l'hyacinthe consiste en ce que les joints naturels de celle-ci sont plus apparens et plus faciles à saisir. Quant au zirkonit, M. Reuss pense qu'il ne peut être regardé comme une variété du zircon, lorsque l'on compare ses caractères extérieurs avec ceux de ce minéral (Traité de Minéral. Appendice, 2ᵉ partie, p. 470). J'ai fait cette comparaison avec beaucoup de soin, et je n'y ai rien vu qui soit favorable à l'opinion de M. Reuss, si ce n'est que le zircon, qui est quelquefois brun comme le zirkonit, offre de plus, dans certaines variétés, le gris, le vert, le rougeâtre et le jaunâtre.

CORINDON.

Note 37.

Dans la forme primitive, le rapport des diagonales est celui de $\sqrt{15}$ à $\sqrt{17}$.

---

(1) Ce dernier minéral n'a été analysé par M. Klaproth, que depuis l'impression de mon Traité, où j'avais changé le nom de *Vésuvienne* (Idocrase), qu'on lui avait d'abord donné, en celui de *Zircon soustractif*. Me permettra-t-on d'ajouter que le résultat de cette analyse a fourni au célèbre chimiste de Berlin, l'occasion d'honorer de son suffrage la Géométrie des cristaux ?

Analyse du corindon hyalin bleu, par Klaproth. (B., t. 1, p. 88.)

Alumine, 98,5. Chaux, 0,5. Oxyde de fer, 1.

Du même, par Chenevix. (Transact. philos. 1802.)

Alumine, 92. Silice, 5,25. Fer, 1. Perte, 1,75.

Du corindon hyalin rouge, par le même, *ibid.*

Alumine, 90. Silice, 7. Fer, 1,2. Perte, 1,8.

Du corindon harmophane du Bengale, par Klaproth. (B., t. 1, p. 77.)

Alumine, 89,5. Silice, 5,5. Oxyde de fer, 1,25. Perte, 3,75.

Du corindon harmophane de la Chine, par le même. (*Ibid.*, p. 73.)

Alumine, 84. Silice, 6,5. Oxyde de fer, 7,5. Perte, 2.

Du corindon granulaire, par Vauquelin. (Nouvelles Annales de Chimie, t. V, p. 475.)

Alumine, 53,83. Silice, 12,66. Chaux, 1,66. Fer oxydé, 24,66. Perte, 7,19.

La première idée du rapprochement entre le corindon et les saphirs, rubis et topazes d'orient de l'ancienne minéralogie, est due à Romé de Lille, et lui avait été suggérée par la comparaison de deux modèles en bois, de saphir, que lui avait envoyés M. Werner, avec les résultats que j'avais obtenus sur la division mécanique du corindon de la Chine (Journal de Phys., Mars., 1787, p. 193). Les savantes observations du célèbre Bournon, consignées long-temps après dans les Transactions philosophiques de 1802, étaient d'une grande force en faveur de ce rapprochement. Mais quoique j'eusse connaissance de ces observations, à l'époque où j'ai publié mon Traité, et que j'aye même donné dès-lors un exemple de la traduction des signes représentatifs analogues à la forme que j'avais adoptée hypothétiquement pour la gemme orientale ou la télésie (Traité, t. II, p. 480, note 1, et t. III, p. 15), en ceux qui se rapportaient au véritable noyau, je ne me suis déterminé à réunir les deux substances dont il s'agit, qu'après que de nouvelles recherches eurent éclairci les doutes qui m'avaient fait suspendre mon jugement. Voyez le tableau des espèces minérales, par M. Lucas fils, p. 261, où ce savant minéralogiste a donné l'extrait de ce que j'ai dit à ce sujet dans mon Cours de l'an XII.

J'observerai ici que les cristaux qui se trouvent décrits dans mon Traité, sous le nom de *Télésie*, sont du nombre des anciennes gemmes orientales rapportées de l'Inde. J'avais profité d'une occasion favorable pour en acquérir une certaine quantité, dont la cristallisation présentait une double pyramide plus ou moins aiguë. Ce sont surtout ces cristaux qui, étant brisés, montrent d'une manière évidente les joints perpendiculaires à l'axe, que j'ai annoncés dans ma description. Ils ont lieu plus rarement, et d'une manière moins sensible, dans les cristaux appelés *Spaths adamantins*, où j'ai fini cependant par les apercevoir distinctement. J'ajouterai qu'avant la publication du travail de M. de Bournon, mes observations jointes à celles de M. Brochant, avaient indiqué la réunion des corindons rouges et transparens de Ceylan, qui étaient de véritables rubis orientaux, avec le corindon gris et opaque de la Chine (Mémoires de la Société d'Hist. naturelle de Paris, prairial, an 7, p. 155), ensorte que les recherches qui me restaient à faire avaient surtout pour objet la comparaison de ce dernier corindon, ainsi que de ceux du Bengale et de Ceylan, avec les cristaux dont j'ai parlé d'abord, et qui avaient été à l'égard des lapidaires, comme les prémices de la gemme orientale.

M. Klaproth a trouvé environ six parties de silice sur cent, dans les corindons qu'il a analysés, tandis que le saphir oriental ne lui en a pas offert un atôme. M. Chenevix de son côté ayant soumis à l'analyse plusieurs cristaux de ce dernier minéral, en a retiré à peu près la même quantité de silice que celle qui existe dans le corindon. Ces divers résultats comparés entre eux, prouvent que la silice n'est qu'un principe accidentel à la composition des deux substances.

Cependant les minéralogistes étrangers continuent de regarder ces substances comme des espèces distinctes, guidés sans doute par les contrastes que présentent leurs caractères apparens, lorsqu'on les compare dans certains individus. Mais outre que ces différences sont effacées par l'identité de molécule , jointe à la conformité des caractères physiques qui tiennent de près à la nature des corps , comme la dureté et la pesanteur spécifique , il semble que la cristallisation ait voulu , dans le cas présent , opposer le témoignage des yeux à lui-même , en donnant à des corindons pris parmi ceux qui tranchent le plus, les uns à côté des autres , par leur éclat , par leur couleur et autres accidens , des formes dont la ressemblance est parfaite à tous égards , comme celle de la variété que j'ai nommée *Uniternaire* (1). D'ailleurs la limite que l'observation des caractères extérieurs semble tracer entre les corps dont il s'agit, disparaît à son tour dans des suites d'individus pris surtout parmi ceux que l'on trouve au Bengale , et qui offrent une succession de nuances à l'aide de laquelle ce qu'on appelle *Corindon* et *Spath adamantin* passe imperceptiblement à un état qui réveille l'idée de rubis ou de saphir. Le seule mode de soudivision que comportent ces corps , est celui que j'ai adopté , en distinguant ici deux sous-espèces , d'après les différences de tissu et de facilité dans le clivage , et en faisant une troisième sous-espèce de la substance nommée *Eméril* , dont la texture est granuleuse.

CYMOPHANE.

Note 38.

Dans la forme primitive (fig. 5) , le rapport exact des lignes C , B , G , est celui des nombres $\sqrt{6}$, $\sqrt{3}$ et $\sqrt{2}$.

Analyse , par Klaproth , (B. , t. 1, p. 102).

---

(1) M. Reuss qui fait du saphir et du rubis deux espèces séparées , s'appuie sur une observation de M. Herder , d'après laquelle ces deux minéraux n'auraient aucun rapport entre eux par leur cristallisation (Traité, t. 1, 2ᵉ partie, p. 463). Il est bien vrai qu'il y a des variétés de saphir dont les formes diffèrent par le nombre et par les positions de leurs facettes , de celles que présentent des variétés analogues au rubis. Mais la différence dont il s'agit dépend uniquement de celle qui existe entre des lois de décroissemens qui se rapportent aux mêmes molécules et à la même forme primitive. Elle se concilie parfaitement avec l'identité d'espèce ; elle en fournit même une nouvelle preuve. M. Herder paraît avoir pris des lois différentes pour des lois incompatibles.

Alumine , 71,5. Silice , 18. Chaux , 6. Oxyde de fer , 1,5. Perte , 3.

SPINELLE.

Note 39.

Analyse du spinelle transparent et rouge , par Vauquelin. (Journ. des Mines , n° 38, p. 89). Alumine, 82,47. Magnésie, 8,78. Acide chromique , 6,18. Perte , 2,57.

Du même , par Klaproth. (B. , t. II , p. 10.) Alumine , 74,5. Silice , 15,5. Magnésie, 8,25. Oxyde de fer , 1,5. Chaux , 0,75. Total , 100,5.

Du spinelle , *Pléonaste et Ceylanite*, par Collet Descotils. (Journ. des Mines , n° 30, p. 426.) Alumine , 68. Magnésie , 12. Silice , 2. Oxyde de fer , 16. Perte , 2.

Quoique la forme de l'octaèdre régulier ne soit pas caractéristique par elle-même , j'avais été frappé de la conformité des qualités physiques , qui , dans le spinelle et dans la substance , connue alors sous le nom de *Ceylanite* , étaient associées à cette même forme ; mais le défaut d'accord entre les résultats des analyses faites par MM. Vauquelin et Descotils , m'ayant porté à regarder les deux substances comme étant de diverse nature , (Traité , t. III , p. 20) , j'en fis deux espèces séparées. J'avais été confirmé dans mon opinion par l'analyse du spinelle qu'a publiée M. Klaproth , et qui a donné 15,5 de silice ; tandis que cette terre est nulle ou presque nulle dans les autres analyses , qui diffèrent par le rapport entre les quantités d'alumine et de magnésie , et de plus , en ce que dans le résultat de Vauquelin on trouve 6,18 d'acide chromique , et dans celui de Descotils , 16 de fer sans acide. L'espèce de surabondance qu'offrait la variété unibinaire de ceylanite , où chaque angle solide de la forme primitive est remplacé par quatre facettes, tandis que ces angles étaient intacts dans les cristaux de spinelle , m'avait suggéré le nom de *Pléonaste* , *au défaut d'un caractère plus tranché*. (*Ibid.* , p. 21). L'observation de ces mêmes facettes dans un spinelle rouge transparent , qui m'a été donné par M. Tondi , a fait disparaître depuis la différence

entre les deux systèmes de cristallisation, et l'analogie qui les
lie maintenant l'un à l'autre, est d'autant plus remarquable,
qu'aucune autre substance n'offre de semblables facettes autour
d'un octaèdre régulier. J'en ai conclu qu'il n'y avait plus de
pléonaste, mais seulement des variétés de spinelle, d'une
couleur purpurine, verte, bleue ou noire ; car on connaît des
cristaux de toutes ces teintes. M. Klaproth a cité des spinelles, les uns limpides, les autres d'un bleu de saphir, et
d'autres encore d'une couleur verte, qui se trouvent à Londres
dans diverses collections. (B. , t. II, p. 4.) Ne seraient-ce
point des pléonastes que l'on aurait identifiés, sans le savoir,
avec le spinelle ? J'ai moi-même, dans ma collection, deux
octaèdres trouvés à Ceylan, parmi des spinelles rouges, dont
l'un est presque incolore, et l'autre presque noir, avec une
très-légère teinte de rouge, ensorte que les observations de
tous les genres tendent à effacer la limite entre le pléonaste
et le spinelle.

ÉMERAUDE.

Note 40.

Analyse de l'émeraude du Pérou, par Vauquelin. (Journ.
des Mines, n° 33, p. 97.)

Silice, 64,5. Alumine, 16. Glucyne, 13. Oxyde de Chrome,
3,25. Chaux, 1,6. Matières volatiles, 1,65.

De l'émeraude, dite *Aiguemarine de Sibérie*, par le même.
Id., n° 45, p. 563.

Silice, 68. Alumine, 15. Glucyne, 14. Chaux, 2. Oxyde
de fer, 1.

J'ai considéré les molécules de l'oxide de chrome que renferme l'émeraude verte, comme simplement disséminées dans
ce minéral, ou comme s'y trouvant par voie de mélange.
(Traité, t. IV, p. 415). M. Bertholet pense qu'elles y sont à
l'état de combinaison, proprement dite (Statique chimique,
t. I, p. 439). Sans entrer ici dans une discussion sur ce qu'on
doit entendre par *combinaison*, je me bornerai à remarquer
que tout ce que j'ai prétendu, c'est que les principes colorans

ne sont point de l'essence des molécules intégrantes , ensorte que quand celles de deux minéraux , qui d'ailleurs n'ont pas le même principe colorant , sont semblables entre elles par leurs formes et par leurs dimensions, les différences du principe dont il s'agit , ne doivent pas empêcher de réunir ces minéraux dans une seule espèce. M. Bertholet ne peut se dispenser , s'il veut être d'accord avec lui-même , d'adopter cette induction : car voici comment s'exprime, quelques pages plus bas , cet illustre chimiste , en parlant de l'application que j'ai faite des lois de la structure à l'émeraude elle-même , et qui semble avoir fixé plus particulièrement son attention que les autres. « Ces recherches si laborieuses n'ont encore conduit qu'à une indication intéressante pour la Minéralogie, celle de l'*identité* de composition dans l'émeraude et le béril , qui a été confirmée par Vauquelin , et qui se trouve liée à la découverte d'une nouvelle terre. » (*Ibid.* , p. 448.) Or le béril ne renferme pas un atome d'oxyde de chrome , mais seulement une petite quantité d'oxyde de fer , qui y fait la fonction de principe colorant. Ainsi l'identité de composition subsiste , en même temps que l'identité de forme élémentaire , indépendamment des principes colorans , ce qui est parfaitement conforme à ma manière de voir.

EUCLASE.

Note 41.

Dans la forme primitive (fig. 5) , le rapport des trois dimensions C , B , G , est celui des quantités $\sqrt{12}$, $\sqrt{5}$ et $\sqrt{8}$.

Analyse , par Vauquelin , sur une quantité de 36 grains.

Silice , 35 à 36. Alumine , 18 à 19. Glucyne , 14 à 15. Fer , 2 à 3. Perte , 31 à 27.

GRENAT.

Note 42.

Dans la forme primitive (fig. 18), le rapport des diagonales de chaque rhombe , est celui de $\sqrt{2}$ à 1.

Analyse du grenat (Almandin de Karsten , Edler Granat de Werner) , par Klaproth. (B., t. II, p. 26).

Silice , 35,75. Alumine , 27,25. Oxyde de fer , 36. Oxyde de manganèse , 0,25. Perte , 0,75.

Du grenat rouge trapézoïdal de Bohême , le même que le précédent , par Vauquelin.

Silice,36. Alumine,22. Chaux,3. Oxydedefer,41.Total,102.

Du grenat commun olivâtre de Sibérie. Gemeiner Granat, W. et K. ; par Klaproth.   B. t. IV , p. 323).

Silice, 44. Alumine , 8,5. Chaux , 33,5. Oxyde de fer , 12, Oxyde de manganèse et perte , 2.

Du grenat noir, dit *Mélanite.* Schlackiger Granat , K. , par Klaproth. (B. des Scienc. de la Soc. Phil. , juill. 1808 , p. 171.)

Silice, 35,5. Alumine , 6. Chaux , 32,5. Oxyde de fer , 25,25. Oxyde de manganèse , 0,4. Perte , 0,35.

Du grenat résinite , dit *Colophonite ;* Pech-Granat, K. , par Simon. *id.* , avril 1808 , p. 125;

Silice, 35. Alumine , 15. Chaux , 29. Magnésie , 6,5. Fer , 7,5. Manganèse , 4,75. Titane oxydé , 0,5. Eau , 1. Perte , 0,75.

D'un grenat rouge du Pic d'Eres-lids , en petits cristaux dodécaèdres, par Vauquelin. (Journ. des Min. , n° 44, p. 571).

Silice , 52. Alumine , 20. Oxyde de fer , 17. Carbonate de chaux , 14, ce qui fait 7,7 de chaux. Perte , 3,3.

Si l'on fait abstraction de la chaux , on a les proportions suivantes : silice , 56,33. Alumine , 21,66. Oxyde de fer , 18,4. Perte , 3,61.

D'un grenat noirâtre du même endroit , en cristaux dodé-caèdres , par le même. *ibid.* , p. 574.

Silice, 43. Alumine , 16. Chaux , 20. Oxyde de fer , 16. Eau et matière volatile , 5. Perte , 1.

En faisant abstraction de la chaux , qui était aussi à l'état de carbonate , on trouve : silice , 54. Alumine , 20. Fer oxydé , 20. Eau et matière volatile , 4. Perte , 1.

Du gren. granuliforme, dit *Pyrop*, par Klaproth. B. t. II, p. 21).

Silice , 40. Alumine , 28,5. Magnésie , 10. Chaux , 3,5. Fer oxydé , 16,5. Manganèse oxydé , 0,25. Perte , 1,25.

Si l'on fait abstraction de la magnésie, le résultat devient : silice, 44,4. Alumine, 31,7. Chaux, 3,9. Fer oxydé, 18,5. Manganèse oxydé, 0,28. Perte, 1,42.

Les analyses précédentes comparées entre elles, semblent indiquer trois espèces différentes :

L'une, à laquelle appartiendrait le grenat nommé *Almandin*, par M. Karsten, ne renfermerait essentiellement que de la silice et de l'alumine, à moins que l'on ne mette encore le fer au rang des principes constituans. La seconde, qui réuniraient les grenats bruns, verdâtres, etc., opaques ou translucides, que l'on trouve en une multitude d'endroits, et dans laquelle on placerait aussi le grenat noir, dit *Mélanite*, serait caractérisée par une quantité notable de chaux qu'elle contiendrait de plus que la première espèce. Dans la troisième, à laquelle se rapporterait le grenat granuliforme, pyrop de MM. Werner et Karsten, il y aurait 10 de magnésie et trèspeu de chaux. Cette distribution, qui a été adoptée par le célèbre naturaliste de Berlin, ne me paraît pas fondée sur des raisons entièrement décisives.

M. Vauquelin a trouvé dans les grenats rouges du Pic d'Ereslids $\frac{8}{100}$ de chaux, qui ne pouvaient y être qu'accidentellement, puisqu'ils provenaient du carbonate de chaux que ces grenats devaient à leur gangue calcaire, et si l'on en fait abstraction, la composition de ces grenats rentre dans celle de l'almandin, excepté qu'elle renferme plus de silice et moins de fer. Dans le résultat d'une autre analyse, faite aussi par M. Vauquelin, sur des grenats noirâtres du même endroit, ce savant indique $\frac{20}{100}$ de chaux, qu'il faut supprimer, pour la même raison, et alors le résultat s'accorde, à peu de chose près, avec le précédent.

Maintenant, si l'on compare les quantités de chaux fournies par les différens grenats analysés, on a la gradation suivante : 3; 3,5; 7,7; 20; 29; 32,5 et 33,5, dont les termes se partagent entre les trois espèces dont j'ai parlé. Or le terme 20, par exemple, étant relatif à une quantité qui évidemment est accidentelle, il faudrait avoir bien démontré que les quan-

tités suivantes 29 , 32 et 33 , qui font la principale différence
entre le grenat commun et l'almandin, ne proviennent d'aucune
cause étrangère à la composition du premier , pour qu'il ne
restât aucun nuage sur la distinction des deux espèces. Cette
observation me paraît d'autant moins à négliger , que si l'on
regarde la chaux comme un principe essentiel au grenat commun , son analyse considérée surtout dans la variété que j'ai
appelée *Grenat résinite* , et qui est le pech-granat de M. Karsten , a beaucoup d'analogie avec celle de l'idocrase , dont je
parlerai bientôt. Elle n'en est guère distinguée que par une
quantité de magnésie égale à peu près à $\frac{1}{15}$ de la masse.

Le pyrop, analysé par M. Klaproth , a donné $\frac{1}{10}$ de la même
terre. Or on sait que ce minéral est engagé dans une serpentine,
à laquelle il pourrait bien avoir emprunté des molécules ma-
gnésiennes. Faites abstraction de ce surcroît ; le pyrop ne
différera bien sensiblement de l'almandin , par son analyse ,
qu'en raison d'une quantité de fer qui n'est que la moitié de
celle que contient celui-ci.

Je ne nierai pas que les Minéralogistes n'aient peut-être placé
trop légérement certains corps dans l'espèce du grenat, d'après
la seule indication de la forme , qui n'est pas décisive dans le
cas présent , ainsi que je l'avais déjà remarqué dans mon Traité.
(T. , II , p. 555.) Mais je répéterai que nos connaissances
ne sont pas assez avancées , pour qu'en essayant de rectifier
des rapprochemens déjà faits , nous puissions nous promettre
de ne tracer aucune fausse ligne de démarcation. Je desirerais
avant tout , que l'on multipliât encore les analyses , avec le
soin d'examiner scrupuleusement l'influence que peuvent avoir
les gangues sur les résultats.

AMPHIGÈNE.

Note 43.

Analyse , par Klaproth. B. , t. II , p. 50.
Silice , 53,75. Alumine , 24,62. Potasse , 21,35. Perte , 0,28.
Les principes de l'amphigène sont les mêmes que ceux du

Feld-spath , dont il sera parlé plus bas. La variété de ce dernier minéral , nommée *Adulaire* , analysée par M. Vauquelin,
a donné le résultat suivant : Silice , 64. Alumine , 20. Potasse,
14. Perte, 2. Les différences entre les quantités de ces principes et celles qui leur correspondent dans l'amphigène , n'excèdent pas les limites des variations que la composition d'un
même minéral est susceptible de subir , ainsi qu'on aura plusieurs fois l'occasion de le remarquer dans cet Ouvrage. Mais
le contraste que présentent d'ailleurs les formes élémentaires et
les qualités physiques, ne laisse aucun lieu de douter que l'amphigène et le feld-spath ne soient essentiellement distingués
l'un de l'autre.

IDOCRASE.

Note 44.

Dans la forme primitive (fig. 7) , le rapport du côté B à
la hauteur , est celui de $\sqrt{7}$ à $\sqrt{8}$.

Analyse de l'idocrase du Vésuve , par Klaproth. (B. , t. II ,
pag. 32.)

Silice, 35,5. Chaux, 33. Alumine, 22,25. Oxyde de fer, 7,5.
Oxyde de manganèse, 0,25. Perte , 1,5.

De l'idocrase de Sibérie , par le même. (*Ibid.* , p. 38.)

Silice , 42. Chaux ,.34. Alumine , 16,25. Oxyde de fer, 5,5.
Perte , 2,25.

J'ai déjà annoncé (note 42) , que ces analyses se rapprochent de celles de certains grenats , surtout du grenat résinite ,
dans lequel M. Simon de Berlin a trouvé : silice , 35. Chaux,
29. Alumine , 15. Magnésie, 6,5. Fer, 7,5. Manganèse, 4,75,
avec une légère quantité de titane oxydé et d'eau.

D'une autre part , la pesanteur spécifique et la dureté
de l'idocrase ne s'écartent pas beaucoup de celles de plusieurs
grenats. Les formes elles-mêmes ont une certaine analogie ,
ensorte que Saussure y a été trompé , lorsqu'il a confondu le
grenat triémarginé du Dissentis avec l'idocrase, que l'on nom-
mait alors *Hyacinthe du Vésuve* (Voyage dans les Alpes,

n° 1902). Si la forme de l'idocrase était un cube , comme on pourrait le supposer d'après les mesures d'angles indiquées par Romé Delisle , cette forme étant susceptible de passer au dodécaèdre rhomboïdal du grenat , tout paraîtrait indiquer le rapprochement de ces substances. Mais une différence en elle-même assez légère entre le côté de la base du solide primitif et sa hauteur , en détermine une très-sensible dans le système de cristallisation de l'idocrase , où les décroissemens qui ont lieu autour des bases produisent des facettes qui ne se rapportent , ni par leur nombre , ni par leurs positions , à celles qui résultent des décroissemens autour des faces latérales ; au lieu que dans les grenats toutes les parties sont symétriques , et ont entre elles une ressemblance parfaite.

MÉÏONITE.
Note 45.

Le rapport entre le côté B de la base (fig. 7), et la hauteur G , qui m'a servi de donnée pour calculer les angles des cristaux secondaires , est celui de $\sqrt{21}$ à 2. Mais la petitesse des cristaux ne me permet de regarder ce rapport que comme approximatif.

FELD-SPATH.
Note 46.

Dans la forme primitive (fig. 14), si l'on fait trois coupes , l'une perpendiculaire aux arêtes C , D , et en même temps à la face P; la seconde perpendiculaire aux arêtes B , F , et en même temps à la face P; la troisième, perpendiculaire aux arêtes G , H , et en même temps à la face M ; la première est un carré , et les deux autres des parallélogrammes obliquangles, dont le côté qui passe sur T est double de l'autre. La diagonale qui va de A en O , est perpendiculaire sur l'arête H.

Analyse du Feld-spath limpide, par Vauquelin.

Silice , 64. Alumine , 20. Chaux , 2. Potasse , 14.

Du Feld-spath vert de Sibérie , par le même.

Bulletin des Sciences de la Soc. Philom., ventose an 7, n° 24, p. 185.

Silice, 62,83. Alumine, 17,02. Chaux, 3. Potasse, 13. Oxyde de fer, 1. Perte, 3,15.

Du feld-spath laminaire, dit *Petunzé*, par le même. (*Ibid.*, floréal, an 7, n° 26, p. 12.)

Silice, 74. Alumine, 14,5. Chaux, 5,5. Perte, 6.

Du feld-spath compacte ceroïde, par Godon de Saint-Memin. (Journal de Gehlen, t. III, p. 511.)

Silice, 68. Alumine, 9. Chaux, 1. Potasse, 5,55. Oxyde de fer, 4. Eau, 2,25. Perte, 0,2.

Du feld-spath tenace, par Théodore de Saussure. (Journal des Mines, n° 111, p. 217.

Silice, 44. Alumine, 30. Chaux, 4. Potasse, 0,25. Oxyde de fer, 12,5. Oxyde de manganèse, 0,05. Soude, 6. Perte, 3,2.

Du même, par Klaproth. (B., t. IV, p. 278).

Silice, 49. Alumine, 24. Chaux, 10,5. Magnésie, 3,75. Oxyde de fer, 6,5. Soude, 5,5. Perte, 0,75.

Du feld-spath décomposé, dit *Kuolin*, par Vauquelin. (Bulletin des Sciences de la Société Philom., floréal an 7, p. 12).

Silice, 71,15. Alumine, 15,86. Chaux, 1,92. Eau, 6,73. Perte, 4,34.

Cette dernière variété provient d'une altération qu'a subie le feld-spath, par le dégagement de la potasse qui entrait dans sa composition. Il passe alors à l'état terreux, et devient infusible. Ce feld-spath altéré ne me paraît pas former une espèce séparée, parce qu'on ne doit considérer comme espèces que les corps produits d'un premier jet par la nature, tels que l'observation nous les offre. Sa véritable place est dans un appendice au feld-spath intact, dont il porte quelquefois l'empreinte, par des indices de forme cristalline.

Le feld-spath, que j'appelle *tenace*, et que j'avais laissé jusques-là sous le nom de *Jade*, parmi les substances dont la classification était indéterminée, forme des masses considérables dans les terrains primitifs, et à en juger par cette ma-

nière d'être, jointe à sa fusibilité et à son tissu compacte, on sera
porté à le regarder comme voisin du pétrosilex d'ancienne formation qui maintenant est réuni au feld-spath, sous le nom
de *Feld-spath compacte*. Dans cette opinion, on peut attribuer
l'excès de pesanteur et de dureté du feld-spath tenace à un
mélange de quelque matière accidentelle à sa composition.
M. Théodore de Saussure observe lui-même, dans l'intéressant article qu'il a publié sur ce sujet (Journal des Mines,
n° 111, p. 205), que si le jade tenace diffère beaucoup du
feld-spath ordinaire, par ses caractères extérieurs, lorsque l'on
compare les extrêmes, il y a entre ces deux minéraux des
transitions qui finissent par les confondre, ce qui ne peut s'entendre que de deux variétés d'une même espèce. Cependant
M. de Saussure finit par conclure que le feld-spath et le jade
tenace présentent dans leur composition et dans leurs caractères des différences assez tranchées, pour que l'on en fasse
des espèces distinctes. Ce qui m'a surtout empêché de me
rendre à l'opinion de ce savant célèbre, c'est l'observation d'un
morceau d'un blanc-grisâtre, très-sensiblement lamelleux,
divisible dans deux sens perpendiculaires entre eux, donnant
des étincelles par le choc du briquet, et renfermant de la
diallage métalloïde. Rien ne ressemble mieux à un feld-spath,
et particulièrement à celui qui est connu sous le nom de *Pétunzé*. D'une autre part, il est visible que le feld-spath tenace
ordinaire n'est que ce même minéral devenu compacte, et la
parfaite ressemblance entre les lames de diallage qui ont pour
gangue ces deux substances, semble établir entre elles un lien
de plus. Il n'y a point là proprement de transition, mais seulement une différence de tissu analogue à celle que présentent
les variétés d'une multitude de minéraux. A la vérité, les quantités relatives de silice et d'alumine retirées du feld-spath tenace, diffèrent de celles qui ont été trouvées dans le feld-spath
ordinaire. D'ailleurs le résultat de M. de Saussure n'offre
que 0,25 de potasse, et celui de M. Klaproth n'en indique
pas. On a, au lieu de cet alkali, environ $\frac{6}{100}$ de soude. Mais le
petunzé n'a point donné non plus de potasse, et en supposant

que la perte qui a été de $\frac{6}{100}$ provienne d'une égale quantité de
ce dernier alkali, cette quantité serait beaucoup moindre que
celle qui est renfermée dans le feld-spath ordinaire, et qui va
jusqu'a $\frac{14}{100}$. D'ailleurs il est à remarquer que l'analyse dont il
s'agit a suivi de près celle du feld-spath vert, où la potasse
n'avait point échappé. Je crois donc être d'autant mieux fondé
à placer la substance qui est l'objet de cet article, au moins
par appendice, à côté du feld-spath, que les résultats de la
chimie laissant ici des difficultés à éclaircir, ne paraissent pas
balancer les fortes considérations qui se tirent de la forme et
des autres caractères, en faveur du rapprochement dont il s'agit.

APOPHYLLITE.

Note 47.

Dans la forme primitive (fig. 5), le rapport de trois lignes C,
G, B est celui des quantités $\sqrt{8}$, $\sqrt{9}$ et $\sqrt{13}$.

Analyse de l'apophyllite, par Fourcroy et Vauquelin.(Annales
du Mus. d'Hist. nat., t. V, p. 317.)

Silice, 51. Chaux, 28. Potasse, 4. Eau, 17.

Par Rose. (Journal de Gehlen, t. V, p. 44.)

Silice, 55. Chaux, 25. Potasse, 2,25. Eau, 15. Perte, 2,75.

L'apophyllite, dont on a fait d'abord une zéolithe, et que
l'on a soupçonné depuis être une variété de feld-spath, est une
des espèces le mieux circonscrites par les résultats de la chimie
et de la cristallographie.

TRIPHANE.

Note 48.

Analyse récente, par Vauquelin.

Silice, 64,4. Alumine, 24,4. Chaux, 3. Potasse, 5. Fer
oxydé, 2,2. Perte, 1.

Le triphane n'ayant encore été trouvé jusqu'ici qu'en masses
lamelleuses, je n'ai pu observer avec une entière précision les
incidences respectives de ses joints naturels, ni avoir les données
nécessaires pour déterminer les dimensions de sa molécule.

Mais les résultats que j'ai obtenus me paraissent suffire pour le distinguer·du feld-spath, avec lequel il a une certaine analogie. Il en diffère encore par une pesanteur spécifique plus forte dans le rapport d'environ 6 à 5. Quant à sa composition, elle offre à peu près autant de silice, d'alumine et de chaux que celle du feld-spath. Mais la quantité de potasse n'y est guère que le tiers de celle qui existe dans l'autre substance; et comme d'ailleurs elle ne forme que $\frac{1}{20}$ de la totalité, on pourrait être tenté de croire qu'elle est accidentelle, et provient du feld-spath lui-même, qui est associé au triphane, et quelquefois s'interpose entre ses lames.

AXINITE.

Note 49.

Dans la forme primitive (fig. 15), le côté B pris pour rayon est au cosinus de l'angle A comme 5 est à 1. Si l'on fait B=5, on aura C=4, et H=10.

La découverte faite par M. Brard, de la vertu pyroélectrique dans les axinites (Manuel du Minér. et du Géol. voyageur), m'ayant engagé à revoir avec attention les cristaux de cette substance, j'en ai trouvé plusieurs qui dérogeaient à la symétrie par une différence de configuration entre leurs parties opposées, et qui en même temps devenaient électriques par la chaleur, tandis que cette propriété m'a paru être nulle dans d'autres cristaux dont la forme était symétrique. Je me propose de suivre ces observations, et de faire les changemens qu'elles sollicitent dans la description des cristaux d'axinite.

Analyse de l'axinite de l'Oisans, par Klaproth. (B., t. II, p. 126.)

Silice, 52,7. Chaux, 9,4. Alumine, 25,6. Oxyde de fer et de manganèse, 9,6. Perte, 2,7.

Du même, par Vauquelin. (Journal des Mines, n° 23, p. 1 et suiv.)

Silice, 44. Chaux, 19. Alumine, 18. Oxyde de fer, 14. Oxyde de manganèse, 4. Perte, 1.

On devait s'attendre d'autant moins à la grande différence

que présentent ces deux analyses dans le rapport des principes composans, qu'elles ont eu l'une et l'autre pour sujet l'axinite de l'Oisans, qui est toujours cristallisée et transparente. Nous ne pouvons que partager le desir qu'a exprimé M. Vauquelin, dans son Mémoire sur l'axinite, pour que l'analyse de cette substance soit répétée.

Si l'on compare au résultat obtenu par ce savant, et qu'il dit lui-même avoir été soigné, celui que lui a donné le grenat noirâtre du Pic d'Eres-lids (note 42), on remarquera entre l'un et l'autre une conformité presque parfaite. Mais les vingt parties de chaux extraites du grenat avaient été fournies par la gangue calcaire de ce minéral. Que l'on en fasse abstraction ; dès-lors les analyses cesseront de s'accorder, et l'on n'aura plus lieu d'objecter à la chimie que, dans le cas présent, elle tend à identifier des substances dont la séparation est commandée par les contrastes que présentent les formes des molécules et les propriétés physiques.

TOURMALINE.

Note 5o.

Dans le rhomboïde primitif, le rapport des diagonales est celui de $\sqrt{19}$ à $\sqrt{8}$, d'où il suit que le côté du rhombe est à la moitié de la petite diagonale comme $3\sqrt{3}$ à $2\sqrt{2}$. De nouvelles mesures prises sur des cristaux mieux prononcés que ceux qui avaient servi à mes premières observations, m'ont déterminé à faire ici une correction au rapport des diagonales, d'où résulte une différence d'environ $1^d\frac{1}{2}$ dans les incidences des faces primitives.

Analyse de la tourmaline verte du Brésil, par Vauquelin. (Annales de Chimie, n° 88, p. 105.)

Silice, 40. Alumine, 39. Chaux, 3,84. Oxyde de fer, 12,5. Oxyde de manganèse, 2. Perte, 2,66.

De la tourmaline noire, par Klaproth. (Karsten, Tableau minér., nouvelle édit., p. 46.)

Silice, 35. Alumine, 40. Fer oxydé, 22. Perte, 3.

De la tourmaline violette transparente de Sibérie, par Vauquelin. (Annales du Mus., t. III, p. 243.)

Silice, 42. Alumine, 40. Soude, 10. Oxyde de manganèse
mêlé d'un peu de fer, 7. Perte, 1.

De la tourmaline opaque, violet-noirâtre, du même endroit,
par le même. (*Ibid.*, p. 244.)

Silice, 45. Alumine, 30. Soude, 10. Oxyde de fer et de
manganèse, 13. Perte, 2.

De la tourmaline rougeâtre de Rosena, par Klaproth. (Journ.
des Mines, n° 137, p. 383.)

Silice, 43,5. Alumine, 42,25. Soude, 9. Oxyde de manganèse, 1,5. Chaux, 0,1. Eau, 1,25. Perte, 2,4.

On ne peut douter que le rubellit, connu aussi sous le nom
de *Sibérite*, ne soit une variété de la tourmaline, d'après la
forme de sa molécule, et sa cristallisation qui déroge à la
symétrie, par une suite de la corrélation qui existe entre les
formes des parties opposées et les pôles électriques (*Voyez* les
Annales du Muséum, t. III, p. 240). Cependant les analyses de
la tourmaline verte et de la noire par MM. Klaproth et Vauquelin, n'ont pas donné de soude, tandis que dans le rubellit
cet alkali forme $\frac{1}{10}$ de la masse. La pierre de Rosena que
j'avais aussi réunie à la tourmaline dans mes Cours précédens,
renferme à peu près la même quantité de soude, suivant l'analyse qui en a été faite par M. Klaproth. On doit imputer la
divergence qui se trouve entre les anciens résultats, qui ont eu
pour objet les tourmalines vertes et noires et ceux qui ont
été obtenus depuis à l'égard des tourmalines violettes, aux
progrès qu'a faits l'analyse, depuis que les chimistes ont com-
mencé à reconnaître dans les minéraux l'existence des alkalis,
qui avaient d'abord échappé à leurs recherches.

AMPHIBOLE.

Note 51.

Dans la forme primitive (fig. 16), le sinus de la moitié de
l'inclinaison de M sur M est au cosinus comme $\sqrt{29}$ à $\sqrt{8}$.
La ligne menée de l'extrémité supérieure de l'arête H à l'extré-

mité inférieure de l'arête opposée fait un angle droit avec l'une et l'autre, et son rapport avec chacune d'elles est celui de $\sqrt{14}$ à 1.

Analyse d'un amphibole cristallisé, par Klaproth. (Karsten, Tableau minéral., p. 38.)

Silice, 47. Chaux, 8. Magnésie, 2. Alumine, 26. Oxyde de fer, 15. Matière volatile, 0,5. Perte, 1,5.

De l'amphibole cristallisé du cap de Gate, par Laugier. (Annales du Mus. d'Hist. nat., t. v, p. 79.)

Silice, 42. Chaux, 9,8. Magnésie, 10,9. Alumine, 7,69. Oxyde de fer, 22,69. Oxyde de manganèse, 1,15. Eau, 1,92. Perte, 3,85.

De l'amphibole dit *Actinote* du Zillerthal, par le même. (Annales du Mus. d'Hist. nat., t. v, p. 79.)

Silice, 50. Chaux, 9,75. Magnésie, 19,25. Alumine, 0,75. Oxyde de fer, 11. Oxyde de chrome, 5. Eau, 3. Perte, 1,25.

D'un amphibole lamellaire, par Klaproth. (Karsten, Tableau minéral., p. 39.)

Silice, 42. Chaux, 11. Alumine, 12. Fer oxydé, 32. Eau, 0,75. Perte, 2,25.

D'un amphibole dit *Grammatite* fibreuse, par Klaproth. (Annales de Crell, 1790, t. 1, p. 54.)

Silice, 65. Chaux, 18. Magnésie, 10,33. Oxyde de fer, 0,16. Eau et acide carbonique, 6,5. Perte, 0,01.

D'une grammatite commune, par Lowitz. (Annales de Crell, 1794, t. 11, p. 183.)

Silice, 52. Chaux pure, 20. Magnésie, 12. Carbonate de chaux, 12. Perte, 4.

De trois grammatites blanches du Saint-Gothard, par Laugier. (Annales du Mus., 34e Cahier, t. vi, p. 232.)

1. Silice, 35,5. Chaux, 26,5. Magnésie, 16,5. Eau et acide carbonique, 23. Total, 101,5.

2. Silice, 28,4. Chaux, 30,6. Magnésie, 18. Eau et acide carbonique, 23.

3. Silice, 41. Chaux, 15. Magnésie, 15,25. Eau et acide carbonique, 23. Perte, 5,75.

De la grammatite grise du même endroit, par le même, *ibid.*
Silice, 50. Chaux, 18. Magnésie, 25. Eau et acide carb., 5.
Perte , 2.

De la grammatite dite *Baikalite*, par Lowitz. (Reuss, Part. II ,
a, p. 173.

Silice, 44. Chaux, 20. Magnésie, 30. Oxyde de fer, 6.

Quoique j'aye séparé l'actinote de l'amphibole dans mon
Traité , j'avais annoncé, comme infiniment probable, l'identité de ces deux minéraux. Il ne me manquait que d'avoir
rencontré un actinote pourvu de son sommet naturel, pour
obtenir une donnée qui servît à déterminer la base de la molécule intégrante de cette substance. L'observation m'ayant offert
depuis un cristal qui avait une facette oblique à l'axe, je trouvai
son inclinaison égale à celle que donnerait la loi $\overset{\shortmid}{O}$, dans l'hypothèse d'une molécule semblable à celle de l'amphibole , et
ce surcroît de preuve m'engagea, dans mes derniers Cours, à
ne faire des deux substances qu'une même espèce.

A l'égard de la grammatite , M. Cordier qui, avant la publication de mon Traité, avait rapporté d'un voyage fait au
Saint-Gothard , les seuls cristaux de ce minéral que l'on eût
encore vus, avec des sommets réguliers, se chargea d'en déterminer la structure, ainsi que les lois de décroissement dont
ils dépendaient, et ce sont ses résultats qui ont servi de base
à la description que j'ai donnée de la grammatite.

Des observations plus récentes ont fait reconnaître à cet
habile naturaliste, que la différence d'environ deux degrés qu'il
avait cru appercevoir entre les angles de la grammatite et ceux
de l'amphibole , n'était que l'effet d'une petite déviation à
laquelle sont sujets la plupart des cristaux de grammatite que
l'on trouve au Saint-Gothard ; et il a fini par ne plus douter
que les deux minéraux ne dussent être réunis dans une même
espèce. Des individus exempts de l'anomalie dont j'ai parlé ,
qu'il m'avait remis lui-même, et d'autres dont j'avais fait
l'acquisition, m'ont servi à constater la justesse de la nouvelle
détermination à laquelle il est parvenu. Enfin, ce qui achève
de démontrer l'identité des deux molécules, c'est qu'il existe

en Norwège des cristaux d'amphibole noir, qui ont absolument la même forme que certaines grammatites du Saint-Gothard, savoir, celle qui appartient à la variété dihexaèdre.

Les caractères tirés de la dureté et de la pesanteur spécifique viennent à l'appui du rapprochement dont il s'agit, lorsqu'on les vérifie sur des cristaux de l'une et l'autre substance. La fusibilité ne varie que par une suite de la différence dans la quantité de fer et des autres principes que l'on doit regarder comme étrangers à la composition. Enfin cette ligne saillante que l'on observe sur la base de plusieurs grammatites, et qui m'avait suggéré ce nom, n'est qu'un accident qui ne mérite pas de compter parmi les différences vraiment essentielles.

Les caractères extérieurs eux-mêmes, lorsqu'on parcourt une série d'individus disposés convenablement, font disparaître le contraste que présente la grammatite blanche soyeuse, vis-à-vis de l'amphibole noir et opaque. La première passe graduellement à la variété d'un gris cendré, qui est bien voisine de l'actinote, et celui-ci, à mesure que sa couleur devient plus foncée, se rapproche de l'amphibole. Quant à la baïkalite, elle n'est distinguée de la grammatite que par des différences assez légères pour être négligées. J'ajouterai que l'on était quelquefois embarrassé pour décider, à l'aspect de certains individus, s'ils appartenaient à la grammatite ou à l'actinote. La même incertitude avait lieu à l'égard de ce dernier et de l'amphibole. La cristallographie concilie tout, en démontrant que tel individu qui aurait pu faire naître des discussions sur la place qu'on devait lui assigner, n'est ni une grammatite, ni un actinote, mais un amphibole.

Il ne reste plus qu'à faire voir que les analyses ramenées à leur limite ne s'opposent point à la réunion des trois substances. Toutes ont d'abord donné une quantité prédominante de silice. A l'égard de la chaux, il est à remarquer que beaucoup de grammatites contiennent accidentellement une quantité notable de chaux carbonatée provenant de la substance qui leur sert d'enveloppe, et qui est une dolomie, c'est-à-dire un mélange de cette même chaux carbonatée et de magnésie carbonatée. Aussi

M. Laugier a-t-il trouvé de l'acide carbonique uni à la chaux dans toutes les grammatites qu'il a analysées. On connaît une expérience très-intéressante du célèbre Bournon, qui, ayant laissé séjourner pendant quelque temps une grammatite dans l'acide nitrique, remarqua que la chaux carbonatée qu'elle renfermait était enlevée par l'acide qui la dissolvait, et après l'expérience, M. Chenevix ayant analysé la grammatite, n'en retira que $\frac{4}{100}$ de chaux (Journal des Mines, t. XIII, n° 75, p. 5 *et suiv.*). En général il paraît que la grammatite, indépendamment de la chaux carbonatée interposée par voie de mélange entre ses molécules, contient aussi une certaine quantité de chaux pure intimement combinée avec les autres principes, quoiqu'il ne soit pas facile de la démêler dans les analyses citées plus haut. Les trois premiers résultats obtenus par M. Laugier, et qui ont eu pour sujet des grammatites blanches du Saint-Gothard, indiquent la même quantité d'eau et d'acide carbonique, tandis que le rapport de la chaux a varié sensiblement. La quatrième analyse qui a été faite sur une grammatite grise du même endroit, a donné 18 parties de chaux et seulement 5 pour l'ensemble de l'eau et de l'acide carbonique. Ce résultat est bien différent du troisième, dans lequel la quantité de chaux n'est que de 15 parties, et celle de l'acide carbonique uni à l'eau, de 23 parties.

D'après ces remarques, on peut bien présumer que si la quantité de chaux essentielle à la grammatite était connue, elle s'accorderait avec celle que renferme l'amphibole, dans lequel elle est de 8 ou 10 parties, selon MM. Klaproth et Laugier. L'actinote du Zillerthal renferme à peu près la même quantité de chaux. Quant à la baïkalite dans laquelle M. Lowitz indique 20 parties de cette terre, on sait qu'elle se rencontre fréquemment, ainsi que la grammatite, dans les dolomies, et le silence que garde ici M. Lowitz sur l'existence de l'acide carbonique, ne paraîtra pas une raison suffisante pour séparer ces deux substances l'une de l'autre et en même temps de l'amphibole.

Suivant M. Klaproth, la magnésie est nulle dans l'amphibole lamellaire, et il n'en existe que deux parties sur cent dans l'amphibole cristallisé. M. Laugier qui a fait, avec beaucoup de soin, l'analyse de plusieurs cristaux du cap de Gate, que je lui avais remis, en a retiré $\frac{11}{100}$ de magnésie. Dans l'actinote du Zillerthal, analysé par le même savant, le rapport était de $\frac{12}{100}$, à peu près le même que dans les grammatites, prises en général. On n'est pas surpris de voir que la magnésie soit en excès dans ces deux dernières substances, puisque l'une a pour gangue un talc, et que la dolomie qui enveloppe les cristaux de l'autre contient du carbonate de magnésie, et quant au défaut d'accord entre les résultats de MM. Klaproth et Laugier, que j'ai cités en premier lieu, comme les substances qui le présentent sont des amphiboles proprement dits, la difficulté qu'il pourrait faire naître ne se tourne pas contre la cristallographie.

L'alumine ajoute de nouvelles diversités à celles dont je viens de parler. La quantité de cette terre varie depuis 8 jusqu'à 26, dans deux amphiboles analysés l'un par M. Laugier, l'autre par M. Klaproth. Elle disparaît dans les résultats que les actinotes et les grammatites ont donnés aux mêmes chimistes. Mais M. Chenevix a retiré $\frac{4}{100}$ d'alumine d'une grammatite qui avait pour gangue une dolomie, et $\frac{14}{100}$ d'une seconde dont l'enveloppe était argileuse. (Journal des Mines, *ibid.*, p. 6.)

L'oxyde de fer qui va jusqu'à 32 parties dans un amphibole lamellaire analysé par M. Klaproth, est de 15 parties dans un autre sur lequel a opéré le même chimiste : il est de 11 dans l'actinote du Zillerthal ; de 6 dans la baïkalite, et on ne le retrouve plus dans les grammatites. On sait qu'en général le fer est accidentel aux pierres, et l'on est pas étonné de le voir ici subir des variations si sensibles et finir par devenir nul.

Il résulte de cette discussion, qu'une partie des divergences qui existent entre les analyses citées plus haut, s'expliquent d'après les différentes natures des terrains où l'on trouve les substances qui ont été les sujets de ces analyses. Les autres divergences qui sont moins faciles à expliquer tendraient à faire séparer des individus dont l'identité n'est pas équivoque, et ainsi on ne peut rien en conclure contre une·réunion si bien démontrée par la géométrie des cristaux et par les qualités physiques.

PYROXÈNE.

Note 52.

Dans la forme primitive (fig. 16), le sinus de la moitié de l'incidence de M sur M est au cosinus comme $\sqrt{12}$ à $\sqrt{13}$. La ligne menée de l'angle O sur l'extrémité inférieure de l'arête opposée à H est perpendiculaire sur l'une et l'autre, et le rapport entre cette perpendiculaire et chacune des mêmes arêtes, est celui de $\sqrt{12}$ à 1.

Analyse du pyroxène de l'Etna, par Vauquelin. (Journal des Mines, n° 39, p. 172.)

Silice, 52. Chaux, 13,2. Magnésie, 10. Alumine, 3,33. Oxyde de fer, 14,66. Oxyde de manganèse, 2. Perte, 4,81.

D'un pyroxène laminaire, par Klaproth. (B., t. IV, p. 189.)

Silice, 52,5. Chaux, 9. Magnésie, 12,5. Alumine, 7,25. Fer oxydé, 16,25. Potasse, 0,5. Perte, 2.

Du pyroxène du Nord, par M. Simon. (Nouveau Bulletin des Sciences, par la Société Phil., n° 7, p. 125.)

Silice, 52. Chaux, 25,5. Magnésie, 7. Alumine, 3,5. Oxyde de fer, 10,5. Oxyde de manganèse, 2,25. Eau, 0,5. Excès sur cent parties, 1,25.

Du pyroxène dit *Coccolithe*, par Vauquelin. (Traité, t. IV, p. 377.)

Silice, 50. Chaux, 24. Magnésie, 10. Alumine, 1,5. Oxyde de fer, 7. Oxyde de manganèse, 3. Perte, 4,5.

Du pyroxène dit *Sahlite* et *Malacolithe*, par le même. (Traité, t. IV, p. 302.)

Silice, 53. Chaux, 20. magnésie, 19. Alumine, 3. Fer et manganèse, 4. Perte, 1.

Du pyroxène (mussite de Bonvoisin), par Laugier. (Annales du Mus., t. XI, p. 157.)

Silice, 57. Chaux, 16,5. Magnésie, 18,25. Oxyde de fer et de manganèse, 6. Perte, 2,25.

J'ai exposé dans un Mémoire particulier (Annales du Mus.,
t. xi, 62ᵉ Cahier, p. 77 *et suiv.*; Journal des Mines, n° 134,
p. 145 *et suiv.*), les motifs sur lesquels est fondée la réunion
de la coccolithe, de la sahlite et du diopside (mussite et alalite
de Bonvoisin) avec le pyroxène. Les observations que j'ai
faites depuis confirment cette réunion, et particulièrement
celles qui ont rapport à la sahlite, la seule de ces substances
sur laquelle il pût rester encore quelque doute. Les caractères
extérieurs viennent eux-mêmes à l'appui des résultats offerts
par la géométrie, en formant ici, comme cela a lieu pour l'amphibole, une série de nuances qui lient entre elles les diverses
parties de l'assemblage. D'une part, on voit des cristaux de
mussite qui s'identifient, par leur aspect, avec des cristaux
de sahlite. On voit ensuite des masses de cette dernière substance, dont une partie est laminaire, et l'autre, par son tissu
granuleux, est très-voisine de la coccolithe ordinaire, tandis
que d'autres morceaux, qui appartiennent aussi à la coccolithe,
prennent un éclat vitreux avec des formes analogues à celles
du pyroxène. D'une autre part, la mussite, à mesure qu'elle
devient translucide et semble s'épurer, se rapproche de l'alalite, ensorte qu'il y a des cristaux qui, sous la forme alongée
et cylindroïde de la mussite, présentent à peu près, relativement à leur pâte, le *facies* de l'alalite. Enfin on trouve des
pyroxènes verts et transparens, qui ne diffèrent guère de
l'alalite, que par une couleur plus intense, et viennent, pour
ainsi dire, fermer l'espèce de cercle que parcourent toutes
ces diverses substances, rangées dans l'ordre indiqué par leurs
analogies.

Les résultats de la chimie ne contrarient pas le rapprochement dont il s'agit. A la vérité, la mussite et la sahlite ont
donné environ un tiers de plus de magnésie que les autres
variétés. Mais on conçoit la raison de cette différence, au
moins à l'égard de la mussite, la seule des deux substances dont
le gisement soit bien connu, puisque d'après la description de
M. de Bonvoisin, le terrain d'alentour renferme des roches
serpentineuses. D'ailleurs la variation dont il s'agit est infé-

rieure à celle qui a lieu pour la chaux dans les trois premières
analyses citées plus haut, et qui ont eu pour objets des pyroxènes proprement dits. Car les quantités de cette terre y sont
successivement comme les nombres 9, 13,2 et 25,5. Enfin
l'analyse de la mussite n'a point donné d'alumine comme celle
des autres variétés; mais ce principe, en partant de 7 pour cent,
dans un pyroxène, arrive dans un autre à 3,33. Dans la sahlite, il est de 3 pour cent; dans la coccolithe, il n'est plus que
de 1,5, ce qui prouve que dans les analyses ramenées à leur
limite, on doit en faire abstraction. Le grenat nous offre un
exemple analogue. Des deux premières analyses que j'ai citées
de cette substance (note 42), et qui ont été faites sur des
variétés évidemment identiques, l'une n'a point donné de chaux,
tandis que dans l'autre on trouve une quantité de cette terre
égale à $\frac{3}{100}$ de la masse.

Mais si les résultats de la chimie n'offrent rien au fond qui
s'oppose à l'idée de réunir dans une même espèce les substances qui font l'objet de cet article, ils sembleraient solliciter
à plus forte raison le retour du pyroxène auprès de l'amphibole, dont il a formé long-temps une variété, sous le nom
commun de *Schorl* chez les Français, et sous celui de *Hornblende* chez les étrangers. Car si l'on compare l'analyse de
l'amphibole par M. Laugier, avec les analyses du pyroxène
par MM. Klaproth et Vauquelin, on aura le tableau suivant:

Amphibole. Silice, 42. Chaux, 9,8. Magnésie, 10,9. Alumine, 7,69. Oxyde de fer, 22,69. Oxyde de manganèse, 1,15.
Eau, 1,92. Perte, 3,85.

Pyroxène(Klaproth). Silice, 52,5. Chaux, 9. Magnésie, 12,5.
Alumine, 7,25. Oxyde de fer, 16,25. Potasse, 0,5. Perte, 2.

Pyroxène (Vauquelin). Silice, 52. Chaux, 13,2. Magnésie, 10. Alumine, 3,33. Oxyde de fer, 14,66. Oxyde de manganèse, 2. Perte, 4,81.

Les deux substances ont d'ailleurs la même pesanteur spécifique et presque la même dureté. Mais il y a mieux, et la
comparaison de leurs formes cristallines tend à faire soupçonner entre elles une analogie qui, au premier coup-d'œil, a

quelque chose de séduisant. D'abord l'incidence de la base **P**
(fig. 16) de la forme primitive sur l'arête H, n'offre qu'une
différence d'environ un degré, d'après les données d'où je suis
parti, lorsqu'on la compare dans les deux minéraux. Je l'ai éva-
luée à 106^d 6' pour le pyroxène, et à 104^d 57' pour l'amphibole.
A la vérité, l'angle formé par les faces **M**, tel que le donne la
division mécanique, est très-différent de part et d'autre. D'après
mes calculs, sa mesure est de 87^d 42' dans le pyroxène, et de
124^d 34' dans l'amphibole. Mais si l'on suppose que la forme
du pyroxène subisse un décroissement représenté par $^3H^3$, l'incidence mutuelle des faces qui en résulteront sera de 125^d,
c'est-à-dire presque la meme que celle des faces **M**, **M**, dans
l'amphibole primitif. D'une autre part, si l'on conçoit, relativement à la forme de l'amphibole, un décroissement qui ait
pour signe $G^{33}G$, les deux faces qu'il produira seront inclinées
entre elles de 87^d 10', quantité bien voisine de celle qui lui
correspond sur le pyroxène primitif.

On voit qu'il ne s'agit que d'éliminer de petites diversités
qui n'excèdent pas les limites des erreurs dont les mesures mécaniques sont susceptibles, quand les cristaux ne sont pas parfaitement prononcés, pour que chacune des deux formes primitives puisse devenir une forme secondaire à l'égard de l'autre.

Ces observations m'ont engagé à examiner de nouveau comparativement les cristaux d'amphibole et de pyroxène, et les
résultats de cet examen fait avec tout le soin possible ne laissent,
ce me semble, aucun lieu de douter que la limite déjà tracée
depuis long-temps par la géométrie entre ces deux substances,
ne doive être maintenue.

Ayant d'abord mesuré les incidences mutuelles des faces
sur des cristaux de chaque minéral, je les ai trouvées conformes à celles que j'ai indiquées dans mon Traité, ensorte
que la différence d'un degré entre les inclinaisons de P sur
l'arête H était sensible, comme elle devait l'être, sur des cristaux d'une forme aussi nette que ceux qui ont servi à mes
observations. Elle se trouvait même d'autant plus appréciable,
qu'il existe dans chaque espèce certains cristaux qui offrent

derrière la face P une nouvelle face produite par le décroissement $\overset{1}{A}$, et qui a la même inclinaison que P en sens contraire.
Or, d'après ce qui a été dit, l'inclinaison respective de ces
deux faces doit être d'environ 148^d dans le pyroxène, et de
150^d dans l'amphibole, ensorte que cette différence d'un degré
dont j'ai parlé, en produit ici une de deux degrés, encore plus
facile à vérifier.

Mais supposons que cette même différence ne soit qu'apparente, et doive être attribuée aux petites erreurs des mesures
mécaniques. Ce qui se présente de plus naturel pour la faire
évanouir, est de prendre la moyenne entre les deux valeurs
d'angles dont il s'agit, et de fixer à 105$^d\frac{1}{2}$ l'incidence de P sur H,
qui alors devient commune aux cristaux des deux substances (1).
Si l'on combine cette donnée avec le rapport $\sqrt{13}$ à $\sqrt{12}$ entre
les deux diagonales de la coupe transversale du pyroxène primitif, et si l'on cherche les incidences des faces de la variété
triunitaire (Traité, pl. LIV, fig. 141), on trouve pour celle
de s sur s 121^d 48', ce qui donne pour celle de s sur l, 119^d 6',
quantité plus petite de 2^d 42' que la première.

Or si l'on porte les alidades du gonyomètre d'abord sur les
deux faces s, s, et qu'on les ouvre jusqu'à ce qu'elles s'appli-
quent exactement sur l'une et l'autre, sans qu'il soit besoin de
regarder le degré qu'indique l'alidade mobile, et si ensuite on
essaye la même ouverture sur une des faces s et sur la face l
adjacente, on trouve que cette nouvelle mesure est aussi précise que la première ; ce qui prouve que les incidences mutuelles des faces dont il s'agit sont toutes égales, c'est-à-dire
de 120^d. Aussi est-ce cet angle qu'indique l'alidade mobile lorsqu'on vient ensuite à regarder le degré auquel elle correspond.
Cette observation est bien éloignée de pouvoir se concilier avec
la différence de 2$^d\frac{1}{3}$ que donne ici le calcul, dans l'hypothèse
de deux formes primitives identiques.

---

(1) Dans cette hypothèse, la ligne menée de l'angle O sur l'extrémité inférieure de l'arête opposée à H étant toujours perpendiculaire sur l'une et
l'autre arête, son rapport avec chacune d'elles est celui de $\sqrt{13}$ à l'unité.

Si l'on conserve au contraire l'angle de 120^d, dont je vient de parler, et que l'on cherche, d'après cette donnée, l'incidence de M sur M, on trouve qu'elle serait de 85^d 36′. Or l'angle indiqué par l'observation approche beaucoup de 88^d, et ainsi cette seconde hypothèse n'est pas plus admissible que la première. J'ai fait d'autres tentatives dont je supprime ici les détails, et jamais je n'ai pu parvenir à des résultats qui s'accordassent en même temps avec l'unité de forme primitive et avec les incidences des faces des cristaux secondaires.

J'ajoute que la division mécanique n'offre rien qui puisse servir à motiver le rapprochement des deux substances. Dans tous les cristaux d'amphibole que j'ai observés, les joints parallèles à l'axe, qui étaient très-nets, faisaient entre eux l'angle de 124^d $\frac{1}{2}$, et je n'ai apperçu aucun indice de ceux qui auraient rapport à la structure du pyroxène. Réciproquement, tous les cristaux de ce dernier minéral m'ont offert les joints inclinés entre eux de 88^d et 92^d, avec ceux qui sont situés diagonalement, et rien de plus. Enfin les cristaux des deux substances comparés entre eux font naître l'idée de deux systèmes différens de cristallisation, dont chacun se rapporte à un type particulier.

YENITE.

Note 53.

Dans la forme primitive (fig. 17), si du centre du rectangle qui passe par les points A, F, F, on mène une première ligne à l'angle I, une seconde qui soit perpendiculaire sur l'arête B, et une troisième qui soit perpendiculaire sur l'arête F, ces trois lignes seront entre elles comme les nombres 4, $\sqrt{7}$ et 6.

Analyse, par Vauquelin. (Journal des Mines, n° 115, p. 70.)
Silice, 30. Chaux, 12,5. Oxyde de fer, 57,5.
Par Descostils, *ibid.*
Silice, 28. Chaux, 12. Oxyde de fer, 55. Oxyde de manganèse, 3. Alumine, 0,6. Perte, 1,4.

M. Cordier, auquel nous sommes redevables de la description des formes cristallines de l'yenite, est parvenu à des résultats théoriques qui s'accordent parfaitement avec l'observation, en adoptant pour forme primitive le prisme droit rhomboïdal dont les pans seraient parallèles à M, M (fig. 17), et dont
les bases auraient pour grandes diagonales l'arête B et son opposée, tandis que la véritable forme primitive est l'octaèdre
indiqué plus haut. J'ai fait voir ailleurs (Traité, t. II, p. 15 *et
suiv.*), que ces substitutions conduisent aussi bien la théorie
à son but, que si l'on était parti de la forme donnée par la
division mécanique.

STAUROTIDE.

Note 54.

Dans la forme primitive (fig. 6), le rapport entre la moitié
de la grande diagonale, la moitié de la petite et la hauteur G
ou H, est celui des nombres 3, $\sqrt{2}$ et $\frac{1}{2}$.

Analyse de la staurotide du Morbihan, par Vauquelin.
(Journal des Mines, n° 53, p. 354.)

Alumine, 44. Silice, 33. Chaux, provenant de 12 parties de
sulfate de chaux, 3,84. Oxyde de fer, 13. Oxyde de manganèse, 1. Perte, 5,16.

En faisant abstraction de la chaux, on a : alumine, 45,8.
Silice, 34,37. Fer, 13,54. Oxyde de manganèse, 1,03. Perte, 5,26.

De la staurotide brun-rougeâtre du Saint-Gothard, par Klaproth. (Nouveau Bulletin des Sciences de la Société Philom.,
t. I, p. 171.)

Alumine, 52,25. Silice, 27. Oxyde de fer, 18,5. Oxyde de
manganèse, 0,25. Perte, 2.

De la staurotide noirâtre du même endroit, par le même.
(*Ibid.*)

Alumine, 41. Silice, 37,5. Oxyde de fer, 18,25. Magnésie, 0,5. Perte, 2,75.

La différence entre les quantités relatives de silice et celles
d'alumine, dans les deux analyses faites par M. Klaproth, qui

ont eu pour objets des staurotides du *Saint-Gothard*, donne à peu près le rapport de 5 à 4 pour l'alumine, et celui de 3 à 4 pour la silice. Ces deux substances formant ensemble les $\frac{4}{5}$ de la masse, il en résulte une nouvelle preuve que les analyses les mieux faites peuvent varier entre des limites assez étendues dans les proportions des principes composans.

ÉPIDOTE.

Note 55.

Dans la forme primitive (fig. 4), le côté C pris pour sinus total à l'égard de l'angle E est au cosinus de cet angle comme 12 à 5, et les trois dimensions B, C, G ou H sont entre elles comme les nombres 110, 96 et 61.

Analyse de l'épidote du département de l'Isère, par Descostils. (Journal des Mines, n° 30, p. 415.)

Silice, 37. Alumine, 27. Chaux, 14. Oxyde de fer, 17. Oxyde de manganèse, 1,5. Perte, 3,5.

De l'épidote d'Arendal, par Vauquelin. (Traité, t. III, p. 104.)

Silice, 37. Alumine, 21. Chaux, 15. Oxyde de fer, 24. Oxyde de manganèse, 1,5. Perte, 1,5.

De l'épidote (zoïsit) des Alpes, par Klaproth. (B., t. IV, p. 183.)

Silice, 45. Alumine, 29. Chaux, 21. Oxyde de fer, 3. Perte, 2.

D'un autre morceau de zoïsit, par le même. (*Ibid.*, p. 184.)

Silice, 47,5. Alumine, 29,5. Chaux, 17,5. Fer et manganèse, 4,5. Perte, 1.

D'un autre, par Bucholz. (Journal de Phys., juin, 1807, p. 473.)

Silice, 40,25. Alumine, 30,25. Chaux, 26,04. Fer oxydé et manganèse, 4,5. Total, 101,04.

De l'épidoté (zoïsit) du Valais, par Laugier. (Annales du Muséum, t. V, p. 149.)

Silice, 37. Alumine, 26,6. Chaux, 20. Oxyde de fer, 13. Oxyde de manganèse, 0,6. Eau, 1,8. Perte, 1.

De l'épidote arénacé (scorza), par Klaproth. (B., t. III, p. 285.)

Silice, 43. Alumine, 21. Chaux, 14. Oxyde de fer, 16,5. Oxyde de manganèse, 0,25. Perte, 5,25.

J'avais déjà réuni, dans mon Traité, l'akanticone ou l'arendalite de Norwège à l'épidote du département de l'Isère. Je lui ai . socié plus récemment le zoïsit, ainsi nommé en l'honneur de M. le baron de Zoïs, si distingué par son zèle éclairé pour le progrès de la minéralogie (*Voyez* le Journal des Mines, n° 113, p. 465). Le résultat de la division mécanique indique ce rapprochement, et au milieu des nombreuses anomalies que présentent les cristaux de zoïsit, j'ai démêlé des facettes soumises aux mêmes lois de décroissement que celles qui ont lieu dans des variétés d'épidote, soit de France, soit de Norwège. Les différences entre ces deux minéraux ne tiennent qu'à des nuances d'éclat, de couleur, etc. ; il y en a d'aussi sensibles entre divers cristaux d'Arendal, et même entre des morceaux de zoïsit comparés les uns aux autres. La variété grise du Disentis, déterminée par MM. Champeaux et Cressac, forme le passage de l'épidote ordinaire au zoïsit d'un gris éclatant. Enfin la conformité des analyses du zoïsit, par MM. Klaproth et Laugier, avec celles de l'épidote par MM. Klaproth, Vauquelin et Descostils, est aussi satisfaisante qu'on puisse le desirer.

J'ai suivi l'exemple de M. Karsten, en associant à l'épidote le sable jaune-verdâtre nommé *scorza*, que l'on recueille sur les bords de la rivière d'Aranyos, près de Muska, en Transilvanie. L'indication de l'analyse, qui est très-favorable à ce rapprochement, se trouve confirmée par celle des caractères que l'état pulvérulent du scorza permet d'éprouver, surtout par la manière dont il se convertit, à l'aide du chalumeau, en une scorie noirâtre, qui est ensuite très-difficile à fondre. Saussure regardait ce caractère comme un des plus propres à faire reconnaître un épidote. (Voyages dans les Alpes, n° 1918.)

HYPERSTHÈNE.

Note 56.

Le défaut de formes cristallines ne m'a pas permis jusqu'ici de mettre la précision convenable dans la détermination de la molécule de ce minéral, et la petitesse même des fragmens que j'ai soumis à la division mécanique, jointe aux inégalités des surfaces mises à découvert par cette opération, laissent subsister quelqu'incertitude sur la justesse des mesures d'angles que j'ai indiquées. Mais ce qui me paraît prouvé dès maintenant, c'est que l'hyperstène diffère par sa structure de l'amphibole avec lequel on l'a réuni. On peut voir la comparaison que j'ai faite de ces deux substances sous leurs divers rapports, dans les Annales du Muséum, t. II, p. 17.

Analyse par Klaproth; Karsten. (Tabl. Minér., p. 41.)

Silice, 54,25. Magnésie, 14. Alumine, 2,25. Chaux, 1,5. Oxyde de fer, 24,5. Eau, 1. Perte, 2,5.

WERNERITE.

Note 57.

Analyse du wernerite vert cristallisé, par John. (Journal de Gehlen, t. IV, p. 187.)

Silice, 40. Alumine, 34. Chaux, 16. Oxyde de fer, 8. Oxyde de manganèse, 1,5. Perte, 0,5.

De la variété blanche amorphe, par le même. (*Ibid.*)

Silice, 51. Alumine, 33. Chaux, 10,45. Oxyde de fer, 3,5. Oxyde de manganèse, 1,45. Perte, 0,6.

Les cristaux de wernerite sur lesquels j'ai mesuré les angles indiqués dans mon Traité, à l'article de cette substance, ont des imperfections qui altèrent le niveau de leurs faces, et ne m'ont permis que de donner comme approximatives les valeurs de ces angles. Il serait d'autant plus intéressant d'en obtenir des mesures précises, que l'incertitude qui reste encore à cet égard, influe d'une manière sensible sur la méthode elle-même, dont elle retarde la marche, ainsi qu'on en jugera par les détails que je donnerai dans l'article suivant.

PARANTHINE.

Note 58.

Dans la forme primitive (fig. 7), le rapport entre le côté B de la base et la hauteur G, est celui de $\sqrt{3}$ à l'unité, ou en approche beaucoup.

Analyse du paranthine vitreux, par Laugier. (Journal de Physique, t. LXVIII, janvier 1809, p. 36.)

Silice, 45. Alumine, 33. Chaux, 17,6. Fer et manganèse, 1. Soude 1,5. Potasse, 0,5. Perte, 1,4.

Du paranthine nacré, par M. Simon de Berlin. (K. Minéral. Tabel., p. 34.)

Silice, 53. Alumine, 15. Chaux, 13,25. Magnésie, 7. Oxyde de manganèse, 4,5. Oxyde de fer, 2. Soude, 3,5. Perte, 1,75.

Les substances que j'ai réunies dans la description de cette espèce, m'ont été données à différentes époques et sous le nom de *scapolite*, auquel j'ai substitué celui de *paranthine*, et l'on ne peut voir sans surprise, à quel point les modifications qu'elles affectent contrastent les unes avec les autres. Le tissu qui est dur et vitreux dans certains individus, paraît dans d'autres tout composé de lames de mica ; ailleurs l'aspect qui est d'un blanc mat très-légérement nacré, semble être l'indice d'une altération que la substance a subie depuis sa formation. Une autre divergence est celle qu'offre le paranthine d'un rouge de brique, joint à un aspect presque terreux.

Mais loin que ces diversités aient fait naître l'idée de séparer en plusieurs espèces les corps qui les offrent, comme cela est arrivé plusieurs fois dans des cas analogues, on a proposé d'associer encore à cet ensemble le wernerite, dont on avait fait d'abord une espèce distincte. Le premier article parvenu à ma connaissance, dans lequel on ait indiqué une relation entre l'un et l'autre, est tiré d'une lettre écrite de Weimar, et publiée par M. Léonard, dans le second volume

de son Manuel de Minéralogie, p. 380. On y lit que le wernerite et le scapolite doivent être réunis dans une même famille, comme l'ont été l'hyacinthe et le zircon.

M. de Monteiro, minéralogiste Portugais, d'un mérite distingué, ayant examiné récemment, avec beaucoup d'attention,
tout ce qui existe ici dans différentes collections, et spéciale-
ment dans celle du savant M. Neergaard, sous les noms de
paranthine ou de *scapolite* et de *wernerite*, pense que la variété
de paranthine qui nous a été apportée comme étant un paranthine vitreux, est le wernerite blanc des minéralogistes allemands. De plus, une comparaison exacte de toutes les variétés
désignées sous l'un et l'autre nom, et à laquelle ont concouru
les caractères géométriques, physiques et chimiques, ainsi que
les résultats de l'analyse, l'ont conduit à cette conséquence,
que le wernerite et le paranthine présentent la plus grande analogie qui ait ordinairement lieu entre des minéraux appartenant
à la même espèce; et quant à l'identité de forme primitive
qui ne lui est pas suffisamment démontrée, il la regarde comme
tellement probable, qu'on ne peut guère douter, selon lui,
qu'elle ne soit pleinement constatée dans la suite. (Journal de
Physique, fevrier 1809, p. 176 *et suiv.*)

Il est vrai de dire que la cristallographie n'offre rien jusqu'ici de décisif en faveur du rapprochement dont il s'agit. Dans
le wernerite dioctaèdre, l'incidence des faces terminales sur
les pans adjacens, telle que je l'avais trouvée par approxi-
mation, est de $121^d \frac{1}{2}$. Ayant mesuré l'incidence correspon-
dante sur le paranthine dioctaèdre, je l'ai jugée de 120^d. Or,
comme les cristaux de ce dernier minéral se prêtent encore
moins à la précision que ceux de wernerite, à cause des
petites aspérités dont leurs faces sont hérissées, on ne peut
s'assurer si la différence que paraissent indiquer les mesures
précédentes entre les angles de part et d'autre, subsisterait,
ou deviendrait nulle, sur des cristaux d'une forme nette et
mieux prononcée.

Si l'on compare les analyses, on observe que celle de notre
paranthine vitreux a donné presque le même résultat que celle

du wernerite vert. Or le premier étant, selon M. de Monteiro,
le minéral auquel on a donné depuis peu en Allemagne le
nom de *wernerite blanc*, il suit de là que la conformité des analyses dont je viens de parler, est favorable à l'opinion de ce
savant. Quant à l'analyse du paranthine nacré, elle diverge
principalement par une quantité d'alumine moindre que la
moitié de celle que les autres analyses ont donnée, et en ce
qu'elle indique $\frac{7}{100}$ de magnésie. Mais cette différence ne paraîtrait pas suffisante pour empêcher le rapprochement des
deux substances, dans le cas où rien autre chose ne s'y opposerait.
Au reste, si les résultats de la chimie peuvent faire naître
ici des réflexions, c'est moins à raison de leur diversité entre
eux, que de leur trop de conformité, si j'ose ainsi parler,
avec ceux qui ont eu pour sujets des espèces évidemment distinctes. Les analyses du wernerite et du paranthine vitreux
coïncident à peu de chose près, avec celle de la prehnite du
Cap, par M. Klaproth. Cette dernière ayant donné; silice,
43,8. Alumine, 30,88. Chaux, 18,33. Oxyde de fer, 5,66. Eau,
1,83; les mêmes analyses ne s'éloignent pas non plus de celles de
l'épidote dit *zoïsite*, par M. Klaproth, dont la première que
je choisis pour exemple, a donné le résultat suivant: silice, 45.
Alumine, 29. Chaux, 21. Fer oxydé, 3. Perte, 2. D'une autre
part, il y a de la ressemblance entre l'analyse du paranthine
nacré, par M. Simon, et celle de la diallage verte par M. Vauquelin, qui a offert pour résultat, silice, 50. Alumine, 21.
Chaux, 13. Magnésie, 6, avec un reste, qui est tantôt le fer
et tantôt le chrome.

Un caractère qui au premier coup-d'œil paraîtrait s'opposer
à l'idée de réunir le wernerite avec le paranthine, si ce dernier
minéral ne nous avait déjà familiarisés en quelque sorte avec
ses transformations, c'est la texture des cristaux, qui est presque terne et compacte dans les wernerites, au moins dans ceux
de ma collection, et composée de lames éclatantes dans tous
les paranthines. Et comme si la cristallisation avait travaillé
pour faire ressortir davantage cette diversité, on trouve des
masses de paranthine laminaire dans lesquelles sont engagés

des wernerites compactes cristallisés. En supposant ici uno espèce unique, on aurait l'inverse de ce qui a lieu dans les cas ordinaires, où la substance cristallisée est celle dont le tissu est lamelleux, et la matière enveloppante celle qui est matte et compacte.

Après tout, quelles que soient les probabilités qui déjà puissent faire présumer la réunion des deux substances, je ne crois pas devoir m'écarter ici de la loi que je me suis imposée de ne prononcer ces sortes de réunions que quand elles sont garanties par la précision des mesures géométriques, et des calculs auxquels ces mesures fournissent des données.

DIALLAGE.

Note 59.

Analyse de la diallage verte, par Vauquelin. (Annales de Chimie, n° 38, p. 106.)

Silice, 50. Alumine, 21. Chaux, 13. Magnésie, 6. Le reste est de l'oxyde de chrome ou de fer, suivant les individus.

De la variété métalloïde, dite schiller-spath et schillernde hornblende, par Heyer. Brochant. (Traité de minéralogie, t. I, p. 422.)

Silice, 52. Alumine, 23,33. Chaux, 7. Magnésie, 6. Fer, 17,5. Excès sur 100 parties, 5,83.

De la même, par Drappier. (Journ. de Phys., t. LXII, p. 48.)

Silice, 41. Alumine, 3. Chaux, 1. Magnésie, 29. Fer oxydé, 14. Eau, 10. Perte. 2.

De la variété nommée *bronzite*, par Klaproth. (Journal des Mines, n° 132, p. 438.)

Silice, 60. Magnésie, 27,5. Fer oxydé, 10,5. Eau, 0,5. Perte, 1,5.

Quoiqu'en général la variété de diallage que j'appelle *métalloïde*, tranche fortement, par ses caractères apparens, à côté de celle qui est verte, j'avais déja remarqué (Traité, t. III, p. 128) que les reflets satinés qu'offrait assez souvent cette dernière, semblaient être le premier degré du gris éclataut

qui colorait l'autre. Un morceau d'un très-grand intérêt, dont
je suis redevable au savant M. Tondi, présente la diallage d'un
beau vert passant à un aspect d'un gris métalloïde très-éclatant; ensorte que les joints naturels de la partie verte se
prolongent dans la partie qui a le brillant métallique, et que
l'on ne peut douter que celle-ci ne soit encore la même
substance qui, par l'effet de quelque cause accidentelle, présente un autre tissu à la lumière. M. Menard, qui porte dans
tous ses voyages l'esprit d'observation joint à de grandes connaissances en histoire naturelle, a recueilli au Musinet près
de Turin, une très-belle suite d'échantillons de diallage verte
et métalloïde, ayant pour gangue le jade de Saussure (feld-
spath tenace), et dont il a bien voulu me faire part. En comparant ces échantillons, on y voit une série de nuances, de
couleurs et d'éclat amener par degrés le passage entre les
extrêmes qui se touchent dans le morceau de M. Tondi.

D'une autre part, la variété grise métalloïde semble passer
imperceptiblement à une troisième substance qu'on a désignée
sous le nom de *schiller-spath* (spath-chatoyant), et dont la
gangue ordinaire est une serpentine. La division mécanique
de cette dernière, que j'ai soumise à un nouvel examen, m'a
paru avoir, avec celle des deux autres, une analogie dont j'ai
retrouvé des traces dans le bronzite. Mais comme les joints
naturels ne sont pas assez nets pour se prêter à des mesures
précises, et que nous ne connaissons d'ailleurs aucuns cristaux de diallage d'une forme prononcée, le rapprochement
des diverses substances dont je viens de parler, n'a jusqu'ici
qu'une extrême vraisemblance en sa faveur. A l'égard des analyses, les résultats que Heyer et Vauquelin ont obtenus en opérant, l'un sur la diallage verte et l'autre sur le schiller-spath, ont
entre eux beaucoup de conformité. D'une autre part, l'analyse
du schiller-spath par Drappier, ne ressemble pas à celle que
Heyer a publiée; mais elle se rapproche de celle que M. Klaproth
a faite de la variété nommée *bronzite*. J'ajoute que la diallage
métalloïde, proprement dite, n'a pas encore été analysée.
Maintenant si l'on fait attention que les substances qui font

l'objet de cet article, forment une série de termes liés entre eux par des indices au moins généraux d'une structure uniforme, et par cet aspect demi-métallique, qui n'est pas ordinaire dans les matières pierreuses, peut-être desirera-t-on que de nouvelles expériences ou observations nous apprennent s'il existe ici plusieurs espèces réellement distinctes, et combien, dans cette hypothèse, on devrait en admettre.

GADOLINITE.

Note 60.

La forme que j'ai indiquée comme pouvant être prise pour le type de la cristallisation, a été déduite des observations faites sur un cristal de Gadolinite que M. Vauquelin a reçu de M. Ekeberg, et qu'il a eu la complaisance de me donner. Il n'est pas complet; mais il m'a paru que sa forme ramenée à la symétrie, serait celle d'un prisme à dix pans, dont quatre parallèles aux faces M, M (fig. 16), deux autres parallèles à un plan qui passerait par les diagonales menées de A en O, et quatre comprises deux à deux entre les précédentes. Ce prisme serait terminé par trois faces, dont deux naîtraient sur les bords D, D, et la troisième sur l'angle O. Mais ceci n'est qu'une ébauche susceptible d'être retouchée, lorsqu'on aura des cristaux qui se prêtent à une détermination précise. Il me paraît du moins résulter jusqu'ici de mes observations, que la forme primitive de la gadolinite diffère de celles des autres substances minérales.

Analyse, par M. Ekeberg. (Traité, t. III, p. 142.)
Yttria, 47,5. Silice, 25. Fer, 18. Alumine, 4,5. Perte, 5.
Par Klaproth. (B. t. III, p. 65.)
Yttria, 59.75. Silice, 21,25. Oxyde noir de fer, 17,5. Alumine, 0,5. Eau, 0,5. Perte, 0,5.

Par Vauquelin. (Traité, *ibid.*) Yttria, 35. Silice, 25,5. Fer, 25. Oxyde de maganèse, 2. Chaux, 2. Eau et acide carbonique, 10,5.

Dans ces trois résultats, les quantités d'yttria sont à la masse

totale successivement comme 1 à 2; 3 à 5; 1 à 3, au moins
à peu près; et les rapports entre la quantité de fer et celle
de la même terre s'éloignent peu de $\frac{1}{2}$, $\frac{1}{3}$, $\frac{2}{3}$. Mais l'unité de
gisement des morceaux analysés, et la nouveauté même de
l'yttria, qui jusqu'ici ne s'est rencontrée nulle part ailleurs,
rendent nulle l'incertitude que pourrait faire naître ici la divergence des analyses, si elles n'avaient indiqué que des principes communs à beaucoup d'autres substances, et si les
morceaux qui en ont été les sujets provenaient de différens
lieux.

LAZULITE.

Note 61.

On connaît depuis l'an 1805, des cristaux d'un bleu foncé,
qui ont été apportés de Sibérie, et dont la forme, déterminée
par M. Lhermina, est celle du dodécaèdre à plans rhombes.
(Journal des Mines, n° 100, p. 323.)

Ces cristaux ont été regardés par le même savant et par
d'autres, comme étant le lazulite sous une forme régulière.
Il ne paraît pas que l'on se soit assuré si le dodecaèdre rhomboïdal fait ici la fonction de forme primitive. Mais comme
cette forme ne pourrait être d'ailleurs que le cube ou l'octaèdre régulier, dont le dodécaèdre dériverait par une loi
simple de décroissement, il suffira, dans tous les cas, d'a-
jouter à l'indication offerte par la structure, celle d'une qualité
accessoire, pour que cette espèce soit nettement caractérisée.

Analyse par Klaproth. (B., t. 1, p. 196.)

Silice, 46. Alumine, 14,5. Carbonate de chaux, 28. Sulfate
de chaux, 6,5. Oxyde de fer, 3. Eau, 2.

Si l'on supprime le carbonate et le sulfate de chaux, on
aura: silice, 70,23. Alumine, 22,13. Fer, 4,6. Eau, 3,04.

Par Clément et Désormes. (Annal. de Chim., mars, 1806.)

Silice, 35,8. Alumine, 34,8. Soude, 23,2. Soufre, 3,1.
Carbonate de chaux, 3,1.

En faisant abstraction de ce dernier principe, on trouve,
silice, 38,2. Alumine, 37,1. Soude, 24,7.

Soit que l'on regarde le carbonate de chaux et le sulfate de chaux comme essentiels, ou comme seulement accidentels, ce qui paraît beaucoup plus conforme à la théorie des affinités, l'existence de $\frac{24}{100}$ parties de soude dans le second résultat, tandis que le premier n'en offre pas un atôme, et la grande différence entre les quantités relatives des autres principes, sollicitent de nouvelles recherches, pour mettre les analyses d'accord entre elles.

MESOTYPE.

Note 62.

Dans la forme primitive (fig. 7), le rapport entre le côté B de la base et la hauteur G est celui des nombres $\sqrt{5}$ à 2.

Analyse de la mesotype de Feroë, par Pelletier. (Mém. de Chimie. Paris 1798, t. 1, p. 41.)

Silice, 50. Alumine, 20. Chaux, 8. Eau, 22.

De la même, par Vauquelin. (Journ. des Mines, n° 44, p. 576.

Silice, 50,24. Alumine, 29,3. Chaux, 9,46. Eau, 10. Perte, 1.

Pelletier a mis un soin extrème dans l'analyse de la mesotype de Feroë. Il l'a faite successivement par la voie humide et par la voie sèche; et dans la crainte qu'on ne fût surpris de ce que la perte y était nulle, il l'a répétée plusieurs fois, et a obtenu constamment le même résultat (*Ibid.* p. 47). L'analyse faite par M. Vauquelin, dont on connaît l'habileté et l'exactitude, a eu pour objet un morceau de mesotype du même endroit que je lui avais remis.

Les quantités de silice et de chaux s'accordent dans les deux résultats. Mais celles d'alumine sont entre elles environ comme 2 à 3, et le rapport des quantités d'eau surpasse celui de 2 à l'unité. A en juger d'après ces résultats, il paraîtrait que la quantité d'eau est susceptible de varier dans les corps qui renferment ce liquide, et qu'alors un des autres principes varie, à son tour, dans le rapport convenable pour compenser la différence. Mais je ne sais s'il est facile de concilier cette hypothèse avec les résultats géométriques qui donnent pour la molécule une forme invariable.

STILBITE.

Note 63.

Dans la forme primitive (fig. 5), le rapport des trois dimensions C, G, B, est celui des nombres 5, $\sqrt{12}$ et $\sqrt{72}$.

Analyse de la stilbite de Feroë, par Vauquelin. (Journal des Mines, n° 39, p. 164.)

Silice, 62. Alumine, 17,5. Chaux, 9. Eau 18,5. Perte, 3.

La stilbite n'avait pas encore été analysée, lorsque je l'ai séparée de la mesotype, d'après les résultats de la géométrie des cristaux. Quoique l'analyse qui vient d'être citée, non-seulement indique les mêmes principes que dans la mesotype, mais se rapproche beaucoup de celle que Pelletier avait faite de cette dernière substance (*voyez* plus haut, note 62), cette conformité ne peut infirmer les motifs d'une séparation fondée sur l'impossibilité de donner à une même espèce deux formes de molécules incompatibles entre elles. (Traité, t. III, p. 185 et 186.)

LAUMONITE.

Note 64.

D'après la détermination à laquelle je me suis arrêté pour les dimensions de la forme primitive, si du centre de l'octaèdre (fig. 39), on mène une ligne qui aboutisse à l'angle E, une seconde qui soit perpendiculaire sur G, et une troisième qui le soit sur C, ces trois lignes seront entre elles le rapport des nombres $\sqrt{16}$, $\sqrt{12}$ et $\sqrt{5}$. Mais la difficulté de mesurer les angles des cristaux de la laumonite qui, à cause de leur extrême fragilité, se dérobent pour ainsi dire à l'instrument, ne me permet de donner la détermination précédente que comme approximative.

M. Werner a fait de cette substance une espèce particulière, à laquelle il a donné le nom de *laumonite*, comme hommage rendu à M. Gillet Laumont, membre du Conseil des Mines. Je n'en avais que des cristaux très-incomplets avant la pu-

blication de mon Traité. Je suis redevable à l'amitié de M. Laumont, de ceux qui m'ont procuré des connaissances plus exactes
sur la structure de cette substance. Il est d'abord évident qu'elle
ne peut s'accorder avec celle de la mesotype, parce que dans
ce dernier minéral, les dimensions de la forme primitive dans
le sens horizontal, sont égales entre elles, au lieu que dans
la laumonite elles diffèrent sensiblement. Le défaut de conformité devient encore plus sensible, par la comparaison des
formes secondaires. Dans la mesotype, les sommets forment
des pyramides quadrangulaires dont toutes les faces sont également inclinées les unes sur les autres; dans la laumonite,
il n'y a souvent que deux faces terminales, qui répondent
à P, P (fig. 2). Or un sommet dièdre est incompatible avec
la forme de la mesotype dont la base, qui est un carré, exige
la répétition des mêmes faces, relativement aux quatre côtés
de ce carré.

Il n'en est pas de même de la stilbite. Les deux dimensions de
sa forme primitive sont inégales dans le sens horizontal, comme
cela a lieu pour la laumonite, qui se rapproche encore de la
stilbite par un certain éclat nacré. Mais on n'aperçoit aucuns
joints obliques, en divisant mécaniquement les cristaux de
stilbite, et d'ailleurs les rapports entre les dimensions des
deux formes primitives sont si éloignés de pouvoir se concilier,
que les corrections qu'il faudrait faire à la détermination
des angles de la laumonite, pour rendre ces rapports égaux
ou du moins commensurables, me paraissent excéder de beaucoup les limites des erreurs qui avaient pu être commises dans
la détermination dont il s'agit.

On parvient à préserver les cristaux de cette substance de
l'altération spontanée à laquelle ils sont sujets, en les plongeant,
pour une heure ou deux, dans une forte dissolution de gomme
arabique ou de gomme adragante, après quoi on les retire et
on les laisse sécher.

PRÉHNITE.

Note 65.

Un nouvel examen de la structure des cristaux de prehnite, m'a fait apercevoir des indices sensibles de lames situées parallèlement aux faces latérales de la variété que j'avais nommée *rhomboïdale*, d'où il suit que cette variété représente la forme primitive. Dans ce cas, l'axe électrique passe par le centre du plan qui soudivise cette forme diagonalement. Je n'ai pu encore déterminer le rapport entre le côté de la base et la hauteur, faute d'avoir rencontré des cristaux qui offraient des facettes obliques à cette base. Mais ce qui est déjà connu sur la cristallisation de la prehnite suffit pour caractériser ce minéral. Sa propriété électrique et ses autres caractères physiques achèvent de le faire ressortir à côté des substances avec lesquelles on pourrait être tenté de le confondre.

Analyse de la prehnite du Cap, par Hassenfratz. (Traité, t. III, p. 168.)

Silice, 50. Alumine, 20,4. Chaux, 23,3. Fer, 4,9. Eau, 0,9. Magnésie, 0,5.

De la même, par Klaproth. (Karsten, Tableau minéralogique, p. 31.)

Silice, 43,8. Alumine, 30,88. Chaux, 18,33. Oxyde de fer, 5,66. Eau, 1,83. Total, 100,5.

La série des rapports que présente le résultat précédent entre les quantités de silice, d'alumine et de chaux, en y ajoutant même le fer, se rapproche beaucoup de celles qu'ont données les analyses de plusieurs variétés d'épidote, entre autres du zoïsite, dont le même savant a retiré, silice, 47,5. Alumine, 29,5. Chaux, 17,5. Oxyde de fer et de manganèse, 4,5. Nous avons vu (note 58) que l'analyse du paranthine rentrait à peu près dans la même série. Seulement elle indique une petite quantité de soude qui est de 1,5 sur cent, tandis que cet alkali est nul dans les résultats des autres analyses.

CHABASIE.

Note 66.

Dans la forme primitive (fig. 1), le sinus de la moitié de la plus grande indice des faces est au cosinus comme $\sqrt{8}$ à $\sqrt{7}$, ce qui donne le rapport $\sqrt{17}$ à $\sqrt{15}$ pour celui des diagonales du rhombe.

La différence d'environ $3^d \frac{1}{2}$ entre les angles du rhomboïde de la chabasie et l'angle de 90^d qui caractérise le cube, est si peu sensible à l'œil, qu'elle paraît avoir échappé aux savans qui ont réuni ce minéral avec l'analcime, à moins qu'ils ne l'aient jugée assez petite pour être négligée. Mais cette différence s'agrandit pour ainsi dire à l'infini, dans les résultats des lois de décroissement qui déterminent les formes secondaires, chacune de ces lois agissant uniformément sur tous les bords ou sur tous les angles du cube, parce qu'il n'y a pas de raison pour que l'exception tombe plutôt sur une partie que sur l'autre; tandis que dans le rhomboïde, chaque loi agit de préférence sur certains bords ou sur certains angles, et devient nulle sur d'autres bords ou sur d'autres angles qui ne sont pas dans le même cas que les premiers. (Traité, t. III, p. 185.)

Analyse de la chabasie de Feroë, par Vauquelin. (Annales du Muséum, t. IX, p. 335.

Silice 43,33. Alumine 22,66. Chaux, 3,34. Soude mêlée de potasse, 9,34. Eau, 21. Perte, 0,33.

La seule diversité bien sensible entre ce résultat et celui qu'a offert l'analcime, qui est l'espèce suivante, provient de la quantité d'eau, qui dans ce dernier minéral ne va pas à la moitié de celle que donne la chabasie. Mais si on se rappelle que le principe dont il s'agit varie à peu près entre les mêmes limites dans les deux résultats auxquels l'analyse de la mesotype a conduit MM. Vauquelin et Pelletier, on en conclura qu'il appartenait à la cristallographie plus qu'à la chimie, de détruire la fausse opinion qui a fait regarder pendant long-temps l'analcime et la chabasie comme deux variétés d'une même espèce.

ANALCIME.

Note 67.

Analyse de l'analcime de Montechio Maggiore dans le Vicentin, par Vauquelin. (Ann. du Mus. , t. IX , p. 249.)

Silice, 58. Alumine, 18. Chaux, 2. Soude, 10. Eau, 8,5. Perte, 3,5.

D'une substance du même endroit, nommée par M. Faujas *sarcolithe du Vicentin*, par le même. (*Id.*, p. 248.)

Silice, 50. Alumine, 20. Chaux, 4,5. Soude, 4,5. Eau, 21.

D'une substance de Castel dans le même pays, que M. Faujas regarde aussi comme une sarcolithe, par le même. (Annal. du Mus., t. XI, p. 47.)

Silice, 50. Alumine, 20. Chaux, 4,25. Soude, 4,25. Eau, 20. Perte, 1,5.

Il existe à la montagne de Somma, à laquelle appartient le Vésuve, des cristaux d'un rouge de chair, dont la forme est celle d'un parallélipipède rectangle, avec huit facettes à la place des angles solides. M. Thomson à qui la découverte en est due, leur a donné le nom de *sarcolithe*. D'après les observations que j'ai faites sur des fragmens de ces cristaux qui m'avaient été envoyés par ce célèbre naturaliste, l'incidence de chaque facette additionnelle sur les faces adjacentes du parallélipipède ne s'écarte pas beaucoup de 125^d, ce qui paraît indiquer que les cristaux sont des solides cubo-octaèdres. Il est du moins certain que les faces principales font entre elles des angles droits. Ces cristaux ayant un tissu vitreux, et étant assez durs pour rayer le verre, j'ai présumé qu'ils étaient une variété de l'analcime.

D'une autre part, on trouve dans le Vicentin, à Montechio Maggiore et à Castel, une substance qui a beaucoup d'analogie avec celle dont je viens de parler. Elle forme en général de petites masses d'un rouge incarnat, engagées dans une wacke. Quelques-unes ont une cassure moins vitreuse et plus mate que celle de la sarcolithe de Thomson ; elles sont en même temps assez tendres, et c'est sans doute le résultat d'une expérience faite sur l'une d'elles qui a porté M. Vauquelin à dire que d'après le peu de dureté de la sarcolithe, on serait déjà forcé de la regarder comme une espèce différente de l'analcime. (Annales du Mus., t. IX, p. 242.)

La substance dont je viens de parler accompagne des cristaux d'analcime blanchâtre. En la suivant sur les divers morceaux qui lui servent de gangue, on la voit se rapprocher par degrés du même minéral, en prenant un tissu vitreux. Elle devient capable de rayer fortement le verre, et les morceaux dont il s'agit présentent, à certains endroits, des cristaux qui réunissent à la forme de l'analcime trapézoïdal la couleur de la sarcolithe, et qui paraissent offrir le dernier terme de la gradation à l'aide de laquelle celle-ci passe à l'autre.

S'il était vrai, comme le pense M. Vauquelin, que certains cristaux d'une forme analogue à celle du quarz prismé, que M. Léeman a dégagés d'une masse de la sarcolithe de Castel, appartinssent à cette substance, on aurait, dans une même espèce, deux formes qui semblent se repousser, attendu que le prisme terminé par des pyramides hexaèdres et le cube, doivent être regardés comme des quantités hétérogènes, relativement à un même système de cristallisation.

Les différences qu'offrent les analyses de l'analcime et de la sarcolithe, dans les quantités d'eau et de soude qu'ont données ces deux minéraux, ne paraîtront pas assez marquantes pour déterminer ici une ligne de séparation, surtout si l'on considère que la ressemblance des mêmes analyses avec celle de la chabasie, pourrait tout aussi bien passer pour l'indice d'un rapprochement entre ce dernier minéral et les deux autres, dont il est cependant si éloigné par ses caractères géométriques et physiques. Au reste, tout ce que je prétends inférer de cette discussion, c'est que jusqu'ici il est probable que la sarcolithe doit être associée à l'analcime. Mais quand des observations ultérieures démontreraient un jour le contraire, il ne pourrait en résulter aucune objection fondée contre la cristallographie, puisque la forme cubique est susceptible d'appartenir à des minéraux de diverse nature.

NEPHÉLINE.

Note 68.

Dans la forme primitive (fig. 3), le rapport entre la perpendiculaire menée du centre de la base sur un des côtés et la hauteur, est celui de $\sqrt{7}$ à $\sqrt{2}$.

Analyse de la nephéline, par Vauquelin. (Bull. des Sciences de la Société Philom., floréal, an V, p. 13.)

Silice, 46. Alumine, 49. Chaux, 2. Oxyde de fer, 1. Perte, 2.

HARMOTOME.

Note 69.

Dans la forme primitive (fig. 10), la demi-diagonale du carré, qui est la base commune des deux pyramides, est à la hauteur de chacune d'elles, comme 3 est à 2.

Analyse de la variété cruciforme d'Andreasberg, par Klaproth. (B., t. II, p. 83.)

Silice, 49. Baryte, 18. Alumine, 16. Eau, 15. Perte, 2.

De la variété dodécaèdre d'Oberstein, par Tassaërt. (Traité, t. III, p. 193.)

Silice, 47,5. Baryte, 16. Alumine, 19,5. Eau, 13,5. Perte, 3,5.

PÉRIDOT.

Note 70.

Dans la forme primitive (fig. 5), les trois dimensions B, G, C sont entre elles dans le rapport des nombres $\sqrt{5}$, $\sqrt{8}$ et 5.

Analyse du péridot cristallisé, par Klaproth (B., t. I, p. 110.)

Silice, 39. Magnésie, 43,5. Oxyde de fer, 19. Total, 101,5.

Du même, par Vauquelin. (Journal des Mines, n° 24, p. 73.)

Silice, 38. Magnésie, 50,5. Oxyde de fer, 9,5. Perte, 2.

Du péridot granuliforme d'Unkel, par Klaproth. (B., t. I, p. 118.)

Silice, 5o. Magnésie, 38,5. Oxyde de fer, 12. Chaux, o,25. Total, 100,75.

Du péridot granuliforme de Karlsberg, par le même. (*Ibid.*, p. 121.)

Silice, 52. Magnésie, 37,75. Oxyde de fer, 10,75. Chaux, o,12. Total, 100,62.

Les minéralogistes étrangers séparent encore aujourd'hui le péridot granuliforme, sous le nom d'*olivin*, de celui qui est cristallisé, et qu'ils appellent *chrysolithe*. Seulement ils placent ces deux espèces l'une à côté de l'autre dans la méthode. M. Klaproth nous apprend (*ibid.*, p. 112), que des recherches orictognostiques avaient forcé M. Werner de séparer de la chrysolithe ordinaire la variété granuliforme, et d'en faire un *genre* particulier, auquel il a donné le nom d'*olivin*. Cependant les descriptions des deux substances, par M. Emmerling, d'après les principes de M. Werner, n'indiquent que des différences accidentelles (Brochant, Traité de Minér., t. 1, p. 170 *et suiv.*). Effectivement, quoique M. Emmerling insiste sur ce que la surface extérieure des fragmens anguleux et des cristaux roulés de chrysolithe est écailleuse ou esquilleuse à écailles fines, « caractère, dit-il, très-distinctif pour la chrisolithe, en ce qu'on ne le remarque dans aucune autre pierre », on sent bien qu'une semblable modification ne tient pas à la nature intime de la substance qui la présente, et je puis assurer qu'elle n'existe pas dans tous les fragmens de chrysolithe. La différence entre les quantités relatives des principes composans, surtout de la silice, dont il existe environ $\frac{1}{4}$ de plus dans l'olivin que dans la chrysolithe, paraîtrait devoir offrir à ceux qui classent les minéraux d'après l'analyse, une raison plus décisive pour séparer celle-ci. Mais M. Klaproth lui-même ne croit pas que cette différence doive empêcher de les laisser ensemble dans une même espèce (*id.*, p. 121). La géométrie des cristaux indique évidemment cette réunion, en nous offrant dans les mêmes basaltes qui renferment l'olivin, des corps qui appartiennent à la cristallisation du péridot, et qui ont d'ailleurs tous les caractères de cette

substance (Traité, t. IV, p. 204). Cette observation a été re-
nouvelée depuis peu par M. Marcel de Serres, minéralogiste
d'un mérite distingué. (Observations pour servir à l'Histoire des
Volcans éteints, etc., Montpellier, pp. 88 et 89.)

M I C A.

Note 71.

Dans la forme primitive (fig. 6), la perpendiculaire menée
entre deux côtés opposés de la base est à la hauteur G ou H
comme 1 à 3. Mais peut-être ce rapport n'est-il qu'approximatif.

Analyse du mica de Zinwalde, par Klaproth. (Karsten,
Tabl. minér., p. 31.)

Silice, 47. Alumine, 20. Potasse, 13. Oxyde de fer, 15,5.
Oxyde de manganèse, 1,75. Perte, 2,75.

Du mica foliacé (verre de Moscovie), par le même. (Journal
de Phys., janvier 1809, p. 35.)

Silice, 48. Alumine, 34,25. Potasse, 8,75. Oxyde de fer, 4,5.
Oxyde de manganèse, 0,5. Perte, 4.

Du mica noir de Sibérie, par le même. (*Ibid.*)

Silice, 42,5. Alumine, 11,5. Potasse, 10. Oxyde de fer, 22.
Oxyde de manganèse, 2. Magnésie, 9. Perte, 3.

La première de ces analyses ne diffère sensiblement de celle
du feld-spath dit *adulaire*, faite par M. Vauquelin (*voyez*
note 46), qu'en ce que la quantité de silice qu'elle indique
est plus petite à peu près dans le rapport de 3 à 4. La différence est compensée par une quantité surabondante de fer.

P I N I T E.

Note 72.

Dans la forme primitive (fig. 3), le rapport entre la perpendiculaire menée du centre de la base sur un des côtés et la
hauteur G, est celui de $\sqrt{4}$ à $\sqrt{5}$. Ce rapport pourra subir
une légère correction, lorsque l'on aura des cristaux de pinite
émarginée susceptibles de donner avec plus de précision les

incidences des facettes obliques, soit sur les pans adjacens, soit sur les bases. Mais ces incidences, telles que je les ai observées, se rapprochent trop sensiblement de l'égalité dans les pinites de Saxe et dans celles de France, pour laisser aucun doute sur l'identité des molécules de ces deux substances.

Analyse de la pinite de Saxe, par Klaproth. (Journal des Mines, n° 100, p. 311.)

Silice, 29,5. Alumine, 63,75. Oxyde de fer, 6,75.

De la pinite de France, par Drappier. (*Ibid.*)

Silice, 46. Alumine, 42. Oxyde de fer, 2,5. Perte par la calcination, 7. Perte, 2,5.

M. Drappier conclut de la comparaison de ces deux analyses, ou que la pinite de France n'est pas la même substance que celle de Saxe, ou que des minéraux qui ont beaucoup de caractères extérieurs communs, et surtout la même forme, peuvent varier, tant dans leurs propriétés chimiques que dans les proportions de leurs principes constituans. Si ces proportions ont été exactement déterminées dans le cas présent, comme l'habileté des chimistes qui ont fait les analyses invite à le croire, la seconde partie de la disjonctive devient évidente par elle-même, et la condition tacite qu'elle emporte avec elle, savoir, que les minéraux dont il s'agit doivent être regardés comme formant une même espèce, tire une nouvelle force de l'identité du rapport entre les dimensions de leurs molécules intégrantes, fondée sur l'observation dont j'ai parlé plus haut.

DISTHÈNE.

Note 73.

Dans la forme primitive (fig. 44), la ligne menée d'un point quelconque de l'arête F perpendiculairement sur l'arête inférieure de la face opposée à M, est aussi perpendiculaire sur l'une et l'autre face, et son rapport avec le côté G ou H est celui de $\sqrt{12}$ à 1. De plus, si l'on désigne le côté F par 19, la perpendiculaire menée de l'angle O sur le bord vertical H' sera représentée par 18, et cette perpendiculaire étant prise pour le rayon relativement à l'angle que forme la face T avec la face opposée à M, le cosinus de cet angle sera égal à 4. Les dimensions que je donne ici ont été déterminées long-temps après l'impression de mon Traité, sur un cristal dont je suis redevable à l'amitié de M. Bigot de Morogue, minéra-logiste très-instruit. La forme de ce cristal que je crois unique jusqu'ici, est celle d'un prisme octogone terminé par des pyra-mides à quatre faces.

Analyse, par Théodore de Saussure. (Voyages dans les Alpes, n° 1900.)

Alumine, 54,5. Silice, 30,62. Chaux, 2,02. Magnésie, 2,3. Oxyde de fer, 6. Eau et perte, 4,56.

Par Laugier. (Annales du Mus., t. v, 25ᵉ Cahier, p. 17.)

Alumine, 55,5. Silice, 38,5. Chaux, 0,5. Oxyde de fer, 2,75. Eau et perte, 2,75.

DIPYRE.

Note 74.

Analyse, par Vauquelin. (Traité, t. III, p. 243.)

Silice, 60. Alumine, 24. Chaux, 10. Eau, 2. Perte, 4.

Les seuls cristaux de cette substance que j'aye eus d'abord à ma disposition, étaient des prismes aciculaires groupés dans le sens de leur longueur, et dont les parties saillantes offraient deux ou trois pans inclinés entre eux sous de grands angles. D'après cet aperçu, je supposai que leur forme était celle d'un prisme hexaèdre régulier. En observant depuis des cristaux isolés de ce minéral, je crus leur reconnaître huit pans qui, étant pris de deux en deux, me paraissaient former entre eux des angles droits. Pour vérifier cette idée, autant que pouvait le permettre la ténuité de ces prismes, j'en fixai un sur le sommet d'un petit prisme de zircon dioctaèdre, et je le fis mouvoir jusqu'à ce que les deux axes étant parallèles l'un à l'autre, le reflet de la lumière d'une bougie se fît voir en même temps sur un des pans du prisme de zircon, et sur un de ceux du prisme de dipyre. Je fis ensuite tourner l'assemblage des deux prismes, et la coïncidence des reflets ayant continué d'avoir lieu relativement aux autres pans, je jugeai que ceux du prisme de dipyre faisaient aussi entre eux des angles de 135^d, et il me parut qu'à chacun d'eux répondait un joint naturel. Mais l'observation dont je viens de parler ne fait connaître qu'en partie la forme primitive du dipyre. Il faudrait avoir des cristaux pourvus de sommets réguliers, pour comparer la structure de ce minéral avec celle de quelques autres dont les divisions latérales sont les mêmes, et en particulier, avec ceux du paranthine qui se fondent aussi en se boursouflant, et qui sont composés des mêmes principes, quoiqu'en proportion sensiblement différente.

ASBESTE.

Note 75.

Analyse de l'asbeste flexible, par Chenevix. (Brongniart, Traité de Minér., t. I, p. 479.)

Silice, 59. Magnésie, 25. Chaux, 9. Alumine, 3. Perte, 4.

Nous ignorons si l'asbeste n'est pas une variété filamenteuse de quelqu'autre substance déjà classée dans la Méthode. Saussure regardait celui que je nomme *dur*, comme une cristallisation de la serpentine (voyages, n° 121). M. Cordier a présumé que tous les asbestes pourraient bien appartenir à l'amphibole. L'analyse qu'a publiée M. Chenevix de la variété filamenteuse, semble favoriser cette conjecture, par son analogie avec celle de l'actinote qui a pour auteur M. Laugier.

TALC.

Note 76.

Analyse du talc laminaire, par Vauquelin. (Journal des Mines, n° 88, p. 243.

Silice, 62. Magnésie, 27. Fer oxydé, 3,5. Alumine, 1,5. Eau, 6.

L'analyse du talc écailleux a donné un résultat analogue,

excepté que la magnésie s'y trouve dans le rapport de 38 sur 100.

Du même, par Klaproth. (Karsten, Tabell., p. 43.)

Silice, 61,75. Magnésie, 30,5. Potasse, 2,75. Fer, 2,5. Eau, 0,25. Perte, 2,25.

Du talc stéatite de Baireuth, par le même. (B., II, p. 179.)

Silice, 59,5. Magnésie, 30,5. Fer oxydé, 2,5. Eau, 5,5. Perte, 2.

D'un talc stéatite rouge incarnat, par Vauquelin. (Journal des Mines, n° 88, p. 244.)

Silice, 64. Magnésie, 22. Alumine, 3. Fer et manganèse, 5. Eau, 5. Perte, 1.

Du talc ollaire, par Wiegleb. (Karsten, Tabell., p. 43.)

Silice, 38,12. Magnésie, 38,54. Alumine, 6,66. Chaux, 0,41. Fer, 15,02. Acide fluorique, 0,41. Perte, 0,84.

Du talc chlorite terreux, par Vauquelin. (Journ. des Mines, n° 39, p. 167.)

Silice, 26. Alumine, 18,5. Magnésie, 8. Oxyde de fer, 43. Muriate de soude ou de potasse, 2. Perte, 2,5. (1)

Du talc zographique (terre de Vérone), par Klaproth. (B., t. IV, p. 241.)

Silice, 53. Magnésie, 2. Oxyde de fer, 28. Potasse, 10. Eau, 6. Perte, 1.

Du même, par Vauquelin. (Annales du Muséum, t. IX, 50° cahier, p. 86.)

Silice, 52. Magnésie, 6. Fer oxydé, 23. Alumine, 7. Potasse, 7,5. Eau, 4. Perte, 0,5.

La forme prismatique hexaèdre que présente quelquefois le talc, n'étant modifiée par aucunes facettes additionnelles, ne peut fournir d'indications propres à nous diriger dans la classification de cette substance. La chimie supplée ici d'une

---

(1) Je n'ai pas cru devoir rapporter ici deux analyses faites plus anciennement par Hœpfner, dont l'une, qui a eu pour sujet la même variété, indique 43,75 parties de magnésie pour 100 (Saussure, Voyages, n° 724), et l'autre, qui se rapporte à la variété compacte, en indique 39 parties. (Annales de Crell, 1790, t. 1, p. 56.)

manière d'autant plus avantageuse au silence de la cristallographie, que les principales variétés de talc jouissent d'une
homogénéité dont elles portent pour ainsi dire l'empreinte. De
là vient que d'un côté les résultats de MM. Klaproth et Vauquelin, relativement au talc laminaire, se servent mutuellement de preuve, par leur conformité, et que d'un autre
côté il règne un accord satisfaisant entre ces résultats et ceux
que les mêmes chimistes ont obtenus en opérant, l'un, sur la
stéatite de Baireuth, l'autre, soit sur le talc écailleux, soit sur la
stéatite d'un rouge incarnat. L'analyse faite par M. Wiegleb
du talc ollaire, qui est moins homogène, ne diffère pas assez
des précédentes, pour indiquer ici une ligne de séparation.
Enfin, si celle du talc chlorite a donné plus d'alumine, moins
de magnésie, et incomparablement plus de fer, on doit, ce
me semble, attribuer la différence à un défaut de pureté
qui a lieu dans cette substance, et dont elle offre l'indice,
lorqu'après l'avoir broyée, on distingue dans sa poussière
une multitude de parcelles talqueuses et brillantes, disséminées
parmi des grains terreux. La terre de Vérone dont M. Klaproth n'avait retiré que deux parties de magnésie, en offre
six dans le résultat de M. Vauquelin, qui se rapproche à
cet égard de celui qu'a donné à ce dernier chimiste *le talc
chlorite ;* et quoiqu'elle en diffère par les quantités relatives
des autres principes, on a lieu de présumer qu'elle n'est de
même qu'un talc modifié par des matières accidentelles, et
surtout par le mélange d'une grande quautité de fer qui s'y
trouve dans un état particulier.

Ici se termine la série des substances que j'ai cru devoir
encore laisser ensemble sous le nom de *talc.* D'ailleurs la
plupart des variétés qu'elles présentent ont dans la nature des
rapports de position qui semblent offrir une nouvelle raison
de les rapprocher dans la Méthode. J'observerai même qu'il
est nécessaire de faire intervenir ici la considération de ces
rapports et en même temps celle des caractères physiques.
Car si l'on prenait les analyses isolément, on pourrait être tenté
d'associer à la même série, la variété de diallage que j'ai

nommée *Bronzite*, celle-ci étant composée ainsi qu'il suit :
Silice , 60. Magnésie . 27. Fer oxydé, 10,5. Eau, 0,5. Il y a
eu 2 de perte.

Il reste deux substances, savoir : le talc glaphique (vulgairement *Pierre de lard*), et le talc granuleux, que j'ai cru
devoir détacher de cette espèce , pour les renvoyer à l'Appendice dans lequel j'ai placé les minéraux dont la classification est encore incertaine.

Le talc stéatite se montre, dans certains endroits, sous
des formes qui appartiennent à d'autres espèces, et dont
l'origine est une sorte de mystère, qui peut-être exercera
encore long-temps la sagacité des naturalistes, avant d'être
entièrement éclairci. On connaît depuis long-temps les corps
réguliers semblables au quarz-hyalin prismé, qui se trouvent
à Baireuth, en Franconie, et dont la matière est de la même
nature que celle de la stéatite dans laquelle ils sont engagés.
Non-seulement ces corps n'offrent aucune différence dans la
mesure de leurs angles avec les cristaux de quarz, mais plusieurs
ont comme eux des stries qui sillonnent transversalement les
pans de leurs prismes. En considérant ces corps comme des
pseudomorphoses, on a de la peine à concevoir comment a
pu s'opérer la destruction des cristaux quarzeux qu'ils ont
remplacés, et l'on ne conçoit guère mieux par quel accès une
nouvelle matière serait venue se mouler, comme après coup,
dans les cavités restées libres par leur retraite. D'ailleurs les
pseudomorphoses diffèrent ordinairement, par leur nature, de
la matière enveloppante. Mais les corps dont il s'agit en partagent
tous les caractères, la couleur blanc-jaunâtre, l'onctuosité au
toucher, la propriété d'acquérir une forte électricité résineuse
par le frottement , lorsqu'ils sont isolés, et celle de communiquer à la cire d'Espagne l'électricité vitrée, lorsqu'ils servent
eux-mêmes de frottoirs. Ce qui paraît cependant confirmer
l'opinion que ces corps sont des pseudomorphoses, c'est que la
même stéatite contient aussi quelquefois de véritables cristaux
quarzeux, qui sont restés intacts.

M. Champeaux, ingénieur des mines, a trouvé dans une

14

stéatite de la vallée de Liége, près du glacier du Mont-Rose, des corps réguliers analogues à ceux dont je viens de parler, mais dans lesquels les arêtes contiguës aux sommets étaient remplacées par des facettes. Cette nouvelle forme avait paru d'abord d'autant plus singulière, que jusqu'alors on ne l'avait point observée parmi les variétés du quarz. Mais la surprise a cessé, depuis que M. Tondi a reconnu cette même forme sur des cristaux de ce dernier minéral, qui venaient d'Obers-tein, et servaient de support à des cristaux de chabasie. Seulement, il faut y regarder de près, pour apercevoir les facettes additionnelles qui sont très-étroites, quoique très-prononcées. J'ai cherché la loi d'où dépendent ces facettes, et j'ai trouvé que c'est une loi intermédiaire, dont le signe rapporté au noyau rhomboïdal (pl. 1, fig. 1.), est (E^2 $^{\frac{5}{4}}E$ B^2 D^1). Je donne à cette variété le nom de *quarz-hyalin emarginé*, parce qu'on peut la considérer comme un dérivé de la variété dodécaèdre, dont toutes les arêtes soit horizontales, soit obliques, seraient remplacées par des facettes.

On retire aussi de la stéatite de Baireuth des rhomboïdes semblables, les uns à la chaux carbonatée primitive, quelquefois à faces curvilignes, comme dans les cristaux ferromanganésifères de la même substance ; les autres à la chaux carbonatée équiaxe ; et de plus, des dodécaèdres qui ont exactement la même forme que celui qui est connu sous le nom de *métastatique*. En rapprochant cette observation de celle que fournissent les corps dont j'ai parlé en premier lieu, on a une double garantie en faveur de l'opinion que la stéatite n'offre ici que des formes d'emprunt, dont les types existaient d'avance dans les cristaux qui lui ont cédé leur place.

M. Brochant paraît avoir balancé entre cette même opinion, et celle qui consisterait à regarder les différens cristaux dont je viens de parler, comme provenant d'un mélange soit de quarz et de stéatite, soit de chaux carbonatée et de la même substance (1). Dans cette hypothèse, la matière siliceuse ou

_____

(1) Traité élémentaire de Minéral., t. 1, pp. 475 et 476.

calcaire aurait imprimé au mélange le caractère de sa propre forme ; comme dans la cristallisation du grès de Fontainebleau, la chaux carbonatée a maîtrisé les molécules siliceuses qui se sont mêlées avec les siennes, sans nuire à la tendance qu'avaient celles-ci, pour produire le rhomboïde inverse. Mais ce qui semble contrarier cette dernière opinion, au moins à l'égard des corps qui ont pris des formes analogues à celles de la chaux carbonatée, c'est que si l'on met dans l'acide nitrique un de ces corps, ou même sa poussière, on n'aperçoit aucune effervescence ; et cette observation, qui vient à l'appui de la conjecture que ces corps sont des pseudomorphoses, nous conduit, par l'analogie, à concevoir la même idée de ceux qui présentent la forme du quarz.

On dirait que la stéatite est douée d'une disposition particulière, pour copier les cristaux qui appartiennent à d'autres minéraux. Je suis redevable à l'amitié du célèbre Jurine, d'un fragment détaché d'un porphyre qui se trouve à Carlsbaden, en Bohême, et dont la pâte paraît être un feld-spath qui passe à l'état terreux. Ce feld-spath renferme, outre des cristaux de quarz et quelques parcelles de mica, des corps verdâtres, dont la matière présente tous les caractères d'une stéatite, et dont la forme est, autant que j'ai pu en juger, celle du feld-spath unibinaire. Si ces corps sont des pseudomorphoses, comment le feld-spath qui les enveloppe, a-t-il échappé à l'action de la cause qui a détruit les cristaux de ce même feld-spath, que remplace aujourd'hui la stéatite ? Mais d'une autre part on ne peut pas présumer que les corps dont il s'agit, ne soient autre chose que des épigénies, c'est-à-dire des cristaux de feld-spath modifiés par l'effet d'une altération spontanée. Car lorsque le feld-spath s'altère, c'est pour se convertir en une matière que l'on appelle *kaolin*, et qui est aride au toucher.

Enfin j'ai acquis récemment des morceaux d'une roche argileuse dont j'ignore la localité, et dans laquelle sont engagés une multitude de corps réguliers d'un vert obscur qui, présentent, d'une manière très-prononcée, la forme du pyroxène triunitaire. La matière de ces corps participe des caractères du talc-chlorite vert, et du talc zograhique dit *Terre de Vérone*. On sait que les pyroxènes des différens pays présentent des diversités sensibles dans leur tissu (*voyez* la note 52) ; mais toujours ce tissu est lamelleux, et dans le cas présent il aurait été remplacé par un aspect terreux, si l'on supposait que les corps dont je viens de parler fussent des pyroxènes altérés, plutôt que des pseudomorphoses.

Au reste, le seul but que je me sois proposé ici, a été de rassembler sous un même point-de-vue, les formes étrangères qu'affectent la stéatite ou les substances qui ont du rapport avec elle, et de faire connaître les conditions du problème dont elles offrent le sujet, et les difficultés qu'il s'agit de lever pour résoudre ce problème d'une manière satisfaisante.

M A C L E.

Note 77.

Dans la forme primitive (fig. 2), si du centre on mène une première ligne qui aboutisse à l'angle E, une seconde qui soit perpendiculaire sur C et une troisième qui le soit sur G, ces lignes seront entre elles comme les nombres $\sqrt{15}$, $\sqrt{5}$ et $\sqrt{18}$. Je ne donne pas ces dimensions comme définitives. Le rapport $\sqrt{15}$ à $\sqrt{5}$ qui dépend de la supposition que les faces P, P soient inclinées entre elles de 120^d, mériterait surtout d'être vérifié par des moyens plus précis que ceux que j'ai été à portée d'employer, cet angle n'ayant pu être estimé que par aperçu, à l'aide des portions de lames que les fractures faites à la macle avaient mises à découvert. Quoi qu'il en soit, ce qui est connu de la structure de ce minéral, offre déjà des indices non équivoques d'une espèce particulière ; et il semble même qu'ici les caractères que l'on saisit du premier coup-d'œil soient faits pour prévenir les résultats de la Géométrie, en nous offrant dans la macle une singularité aussi remarquable que celle d'une mosaïque exécutée par la cristallisation.

ALLOCHROÏTE.

Note 78.

Analyse, par Vauquelin. (Tableau Méthod. des esp. minér., par M. Lucas, fils, p. 330.)

Silice, 35. Chaux, 30,5. Alumine, 8. Oxyde de fer, 17. Chaux carbonatée, 6. Manganèse, 3,5.

Si l'on fait abstraction de la chaux carbonatée, le résultat devient : Silice, 37,3. Chaux, 32,5. Alumine, 8,5. Oxyde de fer, 18. Manganèse, 3,7.

Par Rose. (Karsten, Tabel., 33.)

Silice, 37. Chaux, 30. Oxyde de fer, 18,5. Alumine, 5. Oxyde de manganèse, 6,25. Perte, 3,25.

J'avais soupçonné depuis long-temps que l'allochroïte était un mélange de grenat et de chaux carbonatée(Tableau Méthod. des esp. minér., par M. Lucas fils, *ibid.*). Il diffère cependant du grenat, en ce qu'il n'a point comme lui un tissu vitreux, et en ce qu'il résiste davantage à la percussion. Comme la forme du dodécaèdre rhomboïdal n'est point d'ailleurs décisive par elle-même, et qu'il n'est pas certain que tous les corps qui ont été réunis jusqu'ici sous le nom de *grenat*, ne composent qu'une même espèce, je n'ai pas cru devoir placer, au moins quant à présent, l'allochroïte parmi eux. A la vérité, les analyses qui ont été faites de ce minéral se rapprochent beaucoup de celle du grenat noir (melanit), qui a donné , Silice, 34. Chaux, 33. Alumine, 6,4. Oxyde de fer, 25,5, avec une perte de 1,1. Mais le melanit est une des substances rangées dans l'espèce du grenat à laquelle on serait le moins tenté d'associer l'allochroïte, d'après l'indication des caractères physiques.

ALUMINE PURE.

Note 79.

Analyse, par Simon de Berlin. (Journ. de Scherer, t. IX, p. 162.)

Alumine, 32,5. Eau, 47. Acide sulfurique, 19,25. Silice, 0,45. Chaux, 0,35. Oxyde de fer, 0,45.

M. de Fourcroy qui, depuis l'époque où cette analyse a été publiée, a fait une suite très-intéressante d'expériences sur le même minéral, y a trouvé, outre l'alumine, de la chaux sulfatée, de la chaux non acidifère, de l'eau, et quelques atomes de silice (Annal. du Mus. d'Hist. nat., t. 1, p. 43 *et suivantes*). La petite quantité sur laquelle il a opéré ne lui a pas permis de déterminer exactement le rapport de ces différens principes; mais on voit par le résultat de son opération, qu'il regarde l'acide sulfurique comme étant combiné avec la chaux et non pas avec l'alumine, ce qui suppose que la quantité relative de chaux renfermée dans les morceaux qu'il a soumis à l'expérience, était plus considérable que celle qu'indique le résultat obtenu par M. Simon. Au reste M. de Fourcroy se propose de reprendre son travail sur la même substance, s'il peut s'en procurer une quantité suffisante. Nous saurons alors dans quelle classe elle doit être rangée.

Cette substance a été découverte dans un jardin à Halle en Saxe, et M. Videnmann la regardait comme un résidu de quelqu'opération chimique qu'on aurait faite dans la pharmacie de la maison des Orphelins, qui n'est pas éloignée du jardin dont je viens de parler. Cependant la plupart des minéralogistes s'accordent aujourd'hui à la considérer comme un produit de la nature, et cette opinion est d'autant mieux fondée, qu'on a retrouvé depuis le même minéral dans d'autres endroits.

AMIANTHOÏDE.

Note 80.

M. Cordier conjecture que cette substance n'est autre chose qu'un amphibole capillaire. Les résultats de l'analyse s'accordent assez bien avec l'opinion de ce savant minéralogiste, au moins si l'on s'en tient à celui que M. Laugier a obtenu pour l'amphibole, savoir : Silice, 42. Chaux, 9,8. Magnésie, 10,9. Alumine, 7,69. Oxyde de fer, 22,69. Oxyde de manganèse, 1,15.

Eau, 1,92. Perte, 3,85. Voici celui que l'amianthoïde a offert
à M. Vauquelin (Traité, t. IV, p. 335). Silice, 47. Chaux, 11,3.
Magnésie, 7,3. Oxyde de fer, 20. Oxyde de manganèse, 10.
Perte, 4,4.

Une raison plus décisive en faveur du rapprochement dont il
s'agit serait celle qu'offrirait une succession de morceaux provenant d'une même formation, et sur lesquels on suivrait de
l'œil le passage de l'amphibole cristallisé ou laminaire à l'a-
mianthoïde.

ANTHOPHYLLITE.

Note 81.

Analyse par John. (Journ. de Chimie et de Phys. de Gehlen,
t. II, p. 503.)

Silice, 62,66. Alumine, 13,33. Magnésie, 4. Chaux, 3,33.
Oxyde de fer, 12. Oxyde de manganèse, 3,25. Eau, 1,43.

La substance avec laquelle j'ai pensé qu'il faudrait comparer celle-ci, sous le rapport de la géométrie, dans le cas
où l'on pourrait déterminer avec précision la structure de
l'une et de l'autre, serait l'hypersthène. Ce dernier est d'ailleurs plus dur et plus pesant ; son tissu est moins lamelleux,
et son éclat tire plus sensiblement sur le métallique. Quant aux
analyses, elles offrent, à la vérité, les mêmes principes de part
et d'autre, mais avec des quantités relatives très-différentes,
celle de l'hypersthène, faite par M. Klaproth, ayant donné
le résultat suivant : Silice, 54,25. Alumine, 2,25. Magnésie, 14.
Chaux, 1,5. Oxyde de fer, 24,5. Eau, 1. Perte, 2,5.

APLOME.

Note 82.

Analyse par Laugier. (Annales du Mus., t. IX, 54e Cahier,
p. 271.)

Silice, 40. Alumine, 20. Chaux, 14,5. Oxyde de fer, 14,5.
Oxyde de manganèse, 2. Silice ferruginée, 2. Perte par la
calcination, 2. Perte, 5.

Ce résultat ne ressemble point à celui qu'ont donné les analyses du grenat dit oriental, surtout en ce qu'il indique une quantité notable de chaux, au lieu que ce principe est presque nul dans le grenat oriental.

Le même résultat diffère de ceux auxquels ont conduits les grenats communs, en ce qu'il a donné sensiblement plus d'alumine que de chaux, au lieu que c'est le contraire dans les grenats dont il s'agit. La composition de l'aplome est bien plus voisine de celle d'un autre minéral avec lequel celui-ci n'a d'ailleurs aucun rapport; c'est l'épidote d'Arendal, dont M. Vauquelin a retiré les principes suivans : Silice, 37. Alumine, 21. Chaux, 15. Oxyde de fer, 24. Oxyde de manganèse, 1,5. La perte a été de 1,5.

Des observations récentes m'ont fait apercevoir dans les endroits fracturés des cristaux d'aplome, de petites portions de lames situées parallèlement aux faces d'un cube, ce qui s'accorde avec les directions des stries qui sillonnent la surface des cristaux. En admettant donc ici le cube pour forme primitive, on ne trouve, parmi les substances terreuses que l'analcime et l'amphigène auxquels cette forme soit commune avec l'aplome. Mais il est facile de les distinguer de ce dernier à l'aide des caractères physiques ou chimiques, et la double structure de l'amphigène suffirait seule pour empêcher de le confondre avec l'aplome. Peut-être pourrait-on dès maintenant, ranger celui-ci comme espèce particulière parmi les substances terreuses, s'il n'était plus convenable d'attendre le moment où l'on sera à portée de soumettre à un nouvel examen les differentes substances que l'on a nommées *grenats*, ou qui ont avec elles une grande analogie.

BERGMANNITE.

Note 83.

Les caractères que j'ai indiqués pour aider à reconnaître ce minéral, ont été observés sur un morceau d'un beau choix. Mais l'état où il s'y trouve n'étant susceptible d'aucune détermination précise, c'est moins le bergmannite qu'un individu particulier de ce minéral que j'ai décrit. On le trouve à Friderichswern, en Norwège, où il est accompagné de feldspath tantôt d'un rouge-brun, et tantôt d'un rouge-incarnat.

DIASPORE.

Note 84.

Analyse, par Vauquelin. (Traité, t. IV, p. 359.)
Alumine, 80. Eau, 17. Fer, 3.

Si le résultat de cette analyse se soutenait dans de nouvelles expériences, et s'il était vrai, comme le pense le célèbre auteur de la Statique Chimique (t. I, p. 436), que l'eau n'eût qu'une faible influence sur les propriétés caractéristiques des minéraux, le diaspore considéré sous le point-de-vue de la chimie ne différerait point du corindon, quoiqu'il en soit d'ailleurs si éloigné par sa structure et par ses caractères physiques.

FELD−SPATH APYRE.

Note 85.

Analyse, par Vauquelin. (Brongniart, Traité de Minér., t. I, p. 363.)

Alumine, 52. Silice, 38. Potasse, 8. Fer oxydé, 2.

J'ai exposé les motifs qui pouvaient faire douter auquel du feld-spath ou du corindon la substance qui fait l'objet de cet article, devait être rapportée (Traité, t. IV, p. 364). J'ai répété depuis, l'expérience indiquée (*ibid.* p. 366), avec deux nouveaux parallélipipèdes obtenus, l'un par la division mécanique du feld-spath ordinaire, l'autre par celle de la substance qui nous occupe. Je suis parvenu à les disposer sur un même support, de manière que les reflets de la lumière d'une bougie fussent renvoyés simultanément à mon œil par leurs faces correspondantes, tandis que je faisais mouvoir le support en divers sens, ce qui annonçait le parallélisme des mêmes faces, et par suite la similitude des deux petits solides. Quoique cette expérience ne soit pas rigoureuse, on conçoit néanmoins que son résultat ne doit pas s'éloigner beaucoup de la vérité. D'après l'analyse précédente, elle ne peut être un corindon, celui-ci n'étant composé essentiellement que d'alumine. A l'égard du feld-spath, les principes indiqués dans l'analyse sont bien les mêmes que les siens; mais leur rapport est très-différent. Si je voulais hasarder ici une conjecture fondée sur cette même analyse, je remarquerais d'abord, que dans le feld-spath lim- pide (note 46), les quantités d'alumine, de silice et de potasse sont entre elles comme les nombres 20, 64 et 14, rapport qui est le même que celui des nombres 11; 35,2; 7,7. Or le résultat cité plus haut donne, pour les quantités correspondantes, 52, 38 et 8, ou 41 + 11, 38 et 8; d'où l'on voit que ce résultat ne s'écarte bien sensiblement de celui qu'a offert le feld-spath, qu'en raison d'un excès d'alumine égal à 41 parties. On pourrait donc soupçonner que cet excès fût l'indice d'une certaine quantité de terre alumineuse analogue à celle dont est com- posé le corindon, qui s'est mêlée au feld-spath, et à laquelle celui-ci doit l'accroissement de sa dureté et de sa pesanteur spécifique, ainsi que sa résistance à la fusion. Ce soupçon est conforme à une ancienne idée de M. de Bournon, qui considérait la substance dont il s'agit ici, comme produite par l'union d'une matière semblable au saphir avec le spath adamantin dont ce célèbre naturaliste faisait alors une variété du feld-spath (Journ. de Phys., juin, 1789, p. 455). Mais pour s'assurer si ce soupçon a de la réalité, il faudrait avoir un cristal de cette même substance, dont la forme fût assez prononcée pour se prêter à une comparaison très-exacte avec celle du feld-spath.

FELD-SPATH BLEU?

Note 86.

Analyse, par Klaproth. (B., t. IV, p. 285.)
Alumine, 71. Silice, 14. Magnésie, 5. Chaux, 3. Eau, 5. Potasse, 0,25. Fer oxydé, 0,75. Perte, 1.

Lorsque j'ai suivi, dans mon Traité, l'opinion commune ; en rangeant ce minéral parmi les variétés du feld-spath, j'ai témoigné en même temps mes doutes sur la justesse de ce rapprochement. Un échantillon lamelleux que j'ai observé récemment, a donné des indices d'une structure qui a de l'analogie avec celle du feld-spath, sans que j'aye pu cependant déterminer avec précision les positions relatives des trois joints naturels dont j'ai parlé dans la description (p. 60). D'une autre part, quoique le résultat de l'analyse citée plus haut indique les mêmes principes que ceux du feld-spath, savoir, l'alumine, la silice et la potasse, leurs quantités respectives sont trop différentes pour que l'on puisse se permettre d'associer les deux substances, au moins quant à présent. J'ai cru qu'il convenait d'autant mieux de laisser ici indécise la classification de celle qui est l'objet de cet article, qu'elle a un autre terme de comparaison parmi les substances placées dans cet Appendice, savoir, le lazulith de Salzbourg, dont je parlerai plus bas, et auquel le feld-spath bleu a même déjà été réuni par des savans célèbres.

FIBROLITE.

Note 87.

Analyse de la variété du Carnate, par Chenevix. (Journ. des Mines, n° 80, p. 87.)

Silice, 38. Alumine, 58,25. Fer et perte, 3,75.

De la variété de la Chine, par le même. (*Ibid.*, p. 95.)

Silice, 33. Alumine, 46. Fer, 13. Perte, 8.

D'après les résultats de ces analyses joints aux indications des caractères minéralogiques, M. de Bournon considère la fibrolite comme une espèce à part, et l'on ne peut guère douter que les observations qui se feront dans la suite sur cette substance, si elle devient plus commune, ne confirment l'opinion de ce célèbre minéralogiste.

GABRONITE.

Note 88.

Il me semble que pour arriver à des connaissances précises sur la classification de ce minéral, il faudrait commencer par examiner s'il n'est pas un feld-spath compacte dans un état différent de celui qui lui est associé. Je n'ai pas été jusqu'ici à portée d'entreprendre cet examen. M. Reuss, dans son Traité de minéralogie (t. II, 2ᵉ partie, p. 192), dit que cette opinion a été adoptée par des savans distingués, et plus bas (p. 588), il insinue que le gabronite pourrait être associé à la nephrite maigre, qui est la même substance à laquelle je donne le nom de *feld-spath tenace.*

JADE.

Note 89.

Analyse du jade néphrétique, par Théodore de Saussure. (Journal des Mines, nº 111, p. 214.)

Silice, 53,75. Chaux, 12,75. Alumine, 1,5. Oxyde de fer, 5 Oxyde de Manganèse, 2. Soude, 10,75. Potasse, 8,5. Eau, 2,25. Perte, 3,5.

Autre, par Kastner. (Karsten, Tabel., p. 45.)

Silice, 50,5. Magnésie, 31. Alumine, 10. Eau, 2,75. Oxyde de fer, 5,5. Oxyde de chrome, 0,05. Perte, 0,2.

Je suis éloigné de croire que les substances que j'ai rassemblées sous le nom de *jade* qu'on leur a donné dans plusieurs ouvrages de minéralogie, appartiennent à une même espèce de minéral (*voyez* la description, p. 61). Mais dans l'état actuel de nos connaissances, il paraît d'autant moins possible de les classer méthodiquement, qu'aucune n'a été encore trouvée à l'état de cristallisation. Le peu qui a été publié sur leur composition n'est d'ailleurs rien moins que satisfaisant. La seconde des analyses citées plus haut, et qui ont eu pour sujet le jade néphrétique, indique, par exemple, trente et une parties de magnésie, tandis que dans la première cette terre est nulle. La variété que j'ai désignée sous le nom de *jade ascien*, outre

qu'elle n'a pas encore été analysée, se refuse à toute comparaison exacte avec le jade néphrétique. Le seul changement
que je me sois permis, relativement aux substances que j'avais
placées ici, est la séparation du jade de Saussure, que j'associe
maintenant au feld-spath.

IOLITHE.

Note 90.

Ce minéral a été rapporté, il y a plus de vingt ans, des environs du cap de Gate, par M. Launoy, qui en a donné des
échantillons à Romé de Lisle et à M. Sage. Sa couleur bleue,
jointe à sa forme qui a de l'analogie avec celle de certains cristaux de corindon, firent d'abord soupçonner qu'il pourrait bien
appartenir à la variété de celui-ci qu'on a nommée *saphir oriental.*
Mais cette conjecture n'eut aucune suite. D'après les observations récentes faites par M. Tondi, dans le même pays, et que
ce savant minéralogiste a bien voulu me communiquer, l'endroit où l'iolithe s'y trouve est le Granatillo dont j'ai déjà parlé
(note 55), à l'article du quarz hyalin ondulé, et sa gangue est
une matière argileuse bleuâtre, à l'état de décomposition, en-
clavée dans un grünstein altéré, qui contient abondamment du
mica et des grenats.

M. Cordier, de son côté, vient de publier dans le Journal des
Mines (1), un travail intéressant sur le même minéral. Il a observé que le prisme hexaèdre, qui en offre la forme primitive,
est susceptible d'être soudivisé parallèlement à des plans qui,
en passant par l'axe, seraient perpendiculaires aux côtés des
bases, ou, ce qui revient au même, il peut être soudivisé parallèlement aux facettes qui, dans la variété péridodécaèdre, remplacent les arêtes longitudinales du prisme qui donne la forme
primitive. Si l'on combine les soudivisions dont il s'agit, avec

---

(1) Avril 1809, p. 298 *et suiv.* La description de l'iolithe insérée dans la
première partie du Tableau comparatif, p. 61, était déjà livrée à l'impression,
lorsque M. Cordier a eu la complaisance de me faire connaître les résultats de
son travail.

les joints parallèles aux pans de ce prisme, il sera facile de voir que chaque petit prisme triangulaire auquel conduisent ces mêmes joints, se trouve partagé en six autres prismes, par des plans qui, en partant de l'axe, iraient passer, les uns par les angles de la base, et les autres par les milieux des côtés. Ainsi les molécules intégrantes de l'iolithe sont des prismes triangulaires, à bases rectangles scalènes, qui, réunis six à six, composent des prismes triangulaires équilatéraux.

M. Cordier a fait de plus une observation curieuse sur la couleur de l'iolithe, lorsqu'on la regarde par réfraction, en plaçant entre la lumière et l'œil, un fragment translucide de cette substance. Si le rayon visuel est dirigé parallèlement à l'axe du prisme qui offre la forme primitive, la couleur est d'un bleu très-intense; mais elle fait place au jaune-brunâtre, lorsque le rayon visuel est perpendiculaire au même axe. Il résulte de cette observation, que les molécules de l'iolithe produisent un phénomène analogue à celui des anneaux colorés, dans lequel chaque point de la lame d'air comprise entre les deux verres, réfléchit certains rayons et transmet les autres (1). Cette analogie est une suite de ce que le jaune mêlé d'orangé est la couleur complémentaire du bleu-indigo, ensorte que si l'on soustrait de la lumière blanche les rayons de cette dernière couleur, le mélange des autres couleurs donnera la première (2).

Suivant les expériences de M. Cordier, la pesanteur spécifique de l'iolithe est de 2,56. Un petit fragment de cette substance exposé à l'action du chalumeau, se fond difficilement en un émail d'un gris-verdâtre très-clair. On obtient le même résultat avec le borax. Ce savant, qui a fait aussi le voyage d'Espagne, y a trouvé l'iolithe dans un lieu différent de celui dont on a parlé plus haut, et qui porte le nom de *baie de San-Pedro*. La roche qui, dans ce gisement, sert de gangue à la substance dont il s'agit, est regardée par M. Cordier comme une brèche volcanique.

---

(1) Traité de Physique, seconde édition, p. 236.
(2) *Ibid.*, p. 269.

La conséquence à laquelle le même minéralogiste a été conduit par une détermination beaucoup plus précise des caractères de l'iolithe, que celle qui a servi de base aux descriptions
publiées jusqu'alors de ce minéral, est qu'on doit en faire une
espèce à part, ce qui s'accorde avec l'opinion du célèbre
Werner. M. Cordier range cette espèce à la suite de l'émeraude, sous le nom de *dichroïte*, par allusion au phénomène
de la double couleur dont j'ai parlé. Effectivement ce minéral
a de l'analogie avec l'émeraude, par sa forme, par sa pesanteur
spécifique et par sa dureté. Si l'on en trouvait des cristaux avec
des facettes obliques à l'axe, qui permissent de déterminer le
rapport des dimensions de sa forme primitive, on aurait un terme
rigoureux de comparaison entre les deux substances, et c'est
parce que l'observation ne nous l'a pas encore fourni, que j'ai
cru devoir pleurer pour le moment l'iolithe parmi les minéraux
dont la détermination laisse encore quelque chose à désirer.
L'analyse chimique, d'une autre part, serait ici dans un cas
favorable, pour donner seule un résultat décisif, parce que
la glucyne, qui est un des principaux élémens de l'émeraude,
ne s'étant retrouvée que dans l'euclase, dont la molécule a
une forme toute particulière, la présence ou l'absence de cette
terre dans l'iolithe deviendrait un caractère très-saillant, pour
comparer les mêmes substances relativement à leur composition.

KANEELSTEIN.

Note 91.

Analyse, par Klaproth. (Karsten, Tabel., p. 33.)

Silice, 38,8. Alumine, 21,2. Chaux, 31,25. Oxyde de
fer, 6,5. Perte, 2,25.

Ce minéral passait encore en Allemagne pour une variété
de zircon, lorsque j'en reçus quelques grains qui étaient si petits, que je ne pus les soumettre à aucune expérience, et que
je me bornai à des aperçus qui ne pouvaient être que vagues,
sur leur structure observée en les faisant mouvoir à la lumière.
Je leur laissai donc pour lors le nom sous lequel on me les

avait donnés. M. Klaproth ayant fait depuis l'analyse de cette substance, n'y a point trouvé la zircone que l'on y avait annoncée, et j'ai été à portée d'en mieux étudier les caractères, sur des échantillons plus volumineux que M. Karsten a eu la bonté de m'envoyer. Je dois dire cependant que je n'ai pu encore me satisfaire sur la détermination de la structure du kaneelstein, dont les joints sont très-difficiles à démêler à travers les inégalités de la cassure. Cependant les observations que j'ai faites à cet égard, suffisent pour établir une limite entre ce minéral et l'idocrase, dont il se rapproche beaucoup par sa composition, la variété de cette dernière substance que l'on trouve au Vésuve, ayant offert à M. Klaproth le résultat suivant : Silice, 35,5. Alumine, 22,25. Chaux, 33. Oxyde de fer, 7,5. Oxyde de manganèse, 0,25. Perte, 1,5. M. Mohs, dans une discussion lumineuse sur les substances nommées *zircon*, *hyacinthe* et *kaneelstein*, avait déjà prouvé, antérieurement à l'analyse de la dernière, qu'elle ne pouvait rester unie au zircon (Journ. des Mines, n° 130, p. 139). Il a aperçu d'une autre part, entre le kaneelstein et le grenat, des rapports qui lui ont paru indiquer le rapprochement de ces deux minéraux dans une même famille. On pourrait être tenté d'aller plus loin, en les regardant comme deux variétés d'une même espèce, si le caractère tiré de la structure ne paroissait s'y opposer.

LASULIT DE WERNER.

Note 92.

Analyse de la variété de Salzbourg, par Tromsdorf. (Karsten, Tabel., p. 47)

Alumine, 66. Magnésie, 18. Silice, 10. Chaux, 2. Fer oxydé, 2,5. Perte, 1,5.

M. Klaproth, qui avait fait des expériences sur une quantité de lasulit de Voràu, trop petite pour permettre de déterminer le rapport de ses principes, avait trouvé de l'alumine, de la silice et du fer, comme dans le lazurstein (vulgairement *Pierre d'azur*), qui est notre lazulite. Ce célèbre chimiste en avait

conclu que si le lazulit contenait de la terre calcaire, il en
ferait une variété du lazurstein, à l'exemple de M. Stütz, qui
lui avait donné le nom de *faux lapis* (Klaproth, B., t. 1,
pp. 201 et 202). Comme nous n'avions le lazulit qu'en masse
informe, je l'avais laissé avec la pierre d'azur, d'après la réflexion de M. Klaproth, en attendant une détermination plus
précise. Mais les nouvelles connaissances acquises sur sa composition prescrivent de le séparer de cette dernière substance.
M. Karsten l'a réuni avec le minéral que l'on a nommé *feld-
spath bleu de Krieglach*. Les principes composans sont effectivement les mêmes de part et d'autre, et leurs quantités relatives
diffèrent peu, si ce n'est que le lazulit renferme 18 parties
de magnésie sur 100, tandis que le feld-spath bleu n'en a donné
que 5 parties. Mais quoique je n'aye pu encore qu'ébaucher
le résultat de la division mécanique du lazulit, en y employant
des aiguilles de ce minéral détachées d'un groupe dont je suis
redevable à l'amitié de M. Léonhard, l'aspect général de la
forme à laquelle m'a conduit cette ébauche, s'éloigne si visiblement de ce que j'ai vu dans le feld-spath bleu, qu'il semble
exclure toute idée d'un rapprochement entre l'un et l'autre.

LATIALITE (Haüyne de Neergaard.)

Note 93.

Analyse, par Vauquelin. (Journ. des Mines, n° 125, p. 376.)
Silice, 30. Alumine, 15. Chaux, 5. Potasse, 11. Fer oxydé, 1.
Sulfate de chaux, 20,5. Hydrogène sulfuré, un atome. Perte,
17,5.

On doit la découverte de cette substance à M. l'Abbé Gismondi, naturaliste d'un mérite distingué. M. Neergaard, en
profitant des observations que ce savant lui avait communi-
quées, et auxquelles il en a joint plusieurs qui lui sont particulières, a fait des unes et des autres la base d'un Mémoire
où tout est dicté par la science, à l'exception d'un nom qui
ne peut l'avoir été que par l'amitié. Il y indique les différences
entre ce nouveau minéral et le lazulite (pierre d'azur), dont

il se rapproche à quelques égards, et parmi les minéraux qui mériteraient de lui être comparés, il cite les grains ou les petits cristaux bleus que l'on trouve dans les environs d'Andernach, et qui avaient été d'abord regardés comme des spinelles. S'il est prouvé dans la suite que ces cristaux appartiennent au latialite, je pense qu'il faudra aussi lui associer le saphirin de M. Nose, qui a la plus grande analogie avec eux. Après tout, j'ai cru devoir différer d'assigner au latialite lui-même une place dans la Méthode, conformément à l'opinion de M. Vauquelin, qui n'est pas entièrement persuadé qu'on doive le regarder comme une espèce à part, dans l'état actuel de nos connaissances. Cet habile chimiste pense sans doute, qu'avant de prendre un parti sur la classification de ce minéral, il faudrait avoir découvert la cause du déficit considérable qu'a offert son analyse.

LÉPIDOLITHE.

Note 94.

Analyse, par Klaproth. (B., t. II, p. 195.)

Silice, 54,5. Alumine, 38,25. Potasse, 4. Oxyde de fer et de manganèse, 0,75. Eau et perte, 2,5.

Par Vauquelin. (Bulletin des Sciences de la Soci. philom., ventose, an 7, n° 4.

Silice, 54. Alumine, 20. Potasse, 18. Chaux fluatée, 4. Oxyde de manganèse, 3. Oxyde de fer, 1.

M. Cordier ayant comparé la lépidolithe avec le mica, a trouvé de grands rapports entre ces deux minéraux, relativement à leur éclat, leur élasticité, leur dureté, leur pesanteur spécifique et leur fusion, dont le résultat donne un émail blanc (Journ. de Phys., pluviose, an 10, p. 159 *et suiv.*). A la vérité, les analyses du mica que l'on avait faites jusqu'alors, n'avaient pas offert de potasse comme celles de la lépidolithe, mais M. Cordier remarque qu'à l'époque où elles avaient paru, les chimistes ne s'occupaient pas encore de rechercher la potasse dans les minéraux. Il présumait que de nouvelles expériences faites sur le mica, rétabliraient à cet égard l'analogie entre l'une et l'autre substance , et l'événement a justifié sa conjecture.

Quant aux deux analyses de la lépidolithe, citées au commencement de cet article, on a pu voir combien elles diffèrent surtout par la quantité relative de potasse qui dans l'une est plus que quadruple de celle que l'autre a donnée. La tendance de cet alkali à s'échapper, qui pendant si long-temps a fait méconnaître son existence dans les minéraux, se manifeste encore par la difficulté de le coërcer, après l'avoir reconnu.

La lépidolithe laminaire, dont M. de Bournon a bien voulu m'envoyer un échantillon, ressemble totalement au mica blanc argentin, par son aspect. Il paraît cependant que ce célèbre minéralogiste a fait des observations particulières, qui lui ont indiqué des différences réelles entre les deux substances, mais qui jusqu'à présent nous sont inconnues. M. Lelièvre ne croit pas non plus que ces substances soient de la même nature, et M. Karsten les sépare dans la nouvelle édition qu'il vient de publier du tableau de sa Méthode.

J'ai déjà remarqué (note 71) que l'analyse du mica par M. Klaproth, se rapproche de celle du feld-spath (adulaire) par M. Vauquelin. Le résultat que la lépidolithe a offert à ce dernier chimiste, est encore plus voisin de celui que lui a donné le feld-spath, et qui est: Silice, 64. Alumine, 20. Chaux, 2. Potasse, 14.

NATROLITHE.

Note 95.

Analyse, par Klaproth. (Journ. des Mines, n° 82, p. 320. Silice, 48. Alumine, 24,25. Soude, 16,5. Oxyde de fer, 1,75. Eau, 9. Perte, 0,5.

On serait tenté, au premier aspect, de soupçonner que ce minéral est une variété de la mesotype, et ce soupçon semble être favorisé par une observation que MM. Brard et Lainé ont faite sur la variété dioctaèdre (p. 65), dont ils n'ont pu cependant déterminer les angles, à cause de la petitesse des cristaux. Mais l'analyse s'oppose jusqu'ici au rapprochement des deux substances. Car si les quantités relatives de silice et d'alumine que renferme la mesotype, ne s'éloignent pas beaucoup de celles qui ont lieu pour le natrolithe, d'une autre part, l'analyse de la mesotype n'a point donné de soude, tandis que ce principe entre pour environ $\frac{1}{6}$ dans le natrolithe. La composition de ce dernier minéral a plus d'analogie avec celle de l'analcime du Vicentin, dont M. Vauquelin a retiré : Silice, 58. Alumine, 18. Soude, 10. Eau, 8,5. La perte est de 5,5. Mais d'après l'observation citée de MM. Brard et Lainé, la forme du natrolithe est incompatible avec celle de l'analcime, même indépendamment de toute valeur d'angle.

Ce nom de *natrolithe* semble annoncer qu'à l'époque de l'analyse, la présence de la soude dans un minéral pierreux a été regardée comme un fait remarquable. On n'est plus surpris aujourd'hui de voir cet alkali reparaître, ainsi que la potasse, dans les corps que l'on soumet à l'expérience, et c'est une nouvelle preuve que la chimie des minéraux tend de plus en plus vers sa perfection.

PIERRE GRASSE.

Note 96.

Analyse, par Vauquelin.

Silice, 44. Alumine, 34. Fer oxydé, 4. Chaux, 0,12. Potasse et soude, 16,5; plus de soude que de potasse. Perte, 1,38.

J'ai appris de MM. le comte Borkowski et Engelard, dont le mérite distingué honore l'Ecole de Freyberg, que M. Werner avait place récemment ce minéral dans sa Méthode, comme espèce particulière, sous le nom de *Fettstein*. On avait d'abord soupçonné que c'était une variété du wernerite. Mais le résultat de sa division mécanique ne s'accorde pas avec la forme d'un prisme droit à bases carrées, qui est celle de ce dernier minéral. Il a, sous certains aspects, un léger chatoiement analogue à celui du feld-spath opalin dit *pierre de Labrador*. Il offre de plus, comme lui, deux joints naturels éclatans, perpendiculaires l'un sur l'autre. Mais quoique je n'aye pu estimer les incidences respectives des autres joints, leur disposition générale tend à écarter l'idée d'une analogie de structure entre les deux substances. A l'égard de la composition du fettstein, ce sont bien les mêmes principes que ceux du feld-spath ; mais leur rapport est tout différent, et la soude s'y trouve associée en quantité prédominante à la potasse, qui existe seule dans le feld-spath

SPATH EN TABLES.

Note 97.

Analyse, par Klaproth. (B. , t. III, p. 291.)
Silice, 50. Chaux sans acide carbonique, 45. Eau, 5.

La substance dont celle-ci s'écarte le moins par sa composition est l'apophyllite, dont l'analyse, faite par MM. de Fourcroy et Vauquelin, a donné le résultat suivant : Silice, 51. Chaux, 28. Potasse, 4. Eau, 17. Mais le spath en tables ne contient point de potasse, et a offert beaucoup plus de chaux et moins d'eau. D'ailleurs sa structure et ses autres caractères le distinguent fortement de l'apophyllite. Seulement je desirerais parvenir à une détermination plus exacte de ses joints naturels, en opérant non sur des fragmens d'un petit volume, tels que ceux qui ont servi à mes observations, mais sur des cristaux d'une forme prononcée, tels que plusieurs auteurs en ont cité.

SPINELLANE.

Note 98.

J'ai supposé que dans le rhomboïde primitif le rapport entre les diagonales était celui de $\sqrt{48}$ à $\sqrt{25}$. La petitesse des cristaux dont j'ai mesuré les angles ne me permet de donner que comme probable la différence d'environ 2 degrés qu'établit ce rapport entre le rhomboïde dont il s'agit et celui d'où dérive le dodécaèdre à plans rhombes. Dans le cas où cette différence serait nulle, les faces h, h (fig. 47) qui remplaceraient les angles solides du dodécaèdre, composés de quatre plans, appartiendraient à un cube. J'observerai à ce sujet, que les cristaux de spinellane paraissent avoir, en général, une tendance vers l'aspect que représente la figure, et qui est celui d'un prisme hexaèdre terminé de part et d'autre par trois rhombes, et par trois hexagones compris entre ces rhombes. Or dans l'hypothèse du dodécaèdre rhomboïdal, cet aspect exigerait que le cube auquel appartiennent les faces *h*, *h*, eût un de ses axes dans une position verticale, comme s'il faisait la fonction de rhomboïde, ce qui semble peu naturel.

Quoique je n'aye pu encore qu'ébaucher la détermination du spinellane, il est vraisemblable que quand ce minéral sera mieux connu, il occupera un rang à part dans la méthode. M. Nose, qui en a publié une description très-savante, indique plusieurs caractères qui le distinguent du spinelle, ce qui n'empêche pas, selon lui, qu'il n'existe entre l'un et l'autre une certaine affinité, et que le spinellane n'offre même les indices d'un passage au spinelle. De là l'origine du nom de *spinellane*, imaginé par M. Nose, pour représenter par l'analogie du langage, celle qu'il a cru voir entre les choses elles-mêmes. J'ai fait connaître ailleurs ce que je pense de ces prétendus passages entre une espèce et une autre. (Traité, t. III, p. 241 *et suiv.*)

SPINELLE ZINCIFÈRE.

Note 99.

Analyse, par M. Eckberg. (Journal de Phys., vendémiaire, an XIV, p. 270.)

Alumine, 60. Silice, 4. Zinc oxydé, 24. Fer, 9. Perte, 3.

Autre, par Vauquelin. (Annales du Mus., t. VI, 33ᵉ Cahier, p. 161.)

Alumine, 42. Silice, 4. Zinc oxydé, 28. Soufre, 17. Fer oxydé, 5. Partie non attaquée, 4.

J'avais présumé que les cristaux de ce minéral renfermaient accidentellement une substance métallique, et dans cette hypothèse, ils me paraissaient se rapprocher du spinelle, dit *pléonaste*,

plus que de toute autre espèce. La chimie a prouvé depuis, que
la substance métallique dont il s'agit est le zinc, et comme
d'ailleurs l'analyse n'a donné que de l'alumine, avec une petite
quantité de silice et de fer, quelques minéralogistes ont pensé
que les cristaux analysés étaient des corindons mêlés de zinc,
et si l'on s'en tenait à l'aspect général de la forme, on pourrait soupçonner qu'ils se rapportent à la variété de corindon
que j'ai nommée *basée*, et qui n'est autre chose que le rhomboïde primitif, transformé en octaèdre, par l'addition de deux
faces triangulaires qui remplacent les angles des sommets. Mais
dans cet octaèdre, les incidences des faces latérales sur celles
qui font la fonction de *base*, sont de 122^d $\frac{1}{2}$, au lieu que les
cristaux qui sont l'objet de cet article étant des octaèdres
réguliers, ont toutes leurs faces inclinées de 109^d $\frac{1}{2}$. Il ne reste
que le spinelle auquel on puisse être tenté de les associer,
s'ils ne constituent pas une espèce à part. Rien même ne
manquerait à l'analogie entre leur composition et celle du spinelle, s'ils avaient donné une quantité de magnésie qui ne devrait
être que de $\frac{4}{100}$ dans l'analyse faite par M. Vauquelin, pour que
son rapport avec les autres principes fût le même que dans
le spinelle.

On trouve aussi en Suède des cristaux bleuâtres, en octaèdres réguliers, ayant pour gangue une chaux carbonatée
qui se mêle à leur substance. M. Suedenstierna, directeur des
mines de Suède, et dont les connaissances embrassent toutes
les parties de la minéralogie, soupçonne que ces cristaux sont
des spinelles. J'ai trouvé qu'effectivement ils se rapprochent
de cette substance par leur dureté. Mais je n'ai pu étendre
la comparaison aux autres caratères.

TALC.

Note 100.

Analyse du talc granuleux, par Vauquelin. (Bull. des Sc.,
par la Soc. Philom., nivose, an 9, p. 172.)

Silice, 56. Alumine, 18. Chaux, 3. Fer, 4. Eau, 6. Potasse, 8. Perte, 5.

Autre, par le même (1).

Silice, 50. Alumine, 26. Chaux, 1,5. Fer oxydé, 5. Potasse avec une petite quantité d'acide muriatique, 17,5.

Analyse du talc glaphique jaunâtre, translucide, par Klaproth. (B., t. II, p. 187.)

Silice, 54. Alumine, 36. Fer oxydé, 0,75. Eau, 5,5. Perte, 3,75.

Du même, par Vauquelin. (Journ. des Mines, n° 88, p. 247.)

Silice, 56. Alumine, 29. Chaux, 2. Potasse, 7. Fer oxydé, 1. Eau, 5.

Du talc glaphique opaque, par Klaproth. (B., t. II, p. 189.)

Silice, 62. Alumine, 24. Chaux, 1. Fer oxydé, 0,5. Eau, 10. Perte, 2,5.

Jamais les caractères extérieurs réunis à ceux qui se tirent des propriétés physiques, n'ont offert d'indications plus séduisantes, que celles qui ont fait d'abord ranger parmi les variétés du talc, les deux substances dont je viens de citer les analyses. La première, que j'avais nommée *talc granuleux*, semble être composée d'une matière qui a la plus grande analogie avec celle du talc laminaire ou du talc écailleux, excepté qu'elle est sous la forme de grains faiblement agglutinés. Son aspect nacré, joint à une surface très-onctueuse, la facilité avec laquelle ses grains se laissent écraser, tout concourt à rappeler l'idée d'un véritable talc. La seconde substance nommée *talc glaphique* (Pierre de lard des Chinois), s'identifie, par son aspect, avec le talc stéatite compacte, et c'est d'ailleurs de part et d'autre la même pesanteur spécifique, la même dureté et la même onctuosité.

A l'époque où mon Traité a paru, ces substances avaient été analysées ; mais parmi les variétés que j'ai laissées ensemble sous le nom de *talc*, dans la Méthode que je publie aujourd'hui, il n'y avait que la chlorithe dont la composition, déterminée par M. Vauquelin, fût bien connue, de manière

_____

(1) J'ai ce second résultat écrit de la main de M. Vauquelin, qui a eu la bonté de me le remettre dans le temps.

qu'en convenant que l'espèce du talc pourrait bien être retouchée dans la suite, je desirais qu'avant d'entreprendre ici
une réforme, nous eussions une bonne analyse du talc, dit de
Venise, qui étant le plus pur, devait servir de terme de comparaison aux autres substances que l'on avait rangées dans
la même espèce (Traité, t. III, p. 267). Mon vœu a été
doublement rempli par MM. Klaproth et Vauquelin, et les
résultats de leurs expériences, qui ont offert une quantité
considérable de magnésie, excluent le talc granuleux et le
talc glaphique du nombre des variétés qui appartiennent à
l'espèce dont il s'agit.

En continuant de prendre la Chimie pour guide, relativement à une nouvelle classification de ces dernières substances,
on trouve d'abord, qu'elle tendrait à faire placer le talc granuleux dans l'espèce du mica. Effectivement, si l'on compare
chacune des deux analyses du premier à l'une quelconque
des trois qui ont eu pour sujets des variétés du second, on
y reconnaîtra les mêmes principes, avec des différences de
proportion qui ne surpassent pas celles qu'offrent les analyses
du mica comparées entre elles. A l'égard du talc glaphique,
on remarquera que la potasse n'entre pas dans le résultat
des analyses de cette substance par M. Klaproth ; mais celui
qu'a obtenu M. Vauquelin, et que l'on doit regarder comme
plus exact, d'après les réflexions que fait ce célèbre chimiste
(Journal des Mines, n° 88, p. 247), indique une quantité
très-sensible de cet alkali, laquelle, jointe aux autres principes, semblerait offrir une raison pour rapprocher le talc
glaphique soit du talc granuleux, soit du mica.

D'une autre part, les caractères tirés de l'onctuosité de la
surface et de l'aspect nacré, n'ont d'abord été en défaut,
que parce qu'on supposait qu'ils ne pouvaient indiquer que
des variétés de talc. Mais le mica, en conservant sa forme
hexagonale ou simplement laminaire, parvient par degrés à
un état où sa surface est grasse au toucher, comme celle
du talc, ensorte qu'il y a des morceaux qui laissent l'observateur indécis entre l'un et l'autre. J'ajouterai même que si

l'analyse ne les distinguait par une ligne de démarcation fortement tranchée, on aurait quelquefois peine à se défendre
de l'idée que le mica passe au talc, ce qui serait énoncer en
d'autres termes, que le mica et le talc sont deux variétés d'une
même espèce.

Je me borne à citer ces diverses observations, sans pré-
tendre en tirer aucune induction positive, pour décider une
question qui ne me paraît pas suffisamment éclaircie. Nos
connaissances sur le talc glaphique en particulier, laissent encore
beaucoup à desirer, puisque nous n'avons aucune indication
précise sur les circonstances géologiques dans lesquelles se
trouve cette pierre, et que nous ne l'avons encore vue que
sous les formes de fantaisie que lui donnent les artistes Chinois,
avant de nous l'envoyer.

SOUFRE.

Note 101.

Dans la forme primitive (fig. 20), la grande diagonale du
rhombe qui passe par l'arête D, et forme le plan de jonction
de la pyramide supérieure avec l'inférieure, est à la petite
comme 5 à 4, et la perpendiculaire menée du centre du
même rhombe sur l'arête D, est à la hauteur de la pyramide
comme 1 à 3.

DIAMANT.

Note 102.

Les expériences faites anciennement par M. Guyton et par
plusieurs autres chimistes célèbres, dans la vue de déterminer
la nature du diamant, les avaient conduits à regarder ce minéral comme étant formé de carbone pur. MM. Allen et
Pepys ont tiré la même conséquence des résultats qu'ils ont
obtenus à Londres, en 1807 (Journal des Mines, n° 133,
p. 33 et suiv.). Cependant, on a annoncé depuis que M. Davy
qui, dans la même ville, poursuit ses importantes recherches
sur les effets de l'électricité galvanique employée comme moyen
d'analyse, ayant soumis à un nouvel examen le minéral dont

il s'agit, avait pensé qu'il était composé de carbone et d'oxygène. Ces différens résultats s'accordent à infirmer l'opinion que l'hydrogène soit la cause de la grande puissance réfractive du diamant, opinion dont la vraisemblance était fondée sur les applications, aussi exactes qu'ingénieuses, que MM. Biot et Arrago ont faites des lois de la lumière, à l'analyse de plusieurs corps naturels (Mémoire de la Classe des Sciences mathématiques et physiques de l'Institut, 1er semestre, 1806, p. 342 et suiv.). Mais on voit en même temps, que nos connaissances sur la composition du diamant ne sont pas encore fixées, et l'on a d'autant plus lieu de desirer qu'il ne reste aucun nuage sur les résultats des opérations destinées à la constater, qu'elle paraît être voisine de celle du charbon. Jamais problème n'a été aussi propre à piquer la curiosité, que celui dont le but est de démontrer jusqu'où s'étend l'analogie de nature entre deux corps que le contraste de leurs propriétés physiques tendrait plutôt à faire regarder comme les extrêmes d'une série.

ANTHRACITE.

Note 103.

D'après le résultat obtenu par M. Vauquelin sur un anthracite du plateau de Troumose, dans les Pyrénées (Traité, t. III, p. 309), ce minéral, ramené à son état de pureté, ne serait composé que de carbone. Ainsi, dans un travail qui aurait pour objet de répéter l'analyse du diamant, il paraîtrait convenable de faire concourir celle de l'anthracite comme terme de comparaison.

On a découvert dans les mines de houille du pays de Berg, sur la rive droite du Rhin, de petites masses qui présentent tous les caractères de l'anthracite, et dont la forme est à peu près celle d'un octaèdre beaucoup plus aigu que le régulier. Sont-ce les produits d'une cristallisation proprement dite?

GRAPHITE.

Note 104.

Ce minéral que j'avais rangé d'abord parmi les mines de fer, trouve ici plus naturellement sa place, attendu la grande quantité de carbone qui entre dans sa composition. On pourra l'appeler *carbone ferruginé*, lorsque nous serons au moment de donner aux substances de cette classe des noms tirés de leurs principes constituans.

S'il est douteux qu'il existe de l'anthracite cristallisé, la même incertitude n'a pas lieu par rapport au graphite. Des échantillons de ce minéral, provenant du Groenland, et que j'ai reçus de M. Manthey, savant Danois d'un mérite très-distingué, présentent les caractères non équivoques d'une véritable cristallisation. Il ne manque à leur forme que d'être assez régulière pour se prêter à une détermination précise. Autant que j'ai pu en juger en essayant de la ramener à la symétrie, c'est un prisme hexaèdre régulier dont les angles sont interceptés par des facettes peu inclinées à l'axe.

Analyse par MM. Bertholet, Monge et Vandermonde. (Mém. de l'Acad. des Sc., 1786.)

Carbone, 90,9. Fer, 9,1.

BITUME.

Note 105.

Nous ne pouvons mettre dans la détermination des bitumes, la même précision que dans celle des espèces qui sont proprement du domaine de la Minéralogie. Ce n'est que par une sorte de tolérance, que l'on a introduit dans les méthodes relatives à cette science, des corps d'origine végétale, qui ne sont censés lui appartenir qu'à raison du changement d'état qu'ils ont subi pendant leur séjour dans le sein de la terre.

HOUILLE.

Note 106.

J'ai observé que la variété de houille que l'on nomme *feuil-letée*, se divisait assez constamment en prismes droits rhomboïdaux, dont le grand angle ne diffère que de quelques degrés de l'angle droit. Quoique cette division ait lieu d'une manière continue, jusque dans les plus petits fragmens de houille, je ne prétends pas affirmer qu'elle dépende d'une structure vraiment cristalline. J'ai connu des minéralogistes instruits, qui la regardaient comme l'effet d'une disposition semblable à celle qui a lieu par rapport à certaines masses argileuses qui se délitent, par la percussion, en prismes dont les bases sont aussi des rhombes, mais beaucoup plus obtus que dans la houille.

JAYET.

Note 107.

M. Vauquelin a trouvé que le jayet donnait, par la distillation, un acide sur la nature duquel il n'a pas prononcé.

MELLITE.

Note 108.

Dans la forme primitive (fig. 10), la perpendiculaire menée du centre de la base commune des deux pyramides sur un des côtés, ou, ce qui revient au même, la moitié de ce côté est à la hauteur de l'une ou de l'autre pyramide dans le rapport de $\sqrt{8}$ à $\sqrt{9}$.

La forme du dodécaèdre, qui est la seconde variété du mellite, se rapproche de celle du grenat primitif, dans laquelle l'angle que forment entre elles deux faces quelconques adjacentes, est exactement de 120^d. Mais si l'on mesure successivement, sur le mellite, l'incidence respective de deux faces prises vers un même sommet, et celle de chacune des mêmes faces sur une des faces latérales adjacentes, on trouve que la première est plus petite d'environ 3ᵈ que la seconde. Cette différence qui est constante dans tous les cristaux d'une forme prononcée, et que j'ai vérifiée plusieurs fois avec tout le soin possible, prouve que la cristallisation du mellite est essentiellement distinguée de celle du grenat. La division mécanique vient à l'appui de cette conséquence. Les joints naturels parallèles aux faces des sommets sont très-nets, et je n'ai pu en apercevoir dans le sens des faces latérales, tandis que le dodécaèdre du grenat et celui du zinc sulfuré qui lui est semblable, se divisent avec une égale netteté parallèlement à toutes leurs faces.

PLATINE NATIF.

Note 109.

Le platine a été depuis quelques années un objet de recherches importantes, auxquelles ont concouru soit en France, soit en Angleterre, des chimistes d'un mérite très-distingué, et qui les ont conduits à la découverte de plusieurs métaux engagés dans ce minéral. On en compte aujourd'hui quatre auxquels on a donné les noms de *rhodium*, d'*osmium*, d'*iridium* et de *palladium*, et qu'accompagnent d'autres substances déjà connues, telles que le fer, le cuivre, le titane, le chrome, l'or et le soufre. Il est nécessaire d'avoir égard à tous ces différens corps, lorsque l'on considère le platine sous le point-de-vue de la chimie. Mais comme ils y existent en si petite quantité, que leur présence n'altère pas sensiblement ses qualités, et que d'ailleurs ils paraissent ne lui être unis que par voie de mélange, la méthode minéralogique en fait abstraction. Il faut en excepter le fer dont l'existence dans le platine, se manifeste par une action sensible sur le barreau aimanté.

OR NATIF.

Note 110.

La forme primitive de l'or ne peut être que le cube ou l'octaèdre régulier, deux solides dont l'un passe à l'autre en

vertu d'une loi très-simple de décroissement. Ces formes se
répètent dans tous les métaux purs que l'on a observés jusqu'ici
à l'état de cristallisation. On les retrouve dans quelques-
unes des substances où le métal est combiné avec un autre
principe ; mais alors ces substances présentent encore, en général, le brillant métallique. Au-contraire, dans celles où la
présence soit de l'oxigène seul, soit d'un acide, a fait disparaître ce brillant, la forme primitive devient presque toujours
caractéristique par elle-même. Or il est heureux que ces combinaisons privées de l'éclat métallique, et offrant, par cela
même, des traits de ressemblance avec les substances des
autres classes, soient précisément celles qui empruntent de leur
forme une indication propre à les faire ressortir, tandis que
les corps pourvus du brillant métallique, ont d'ailleurs des propriétés faciles à saisir, et qui suffisent pour les faire distinguer,
ensorte que la cristallisation n'est ici employée, conjointement
avec un caractère auxiliaire, que pour conserver à la méthode
son uniformité.

La variété cubo-octaèdre que j'ai citée comme ayant été
trouvée à Matto Grosso dans le Brésil, présente les plus beaux
cristaux d'or que j'aye observés. On en voit dans la Collection
du Muséum, qui sont doublement remarquables par la netteté
de leur forme et par leur isolement. Ils ont été donnés à cette
Collection, les uns par M. Guehéneuc, administrateur des eaux
et forêts, et les autres par M. Geoffrcy Saint-Hilaire.

ARGENT ANTIMONIAL.

Note 111.

Quoique cette substance ait un tissu lamelleux, je n'ai point
encore déterminé sa forme primitive.

Analyse de l'argent antimonial à grain fin, de Wolfach, par
Klaproth. (B., t. II, p. 301.)

Argent, 84. Antimoine, 16.

De la même, à gros grain, par le même. (*Ibid.*)

Argent, 76. Antimoine, 24.

De l'argent antimonial d'Andreasberg, par le même. (*Id.*, t. III, p. 175.)

Argent, 77. Antimoine, 23.

Du même, par M. Abich. (Annal. de Chimie de Crell, 1798.)

Argent, 75,25. Antimoine, 24,75.

Du même, par Vauquelin. (Traité, t. III, p. 392.)

Argent, 78. Antimoine, 22.

De l'argent antimonial ferro-arsenifère d'Andreasberg, par Klaproth. (B., t. I, p. 187.)

Argent, 12,75. Antimoine, 4. Fer, 44,25. Arsenic, 35. Perte, 4.

Je n'ai aucune nouvelle observation qui confirme les réflexions que j'avais faites au sujet de cette dernière variété (Traité, t. III, pp. 196 et 197.), ou qui me mette dans le cas de les modifier.

ARGENT SULFURÉ.

Note 112.

Analyse, par Klaproth. (B., t. I, p. 162.)
Argent, 85. Soufre, 15.

ARGENT ANTIMONIÉ SULFURÉ.

Note 113.

Dans le rhomboïde primitif (fig. 1), le rapport des deux diagonales est celui de $\sqrt{5}$ à $\sqrt{3}$.

Analyse de l'argent rouge, par Vauquelin. (Journal des Mines, n° 17, p. 4.)

Argent, 56,67. Antimoine, 16,13. Soufre, 15,07. Oxygène, 12,13.

De l'argent rouge d'Andreasberg, par Klaproth. (B., t. I, p. 155.)

Argent, 60. Antimoine, 20,3. Soufre, 11,7. Acide sulfurique sec, 8.

De l'argent rouge de Freyberg, par le même. (*Ibid.*)

Argent, 62. Antimoine, 18,5. Soufre, 11. Acide sulfurique sec, 8,5.

D'une mine d'argent rouge, par Thenard. (Journal de Phys.,
messidor, an VIII (1800), p. 68.)

Argent, 58. Antimoine, 23,5. Soufre, 16. Perte, 2,5.

D'une autre, par Proust. (Journal de Phys., frimaire, an XIII
(1804), p. 409.)

Sulfure d'argent, 58. Sulfure d'Antimoine, 33. Oxyde de
fer, 3. Sable, 3. Eau et perte, 3.

De l'argent noir laminiforme de Freyberg, par Klaproth.
(B., t. I, p. 166.)

Argent, 66,5. Antimoine, 10. Fer, 5. Soufre, 12. Cuivre et
Arsenic, 0,5. Gangue, 1. Perte, 5.

Les célèbres chimistes qui ont fait les analyses précédentes,
sont partagés d'opinion sur la manière d'être des principes composans de l'argent rouge. Suivant MM. Klaproth, Vauquelin
et Thenard, l'argent et l'antimoine y sont oxydés l'un et l'autre
(Klaproth, *ibid.*, p. 156; Vauquelin, *ibid.*, p. 9; Thenard,
ibid., p. 70). M. Proust pense, au contraire, que les deux
métaux y sont à l'état métallique (*ibid.*, p. 411), et il considère l'argent rouge comme composé de deux sulfures, l'un
d'argent et l'autre d'antimoine. Or, d'après ses expériences,
100 parties d'argent sulfuré renferment 15 parties de soufre,
ce qui s'accorde avec le résultat obtenu par M. Klaproth,
dans l'analyse de l'argent sulfuré (note 112), et 100 parties
d'antimoine sulfuré contiennent 35 parties du même combustible. Appliquant ces rapports au résultat de l'analyse faite
par M. Proust, et citée ci-dessus, on peut le traduire ainsi:
Argent, 49,3. Antimoine, 21,45. Soufre combiné avec l'argent, 8,7. Soufre combiné avec l'antimoine, 11,55, et le reste
comme plus haut. Dans cette même hypothèse, les molécules
des deux sulfures, en se combinant, produiraient une troisième
molécule d'une forme différente, puisqu'il est évident pour tous
ceux qui connaissent la géométrie des cristaux, que la molécule de l'argent sulfuré qui est un cube ou une modification du
cube, et celle de l'antimoine sulfuré qui dérive d'un octaèdre,
n'ont rien de commun avec le rhomboïde de l'argent rouge. On
voit par là que la solution de la question qui s'est élevée entre

16

les auteurs des analyses, contribuerait à répandre du jour sur une autre question qu'il serait également intéressant de décider. (*Voyez* ce qui a été dit à ce sujet, note 34.)

Les travaux des chimistes sur l'argent rouge ont donné lieu à quelques-uns de penser que cette mine contenait au moins quelquefois de l'arsenic. Telle a été l'opinion de M. Sage, dont M. Vauquelin a reconnu la vraisemblance (*ibid.*, p. 8, note 1), que M. Proust a admise plus récemment (*ibid.*, p. 410), et qui aurait pu être suggérée par la seule inspection de certains morceaux, où l'on voit l'argent rouge tellement en contact avec l'arsenic, qu'on ne peut guère supposer qu'il n'ait pas entraîné des molécules de ce minéral dans sa cristallisation. Cette observation prouve en même temps que l'arsenic n'est ici qu'un principe accidentel.

Enfin M. Proust a avancé, d'après ses expériences, qu'il existe une mine d'argent rouge purement arsenicale et exempte d'antimoine (*ibid.*, p. 404 *et suiv.*). Des morceaux amorphes de cette mine ont donné à ce célèbre chimiste le résultat suivant : Sulfure d'argent, 74,35. Sulfure d'arsenic, 25. Sable et oxyde de fer, 0,65. On aurait alors une nouvelle espèce d'argent dont il serait intéressant de pouvoir comparer la cristallisation avec celle de l'argent rouge ordinaire, si on la rencontrait sous des formes régulières.

A l'égard de l'argent noir (spröd glaserz), il paraît n'être qu'une variété d'argent antimonié sulfuré, due à une altération qui a modifié la couleur de la masse et celle de la poussière. On voit par le résultat de l'analyse qu'en a faite M. Klaproth, que ses principes sont les mêmes que ceux de l'argent rouge, et si leurs quantités relatives diffèrent de celles qu'indiquent les résultats offerts par cette dernière substance, on pourra remarquer que ces mêmes résultats comparés entre eux, offrent à leur tour des différences à peu près aussi grandes, ensorte que le tout forme une série dans laquelle le terme qui répond à l'argent noir n'est pas déplacé. La cristallisation de celui-ci en prismes hexaèdres réguliers le rapproche de l'argent rouge, et l'écarte au contraire de l'argent sulfuré ou vitreux qui n'est pas susceptible de cette forme. De plus, j'ai dans ma collection des groupes de cristaux dont les uns donnent une poussière rouge et les autres une poussière noire, ensorte que ces groupes offrent comme le lien qui unit la sous-espèce à son type.

ARGENT CARBONATÉ.

Note 114.

Analyse, par Selb.

Argent, 72. Acide carbonique, 12. Carbonate d'antimoine mêlé d'un peu de cuivre oxydé, 15,5. Perte, 0,5.

Cette substance que M. Selb a trouvée en 1788 dans la mine de Venceslas, près d'Altwolfach, dans le Fürstemberg, en Souabe, est si rare, que les auteurs qui en ont parlé jusqu'ici, ne l'ayant point observée par eux-mêmes, se sont bornés à copier la description qu'en a donnée M. Widenmann, et que celui-ci avait empruntée de l'auteur de la découverte. Je dois à M. Lucas fils l'avantage d'avoir pu vérifier cette description sur un échantillon d'argent carbonaté que ce savant minéra-logiste avait reçu en présent de M. Selb lui-même, et dont il a bien voulu enrichir ma collection. M. Selb lui ayant marqué dans une lettre jointe à son envoi, qu'il regardait la substance dont il s'agit comme une espèce particulière, j'ai cru devoir me conformer à une opinion qui a pour elle une autorité d'un si grand poids. Dans l'échantillon dont j'ai parlé, l'argent car-bonaté a pour gangue la baryte sulfatée, et est accompagné de deux autres mines du même métal, savoir, l'argent natif et l'argent sulfuré, auxquels se joignent le plomb sulfuré et le cuivre gris. (*Voyez* pour la description de cette espèce le Traité de Minéral. de Brochant, t. II, p. 155.)

ARGENT MURIATÉ.

Note 115.

Analyse, par Klaproth. (B., t. I, p. 134.)

Argent, 67,75. Acide muriatique, 21 Oxyde de fer, 6 Alumine, 1,75. Acide sulfurique, 0,25. Perte, 3,25.

MERCURE ARGENTAL.

Note 116.

J'ai adopté pour le type de la cristallisation du mercure argental, le dodécaèdre rhomboïdal, d'après M. Cordier, qui a publié un travail intéressant sur cette substance (Journal des mines, n° 67, p. 1 *et suiv.*), parce que les formes secondaires portent plus visiblement l'empreinte de ce solide, que celle de l'octaèdre régulier.

Analyse, par Klaproth. (B., t. 1, p. 183.)

Argent, 36. Mercure, 64.

Par Cordier. (Journal des Mines, *ibid.*, p. 6.)

Argent, 27,5. Mercure, 72,5.

MERCURE SULFURÉ.

Note 117.

Dans la forme primitive (fig. 3), la perpendiculaire menée du centre de la base sur un des côtés est à la hauteur du prisme comme 1 à $\sqrt{2}$.

Analyse du mercure sulfuré du Japon, par Klaproth. (B., t. IV, p. 17.)

Mercure, 84,5. Soufre, 14,75. Perte, 7,5.

De la variété bituminifère d'Idria, par le même. (*Ibid.*, p. 24.)

Mercure, 81,8. Soufre, 13,75. Carbone, 2,3. Silice, 0,65. Alumine, 0,55. Fer oxydé, 0,2. Cuivre, 0,02. Eau et Perte, 0,73.

MERCURE MURIATÉ.

Note 118.

J'ai observé la forme de la variété que je nomme *trioctonale*, sur un petit cristal très-prononcé qui faisait partie d'un groupe dont je suis redevable à l'amitié de M. Beurard, commissaire du Gouvernement pour l'administration des mines du département de Mont-Tonnerre.

Analyse, par Klaproth. (B., t. IV, p. 12.)

Argent, 76. Acide muriatique, 16,4. Acide sulfurique, 7,6.

PLOMB SULFURÉ.

Note 119.

Analyse, par Vestrumb. (Reuss, t. II, p. 182.)

Plomb, 83. Soufre, 16,41. Argent, un atôme. Perte, 0,59.
Suivant de Born, la quantité d'argent varie entre $\frac{1}{20}$ et $\frac{1}{10}$ de la masse.

Analyse du plomb sulfuré antimonifère de Clausthal, par Klaproth. (B., t. IV, p. 86.)

Plomb, 42,5. Antimoine, 19,75. Cuivre, 11,75. Fer, 5. Soufre, 18. Perte, 3.

De celui d'Andreasberg au Hartz, par le même. (*Ibid.*, p. 87.

Plomb, 34,5. Antimoine, 16. Argent, 2,25. Cuivre, 16,25. Fer, 13,75. Soufre, 13,5. Silice, 2,5. Perte, 1,25.

De celui de Nanslo, au comté de Cornouailles, en Angleterre, par le même. (*Ibid.*, p. 90.)

Plomb, 39. Antimoine, 28,5. Cuivre, 13,5. Soufre, 16. Fer, 1. Perte, 2.

Du plomb sulfuré antimonifère et argentifère d'Himmelsfürst, près de Freyberg, par le même. (B., t. IV, p. 172.)

Argent, 20,4. Plomb, 48,06. Antimoine, 7,88. Fer, 2,25. Soufre, 12,25. Alumine, 7. Silice, 0,25. Perte, 1,91.

D'une autre variété d'une couleur foncée. (*Ibid.*, p. 175.)

Argent, 9,25. Plomb, 41. Antimoine, 21,5. Fer, 1,75. Soufre, 22. Alumine, 1. Silice, 0,75. Perte, 2,75.

Les mines qui ont eu pour objets ces différentes analyses, et que je ne sache pas avoir été observées à l'état de cristallisation régulière, ne me paraissent être que des mélanges composés principalement de plomb sulfuré et d'antimoine sulfuré. Les trois premières renferment aussi du cuivre et du fer, et dans les deux dernières on trouve de plus une quantité d'argent qui est sensible quoique très-variable. C'est particulièrement à celles-ci que l'on a appliqué le nom de *weissgültigerz*, *argent blanc*, qui a été donné encore au cuivre gris et à d'autres mines que l'on exploitait pour l'argent qu'elles contenaient, et cette nomenclature dictée par des spéculations d'intérêt, a répandu la confusion dans la Méthode, qui doit toujours parler le langage de la science.

J'ai examiné l'argent blanc de Freyberg, dont j'ai un échantillon très-caractérisé, que je dois à l'amitié de M. Karsten, avec d'autres que j'ai acquis d'ailleurs, et qui sont également authentiques. Leur couleur est d'un gris de plomb presque mate, qui à certains endroits passe au noir. Leur cassure est unie, à grain très-fin. On y distingue quelquefois des fibres qui sont les indices de l'antimoine sulfuré, et plusieurs sont accompagnées de plomb sulfuré lamellaire.

J'observerai ici qu'en comparant les analyses citées, on y voit la quantité de soufre subir, relativement au plomb et à l'antimoine, des variations qui semblent confirmer mon opinion à l'égard des mines qui ont été les objets de ces analyses. La seconde, par exemple, a donné moins de plomb et d'antimoine que la première. Aussi la quantité de soufre y est-elle plus petite. Dans la dernière, la quantité de plomb est moindre seulement de $\frac{1}{8}$ que dans la précédente, tandis que la quantité d'antimoine y est trois fois plus grande, ce qui a fait croître la quantité de soufre dans un rapport considérable. Je ne prétends pas mettre dans ce raisonnement une précision que la chose ne comporte pas, mais faire voir seulement qu'en général rien ne s'oppose à la conjecture que les mines dont il s'agit ne soient que des mélanges que l'on ne doit pas mettre au rang des véritables espèces. Ce que j'ai dit de la variation des principes qui les composent, fournit un nouveau motif d'adopter cette manière de voir, puisque la quantité d'antimoine, en particulier, s'accroît dans les trois premières analyses, depuis 16 jusqu'à 28, et dans les deux suivantes, depuis 8 jusqu'à 21 $\frac{1}{2}$. J'ajoute au sujet de ces dernières analyses, faites sur des morceaux trouvés à Himmelsfürst, près de Freyberg, qu'il existe dans le même endroit des cristaux d'antimoine sulfuré argentifère, cités par Romé de l'Isle (Crystallographie, t. III, p. 54), et dont j'ai des échantillons. Ce

voisinage a bien pu fournir l'argent, l'antimoine, et une
partie du soufre qui, dans les morceaux analysés, auraient
été associés au plomb sulfuré et aux autres principes.

PLOMB OXYDÉ ROUGE.

Note 120.

Plusieurs minéralogistes, et en particulier Wallerius et Romé
de Lisle, avaient parlé d'un minium natif, comme ils avaient
cité de la céruse native et du massicot natif. Mais ils regardaient ces substances comme n'étant autre chose qu'un plomb
carbonaté pulvérulent, mêlé à des matières ocreuses diver-
sement colorées. M. Smitson, savant anglais, non moins distingué comme chimiste que comme cristallographe, a constaté
récemment l'existence d'un véritable oxyde de plomb rouge
ou minium naturel. Dans un échantillon de cette substance
qu'il a eu la complaisance de m'envoyer, le plomb oxydé est
accompagné de plomb sulfuré, circonstance analogue à celle
qui a lieu par rapport à d'autres mines connues, où l'oxyde
d'un métal se trouve à côté de ce dernier à l'état métallique.

PLOMB ARSENIÉ.

Note 121.

Les expériences faites à l'aide du chalumeau, par MM. Vauquelin et Lelièvre, sur le plomb jaune filamenteux de département de Saone et Loire, les ayant conduits à considérer
l'arsenic qui dans cette substance fait la fonction de mi-
néralisateur, comme étant plutôt à l'état d'oxide qu'à celui
d'acide, je me suis conformé, dans mon *Traité de Minéralogie*, à l'opinion de ces deux savans. M. Delcros, ingénieur-
géographe du département de la Guerre, ayant bien voulu
m'envoyer l'année dernière, des échantillons d'une substance
jaunâtre mamelonnée, qu'il avait découverte dans les montagnes noires du Brisgau, et qu'il m'annonça, d'après les
épreuves auxquelles il l'avait soumise, comme une combinaison
de plomb et d'arsenic, j'en remis une partie à M. Vauquelin,

qui vérifia le résultat de M. Delcros. Mais s'étant encore contenté d'un simple essai, il conjectura seulement que l'arsenic
se trouvait dans cette mine à l'état d'acide. Ce qui paraît favorable à cette conjecture, c'est que d'autres échantillons,
qui faisaient partie de l'envoi de M. Delcros, offrirent des
indices d'acide phosphorique uni au plomb et en même tems
à l'arsenic, et que ces échantillons ont de l'analogie avec le
plomb phosphaté arsenifère de Rosiers, dans lequel l'arsenic
fait la fonction d'acide. Quoi qu'il en soit, je n'ai pas cru devoir
admettre ici, pour l'instant, deux espèces distinctes. Il est à
desirer que des analyses exactes de la substance dont j'ai parlé
au commencement de cet article, et de celle qui a été découverte par M. Delcros, fassent connaître avec une entière
certitude, lequel a lieu, dans chacune de ces substances, de deux
points d'équilibre, dont toute la différence dépend d'une quantité plus ou moins grande d'oxigène unie à l'arsenic. Il serait
possible que ces analyses n'indicassent d'autre changement à
faire que dans l'épithète d'*arsenié*, à laquelle on substituerait
celle d'*arseniaté*, en conservant l'unité d'espèce.

PLOMB CHROMATÉ.

Note 122.

Dans la forme primitive (fig. 48), la ligne menée de l'angle O
à l'extrémité inférieure de l'arête opposée à H, est perpendiculaire sur l'une et l'autre arête, et le rapport entre cette perpendiculaire et la même arête, est celui des nombres $4\sqrt{6}$ et $\sqrt{5}$.

Les cristaux de plomb chromaté offrent un contraste singulier entre la netteté et le poli de leurs faces, et le peu
de régularité qui résulte de ces mêmes faces considérées dans
leur ensemble. Après de nombreuses observations faites soit
avant, soit depuis la publication de mon Traité, et qui ne
m'avaient rien offert de satisfaisant, j'ai cru enfin m'apercevoir que la base de la forme primitive des mêmes cristaux,
que j'avais cru perpendiculaire à l'axe, lui était inclinée de
quelques degrés. J'ai tiré cette conséquence de ce que, dans

la variété que je nomme *quadrioctonale*, et dont je n'ai encore vu qu'un seul cristal, le sommet n'est composé que de deux faces qui naissent sur des arêtes un peu obliques, tandis que dans l'hypothèse d'un prisme droit, la cristallisation aurait dû produire un sommet composé de quatre faces appuyées sur des arêtes horizontales. Le rapport que j'ai déduit de mes mesures, relativement aux dimensions de la forme primitive, et à l'incidence des bases sur les pans, est au moins très-approché. Mais je ne puis répondre qu'il ne soit pas susceptible de quelque correction.

Analyse du plomb chromaté, par Vauquelin. (Journal des Mines, n° 34, p. 737.)

Oxyde de plomb, 63,96. Acide chromique, 36,4. Total, 100,36.

PLOMB CARBONATÉ.

Note 123.

Dans la forme primitive (fig. 9), si du centre on mène une première ligne qui aboutisse à l'angle I, une seconde qui soit perpendiculaire sur B, et une troisième qui le soit sur F, ces trois lignes seront entre elles dans le rapport des nombres $\sqrt{8}$, $\sqrt{2}$ et $\sqrt{3}$.

Analyse du plomb carbonaté de Leadhills, en Ecosse, par Klaproth. (B., t. III, p. 168.)

Plomb, 77. Oxygène, 5. Acide carbonique, 16. Eau et perte, 2.

PLOMB PHOSPHATÉ.

Note 124.

Dans la forme primitive (fig. 1), le rapport des deux diagonales est celui de $\sqrt{12}$ à $\sqrt{7}$.

Analyse du plomb phosphaté vert du Brisgau, par Klaproth. (B., t. III, p. 155.)

Oxyde de plomb, 77,10. Acide phosphorique, 19. Acide muriatique, 1,54. Oxyde de fer, 0, 10. Perte, 2,26.

Du plomb phosphaté brun de Huelgoëte, par le même. (*Ibid.* p. 157.)

Oxyde de plomb, 78,58. Acide phosphorique, 19,73. Acide muriatique, 1,65. Perte, 0,4.

Du plomb phosphaté arsenifère de Rosiers, par Fourcroy, (Mém. de l'Acad. des Sc., 1789.)

Oxyde de plomb, 50. Acide phosphorique, 14. Acide arsenique, 29. Oxyde de fer, 4. Eau, 3.

Du même, par Klaproth. (Karsten, Tabl. minér., p. 69.)

Oxyde de plomb, 76. Acide phosphorique, 13. Acide arsenique, 7. Acide muriatique, 1,75. Eau, 0,5. Perte, 1,75.

Du plomb phosphaté arsenifère sublenticulaire de Johanngeorgenstadt, par Laugier. (Annales du Muséum, t. VI; 33ᵉ Cahier, p. 171.)

Oxyde de plomb, 76,8. Acide phosphorique, 9. Acide arsenique, 4. Eau, 7. Silice, alumine et fer, 1,5. Perte, 1,7.

Du même, par Rose. (Karsten, *ibid.*)

Oxyde de plomb, 77,5. Acide phosphorique, 7,5. Acide arsenique, 12,5. Acide muriatique, 1,5. Perte, 1.

La seule mine de plomb phosphaté arsenifère que l'on ait connue pendant long-temps, est celle de Rosiers, département du Puy-de-Dôme, qui est en masses mamelonnées. On a découvert depuis à Johanngeorgenstadt, un minéral qui présente aussi la réunion du plomb avec les acides phosphorique et arsenique. M. Karsten ayant bien voulu m'envoyer des cristaux parfaitement prononcés de celui-ci, j'ai trouvé que leur forme et les lois de leur structure étaient absolument les mêmes que dans le plomb phosphaté pur, d'où j'ai conclu qu'on ne devait point former de ces cristaux une espèce à part, mais les considérer comme un plomb phosphaté mélangé d'acide arsenique. J'avais déjà conçu la même opinion au sujet de la mine de Rosiers, et les indices de cristallisation régulière qu'elle m'a offerts plus récemment, ne laissent aucun lieu de douter de son identité avec la substance de Johanngeorgenstadt.

A l'égard de la diversité que présente dans les analyses des mines arsenifères le rapport des deux acides, je n'examinerai point si elle tient à la difficulté de recueillir exactement ce qui se dégage de chacun d'eux pendant l'opération, ou à quel-

qu'autre cause. Je me bornerai à remarquer que quand on soumet
à l'action du chalumeau un fragment de quelqu'une de ces
mines, on obtient toujours, à la suite d'un dégagement d'acide
arsenique, le bouton polyédrique irréductible, qui est le signe
caractéristique du plomb phosphaté. Il en résulte que les
mines dont il s'agit, renferment une quantité constante composée des principes du plomb phosphaté pur, et d'une quantité
variable dans laquelle entre l'acide arsenique. C'est la première quantité qui seule a déterminé la forme de la molécule,
puisque celle-ci est la même que celle du plomb phosphaté
pur. Ainsi l'unité d'espèce subsiste, malgré la présence de
l'acide arsenique.

PLOMB MOLYBDATÉ.

Note 125.

Dans la forme primitive (fig. 10), l'arête D est à la hauteur
de la pyramide qui a son sommet en A, comme $2\sqrt{8}$ à $\sqrt{5}$.

Analyse du plomb molybdaté de Bleiberg, par Klaproth.
(B., t. II, p. 275.)

Oxyde de plomb, 64,42. Oxyde de molybdène, 34,25.
Perte, 1,33.

PLOMB SULFATÉ.

Note 126.

Dans la forme primitive (fig. 21), les perpendiculaires
menées du centre de la base commune des deux pyramides,
l'une sur le côté D, l'autre sur le côté F, et la hauteur de
chaque pyramide, sont entre elles dans le rapport des nombres
$1, \sqrt{3}$ et $\sqrt{2}$.

Analyse du plomb sulfaté d'Anglesey, par Klaproth. (B.,
t. III, p. 164.)

Oxyde de plomb, 71. Acide sulfurique, 24,8. Eau, 2. Oxyde
de fer, 1. Perte, 1,2.

De celui de Wanlockhead, près de Leadhills, en Ecosse,
par le même. (Ibid., p. 166.)

Plomb oxydé , 70,5. Acide sulfurique , 25,75. Eau , 2,25. Perte , 1,5.

NICKEL NATIF.

Note 127.

M. Klaproth a rendu un nouveau service à la Minéralogie, en prouvant que la substance dont on avait fait une pyrite capillaire, et qui se trouve en Saxe, en Bohême, près de Salzbourg, et au Harz, est du nikel mêlé d'un peu de cobalt et d'arsenic (*voyez* Karsten, Minér. Tabel., p. 73). C'est sans doute la présence de ce dernier qui empêche ici le nickel de manifester la vertu magnétique. Car ayant présenté des filamens du minéral dont il s'agit, à une aiguille très-sensible, je n'ai aperçu dans celle-ci aucun mouvement. Ce n'est pas ce minéral que j'ai désigné dans mon Traité, sous le nom de *fer sulfuré capillaire*, mais une variété de cette dernière espèce qui est en aiguilles très-déliées, groupées confusément. Le nickel capillaire ne m'a été connu que long-temps après, par des échantillons que j'ai reçus de M. Karsten, à une époque où il était encore regardé généralement comme une variété de fer sulfuré.

CUIVRE PYRITEUX.

Note 128.

Analyse du cuivre pyriteux mamelonné d'Angleterre, par Chenevix. (Transact. philos., 1801.)

Cuivre métallique, 30. Fer oxydé, 53. Soufre, 12. Silice, 5.

Du cuivre pyriteux de Sainbel, par Gueniveau. (Journ. des Mines, n° 122, p. 117.)

Cuivre métallique, 30,2. Fer métallique, 32,3. Soufre, 37. Perte, 0,5.

Du cuivre pyriteux de Baigorry, par le même. (*Ibid.*)

Cuivre métallique, 30,5. Fer métallique, 33. Soufre, 35. Perte, 1,5.

Les deux dernières analyses, qui viennent d'être citées, et qui ont été faites avec beaucoup de soin par M. Gueniveau,

ingénieur des mines, d'un mérite distingué , offrent entre elles
l'accord le plus satisfaisant, et quoique la première , qui a pour
auteur M. Chenevix, l'un des plus habiles chimistes de l'Angleterre, ne s'accorde avec elles que par la quantité de cuivre,
M. Gueniveau pense que l'on peut faire disparaître la divergence des autres principes, d'après l'observation que 53 d'oxyde
de fer correspondent à 35 de fer métallique, ce qui donne à
peu près la même quantité relative de ce métal , que celle qui
a été retirée des mines de Sainbel et de 'Baigorry. Il faudrait
donc supposer que l'oxydation du fer fût provenue de l'opération même , et que le déficit, qui dans ce cas serait de 23
parties , dût être attribué à la perte d'une égale quantité de
soufre brûlée par l'acide nitrique que M. Chenevix a employé
à chaud, pour dissoudre la pyrite cuivreuse. Mais ce savant
ne doute pas que le cuivre et le fer ne soient ici dans les deux
états énoncés par l'analyse, et il cite à l'appui de son opinion
divers phénomènes chimiques qu'il a observés pendant le cours
de l'opération. D'ailleurs, quelle apparence que la quantité
d'oxygène, dont le fer se serait emparé , fût venue compenser
exactement la perte que la substance analysée aurait faite d'une
partie de son soufre ?

Suivant M. Proust, le cuivre pyriteux est un assemblage de
deux sulfures, l'un de cuivre, l'autre de fer, et M. Gueniveau
regarde ce sentiment comme très–probable , « quoiqu'on ne
puisse peut–être pas encore assurer, ajoute-t-il , que le sulfure de fer y est dans le même état de combinaison qui constitue la pyrite de fer naturelle. » Il me semble que déjà l'on
voit le contraire dans le résultat de chacune des analyses citées,
par exemple de la dernière, dont le sujet a été la mine de Baigorry. Car la pyrite de fer étant composée, suivant M. Gueniveau , de 45 parties de fer sur 55 de soufre , on en conclura
que les 33 parties de fer contenues dans la mine dont il s'agit,
exigeraient seules une quantité de soufre égale à environ 40
parties , quantité qui déjà surpasse de 5 unités les 35 parties
de soufre qui , dans cette même mine , se distribuent entre le
cuivre et le fer. Les résultats des analyses, si on devait les

regarder comme définitifs, mèneraient plutôt à cette conséquence, que le cuivre pyriteux est une triple combinaison de
cuivre, de fer et de soufre.

J'ai associé le cuivre hépatique, Bunt Kupfererz des Allemands, au cuivre pyriteux, parce qu'il n'est pas rare de trouver
des morceaux sur lesquels on voit celui-ci s'altérer par degrés,
en passant à l'autre. Mais il serait possible aussi que le cuivre
sulfuré, dont je parlerai plus bas, fût susceptible d'une semblable altération.

CUIVRE GRIS.

Note 129.

Analyse du cuivre gris arsénifère (fahlerz) de la mine de
Jung-Hohe-Birke, près de Freyberg, par Klaproth. (B.,
t. IV, p. 47)

Cuivre, 41. Soufre, 10. Arsenic, 24,1. Fer, 22,5. Argent, 0,4.
Perte, 2.

De celui de la mine de Kröne, près de Freyberg, par le
même. (*Ibid.*, p. 49.)

Cuivre, 48. Soufre, 10. Arsenic, 14. Fer, 25,5. Argent, 0,5.
Perte, 2.

De celui de Jonas, près de Freyberg, par le même. (*Ibid.*,
p. 52.)

Cuivre, 42,5. Soufre, 10. Arsenic, 15,6. Fer, 27,5. Antimoine, 1,5. Argent, 0,9.

Du cuivre gris antimonifère (graugültigerz) cristallisé, de
Kapnick, par le même. (*Ibid.*, p. 61.)

Cuivre, 37,75. Soufre, 28. Antimoine, 22. Zinc, 5. Fer, 3,25.
Argent et Manganèse, 0,25. Perte, 3,75.

De celui en masse de Poratsch, dans la Haute-Hongrie, par
le même. (*Ibid.*, p. 65.)

Cuivre, 39. Soufre, 26. Antimoine, 19,5. Fer, 7,5. Mercure, 6,25. Perte, 1,75.

De celui en masse d'Annaberg, par le même. (*Ibid.*, p. 67.)

Cuivre, 40,25. Soufre, 18,5. Antimoine, 23. Fer, 13,5
Argent, 0,3. Arsenic, 0,75. Perte, 3,7.

De celui de Zilla, près de Clausthal, à l'état de cristallisation, par le même. (*Ibid.*, p. 71.)

Cuivre, 37,5. Soufre, 21,5. Antimoine, 29. Fer, 6,5. Argent, 3. Perte, 2,5.

De celui de Saint-Wenzel, près Wolfach, à l'état de cristallisation, par le même. (*Ibid.*, p. 73.)

Cuivre, 25,5. Soufre, 25,5. Antimoine, 27. Fer, 7. Argent, 13,25. Perte, 1,75.

De celui du Pérou, par le même. (*Ibid.*, p. 80.)

Cuivre, 27. Soufre, 27,75. Antimoine, 23,5. Fer, 7. Argent, 10,25. Plomb, 1,75. Perte, 2,75.

De celui de la vallée de Loanzo, au Piémont, par Nappione. (Mém. de l'Acad. de Turin, an 1791, p. 73.)

Cuivre, 29,3. Soufre, 12,7. Antimoine, 36,9. Fer, 12,1 Argent, 0,7. Arsenic, 4. Alumine, 1,1. Perte, 3,2. ⋅

MM. Klaproth et Karsten ayant entrepris de soumettre à un nouvel examen, l'un, sous le point de vue de la Chimie, l'autre, sous celui de la Minéralogie, les mines auxquelles on avait donné en France les noms d'*argent gris* et de *cuivre gris*, et en Allemagne, ceux de *fahlerz*, de *Weissgültigertz* et de *Graugültigerz*, leurs recherches les ont conduits à distinguer ces différentes mines en trois espèces. L'une est le spiessglanz bleierz, dont j'ai parlé à l'article du plomb sulfuré, sous le nom de *plomb sulfuré antimonifère*. La deuxième est le fahlerz, que j'ai appelé dans cet article, *cuivre gris arsenifère*, et la troisième, le graugültigerz, ou le *cuivre gris antimonifère*. Les principaux caractères indiqués par M. Karsten pour le fahlerz, sont d'être d'un gris d'acier clair, et d'avoir la forme d'un solide composé de deux pyramides réunies base à base, mais dont l'une est beaucoup plus obtuse que l'autre. Dans le graugültigerz, la couleur tire sur le noir de fer, et la forme est celle du tétraèdre régulier portant sur chaque face une pyramide triangulaire, et souvent tronqué soit sur ses arêtes, soit sur ses angles. La double pyramide triangulaire se trouve aussi indiquée parmi les variétés de cette même espèce. A l'égard de la composition, les principes du fahlerz sont, le cuivre, l'arsenic, le fer et le soufre, et ceux du graugültigerz sont, le cuivre, l'antimoine, le fer et le soufre; d'où l'on voit que la principale différence entre les deux espèces, porte sur l'arsenic et l'antimoine, dont l'un caractérise la première, et l'autre la seconde.

Une lecture attentive du beau Mémoire dans lequel MM. Klaproth et Karsten ont consigné leurs résultats, m'a fait naître des réflexions qui vont me servir à motiver le parti que je prends de laisser ensemble les deux substances pour le moment. Je remarque d'abord, au sujet des formes, qu'elles sont réellement les mêmes de part et d'autre. J'ai des suites de cristaux originaires des deux substances, et parmi lesquels on reconnaît des modifications semblables de la forme primitive, qui est le tétraèdre régulier. Je ne dois pas omettre que le solide composé de deux pyramides triangulaires, dont l'une serait plus obtuse que l'autre, et cité dans le Mémoire comme forme unique du fahlerz, et comme une des variétés du graugültigerz, est au fond le même que le tétraèdre portant sur chaque face une pyramide triangulaire, qui est mon cuivre gris dodécaèdre, et que M. Karsten indique pour la première variété du graugültigerz. Ici, comme dans une multitude d'autres cas, j'ai pour principe de rétablir, par la pensée, la symétrie du cristal, en supposant trois nouvelles pyramides appliquées sur les faces du tétraèdre qui sont restées à découvert. Quelquefois il ne manque que deux pyramides, et sur certains cristaux, une seule face du tétraèdre a échappé à la loi de décroissement qui agissait sur les trois autres.

Pour en venir maintenant à la composition, j'observe, en me bornant aux principes regardés comme essentiels par M. Klaproth, que dans les trois premières analyses qui ont eu le fahlerz pour objet, les quantités de cuivre, de soufre et de fer ne diffèrent pas très-sensiblement. Mais la quantité d'arsenic varie depuis 14 jusqu'à 24, tandis que les quantités correspondantes de cuivre sont 41 et 48; d'où il suit que les deux rapports entre l'arsenic et le cuivre, sont $\frac{1}{3}$ à peu près et $\frac{1}{2}$. Cette variation est d'autant plus remarquable, que les trois substances analysées provenaient des environs de Freyberg, ensorte que si l'uniformité de la composition devait avoir lieu, c'était surtout dans des corps qui appartiennent à ce qu'on appelle *une même formation.*

Parmi les analyses suivantes, qui ont été faites sur le graugültigerz, je choisis d'abord pour exemple les deux où l'on a opéré sur des cristaux trouvés les uns à Zilla, les autres à Saint-Wenzel. En comparant ces analyses avec celles des fahlerz, on trouve que la quantité de soufre y est beaucoup plus grande, dans le rapport de 2, ou de 2,5, à l'unité. Mais il serait possible que l'antimoine fût ici à l'état de sulfure, ensorte que la quantité de soufre, unie directement au cuivre, étant la même que dans le fahlerz, la partie excédante fût combinée avec l'antimoine.

D'un autre côté, le rapport entre l'antimoine et le cuivre varie encore plus dans le graugültigerz, que le rapport entre l'arsenic et le cuivre dans le fahlerz. Ainsi la mine de Poratsch donne à peu près une fois plus de cuivre que d'antimoine, et dans la mine de Saint-Wenzel, la quantité d'antimoine surpasse celle de cuivre.

Je remarque de plus, que l'antimoine n'est pas toujours nul dans le fahlerz, non plus que l'arsenic dans le graugültigerz. A la vérité la quantité du premier se réduit à 1,5 sur 100. Celle du second est plus considérable, et va jusqu'à $\frac{4}{100}$ dans l'analyse du cuivre gris de Loanzo, par M. Nappione. Nous ignorons si des morceaux pris dans d'autres localités, ne donneraient pas une quantité plus sensible d'antimoine dans le fahlerz, ou d'arsenic dans le graugültigerz.

J'ajouterai une observation tirée de certains morceaux dans lesquels le fahlerz se confond imperceptiblement avec l'arsenic natif dont il est enveloppé; circonstance analogue à celle où se trouvent les minéraux qui présentent des indices marqués de l'influence accidentelle que peuvent avoir sur leur composition les substances qui leur servent d'alentour.

A l'égard du fer, sa quantité relative, qui était constante dans les fahlerz soumis à l'expérience, a varié dans les graugültigerz où elle était d'ailleurs en général beaucoup plus petite, ce qui paraît favorable à l'opinion, que le cuivre gris constitue deux espèces distinctes. Mais les trois variétés de fahlerz analysées provenaient d'un même terrain, ainsi que je l'ai déjà remarqué, et il s'agirait de savoir si des morceaux trouvés dans des lieux éloignés, offriraient la même uniformité.

Tout ce qui précède tendrait à faire soupçonner que les fahlerz et les graugültigerz ont un fond commun à toutes leurs variétés, auquel s'unissent accidentellement divers principes, et en particulier l'antimoine et l'arsenic. On dira que ces deux métaux semblent s'exclure mutuellement dans un même individu, ce qui n'est cependant pas rigoureusement vrai, comme nous l'avons vu plus haut. On ajoutera que la quantité d'antimoine ou d'arsenic s'élève quelquefois jusqu'à un quart ou même à plus d'un tiers de la masse, et qu'il serait bien étonnant qu'un principe qui abonde à ce point, ne fût qu'accidentel. Mais il n'est pas non plus vraisemblable qu'un principe qui serait essentiel varie entre des limites aussi étendues que celles qui ont lieu dans le cas présent.

Le soupçon dont j'ai parlé semble être favorisé par les observations cristallographiques, puisque les individus dans lesquels l'antimoine a succédé à l'arsenic, ou réciproquement, conservent la même forme primitive, et offrent le retour des mêmes formes secondaires. A la vérité, le tétraèdre, qui fait ici l'office de noyau, est une des formes qui constituent des limites. Mais il est remarquable que, malgré cette propriété, il existe si rarement dans les minéraux, comme forme primitive, puisqu'on ne le retrouve plus que dans le cuivre pyriteux.

Il y a mieux, et le tétraèdre appartiendrait exclusivement à une espèce unique, si l'on admettait l'opinion de Romé de l'Isle, selon laquelle le cuivre gris ne serait autre chose que la pyrite cuivreuse mélangée d'argent, d'arsenic et d'antimoine, selon les circonstances. Mais cette opinion a contre elle, au moins dans l'état actuel de nos connaissances, les analyses du cuivre pyriteux faites par M. Gueniveau. Qu'on leur compare

celles qui ont eu pour sujets le fahlerz et le graugültigerz, on
retrouvera bien dans les résultats de ces dernières les mêmes
principes que ceux qu'a donnés le cuivre pyriteux ; mais leurs
quantités relatives seront très-différentes.

Si l'on regardait le cuivre et le soufre comme les seuls principes essentiels à la composition du cuivre gris, on trouverait
une certaine analogie entre cette composition et celle du
cuivre sulfuré dont je parlerai plus bas. Car dans ce dernier
métal les quantités de cuivre et de soufre sont entre elles,
suivant M. Gueniveau, dans le rapport de 25 à 7, qui est seulement un peu moindre que celui de 4 à 1 , que nous avons
vu avoir lieu pour le cuivre gris. Mais les formes cristallines
du cuivre sulfuré dérivent du prisme hexaèdre régulier, qui
est incompatible avec le tétraèdre dans une même substance.

La conséquence qui me paraît sortir de cette discussion est
que s'il convient, dans l'état présent des choses, de séparer
le cuivre gris du cuivre pyriteux, il n'est pas évident que l'on
soit fondé à le soudiviser en deux espèces différentes. On
aurait ici deux exemples également singuliers d'une composition dans laquelle entreraient, comme principes essentiels, le
soufre et trois métaux différens. Les faits qui s'écartent du
cours ordinaire de la nature, sont ceux dont l'existence a le
plus besoin d'être rigoureusement démontrée.

CUIVRE SULFURÉ.

Note 130.

Dans la forme primitive (fig. 51), le rapport entre la perpendiculaire menée du centre de la base sur un des côtés ,
est à peu près celui de $\sqrt{2}$ à $\sqrt{7}$. Les petites imperfections qui altéraient le niveau des faces sur les cristaux que
j'ai observés, et dont je suis redevable à M. Phips, savant
anglais, ne me permettent pas de garantir entièrement l'exactitude de ce rapport.

Analyse du cuivre sulfuré de Sibérie, par Klaproth. (B.,
t. II, p. 279.)

Cuivre, 78,5. Soufre, 18,5. Fer, 2,25. Perte, 0,75.

Du même, par Gueniveau. (Journ. des Mines, n° 122, p. 110.)

Cuivre, 74,5. Soufre, 20,5. Oxyde de fer, 1,5. Perte, 3,5.

D'un autre morceau du même endroit, par le même. (Ib., p. 111.)

Cuivre, 47. Soufre, 13. Oxyde rouge de fer, 9,3. Chaux, 7. Résidu siliceux, 25. Total, 101,3.

Si l'on fait abstraction du quarz et de la chaux, on a le résultat suivant.

Cuivre, 67,8. Soufre, 18,8. Fer, 13,4.

Du cuivre sulfuré de Rothenburg, par Klaproth. (B. t. IV, p. 39.)

Cuivre, 76,5. Soufre, 22. Fer, 0,5. Perte, 1.

De celui d'Angleterre, par Chenevix. (Transact. philosoph., 1801.)

Cuivre, 84. Soufre, 12. Fer, 4.

Suivant les expériences de M. Proust, lorsque le cuivre et le soufre sont abandonnés à leur affinité mutuelle, le rapport suivant lequel ils se combinent, est celui de 100 à 28, ou de 25 à 7. Les résultats des analyses faites par MM. Klaproth et Gueniveau, de différens échantillons de cuivre sulfuré naturel, s'éloignent peu de ce rapport. Mais dans l'analyse que M. Chenevix a publiée de celui d'Angleterre qui est presque toujours cristallisé, la quantité de cuivre est sept fois aussi grande que celle de soufre. Quelle que soit la cause de cette différence, on peut conclure de l'ensemble des analyses, que le cuivre et le soufre sont les seuls véritables principes composans du cuivre sulfuré, la quantité de fer étant très-variable, et en même temps peu considérable. Il en faut excepter celle qu'indique le deuxième résultat de M. Gueniveau, qui, toute déduction faite de matière pierreuse, s'élève à 13,4 pour cent, ce qui prouve qu'un principe dont la quantité relative forme environ un septième de la masse, peut se trouver encore dans des limites des termes que l'on doit négliger.

CUIVRE OXYDULÉ.

Note 131.

Analyse du cuivre oxydulé d'Angleterre, par Chenevix.
(Transact. philos., 1801, p. 235.)

Cuivre métallique, 88,5. Oxygène, 11,5. .

De celui de Sibérie, par Klaproth. (B., t. IV, p. 29.)

Cuivre, 91. Oxygène, 9.

D'après les expériences du savant chimiste anglais, l'oxyde
noir de cuivre contient 20 parties d'oxygène sur 100. Il en
résulte que l'espèce dont il s'agit ici est du cuivre légérement
oxygéné, comme l'indique encore l'effervescence que cette
mine fait avec l'acide nitrique. (Traité, t. III, p. 559). C'est
ce qui m'a suggéré la nouvelle dénomination de *cuivre oxydulé*
que j'ai substituée à celle de *cuivre oxydé rouge*.

CUIVRE MURIATÉ.

Note 132.

M. Lucas fils avait déjà observé de petits cristaux octaèdres
cunéiformes disséminés dans le cuivre muriaté pulvérulent du
Pérou. Plus récemment, j'ai reçu de M. de Paraga, professeur
de minéralogie à Madrid, deux cristaux de cuivre muriaté du
Chili, dont l'un est aussi un octaèdre cunéiforme, et l'autre
en offre la modification qu'indique la variété 2, p. 89. Leur
petitesse ne m'a permis que d'en mesurer les angles d'une
manière approximative. Mais je ne doute pas qu'une détermination plus précise ne confirme l'idée que la forme primitive de cette espèce est un octaèdre particulier.

Analyse du cuivre muriaté du Pérou, par Larochefoucaut,
Berthollet et Fourcroy. (Mém. de l'Acad. des Sc., 1786,
p. 158.)

Cuivre, 52. Oxygène, 11. Acide muriatique, 10. Eau, 12.
Sable siliceux, 11. Carbonate de fer, 1. Perte, 3.

Du même, par Proust. (Journ. de Phys., t. L, p. 63.)

Oxyde de cuivre, 70,5. Acide muriatique, 11,4. Eau, 18,1

De celui du Chili, par le même, *ibid.*

Oxyde de cuivre, 76,5. Acide muriatique, 10,6. Eau, 12,7. Perte, 0,2.

Du même, par Klaproth. (B. , t. III, p. 200.)

Oxyde de cuivre, 73. Acide muriatique, 10,1. Eau, 16,9.

CUIVRE CARBONATÉ BLEU.

Note 133.

Je n'ai pu encore me procurer aucuns cristaux de cuivre carbonaté bleu, qui se prêtassent à l'application des lois de la structure, et à une comparaison exacte avec les cristaux obtenus par des procédés chimiques, dans lesquels Romé de Lisle croyait avoir reconnu les mêmes formes.

Analyse du cuivre carbonaté bleu, par Pelletier. (Mém. et Observ. de Chimie, t. II, p. 20.)

Cuivre pur, 66 à 70. Acide carbonique, 18 à 20. Oxygène, 8 à 10. Eau, environ 2.

De celui de Sibérie, par Klaproth. (B. , t. IV, p. 33.)

Cuivre, 56. Acide carbonique, 24. Oxygène, 14. Eau, 6.

CUIVRE CARBONATÉ VERT.

Note 134.

Analyse du cuivre carbonaté vert (malachite) de Sibérie, par Klaproth. (B. , t. II, p. 290.)

Cuivre, 58. Acide carbonique, 18. Oxygène, 12,5. Eau, 11,5.

De celui d'Arragon, par Proust. (Journ. de Phys., t. L, p. 61.)

Oxyde noir de cuivre, 71. Acide carbonique, 27. Chaux carbonatée, 1. Sable, 1.

Pelletier attribuait la différence entre le cuivre carbonaté vert et le bleu, à une plus grande quantité d'oxygène que contenait le premier (Mém., *ibid.*). Cependant la comparaison des analyses citées plus haut n'indique pas cette cause de la différence dont il s'agit. Dans les deux résultats obtenus par M. Klaproth, l'un sur le cuivre bleu de Sibérie, l'autre sur la malachite du même pays, la quantité d'oxygène est au contraire un peu plus forte du côté du cuivre carbonaté bleu, et si l'on met en parallèle avec ces résultats ceux de Pelletier et de Proust, on trouve entre les uns et les autres des diversités qui jettent de l'incertitude même sur les véritables quantités relatives des principes composans de chaque carbonate, et par conséquent ne laissent plus lieu à aucune comparaison exacte entre les deux substances.

On sait que le cuivre carbonaté bleu et le vert sont quelquefois associés ensemble, même dans les morceaux qui sont restés intacts, et l'on trouve, d'une autre part, des cristaux qui étaient originairement bleus et ont passé à la couleur verte, par l'effet d'une altération spontanée que j'ai nommée *épigénie*. Il me semble que, dans l'état actuel de nos connaissances, on ne peut décider si les deux substances sont distinguées essentiellement l'une de l'autre, ou si les différences qu'elles présentent ne sont qu'accidentelles. Je les sépare ici, pour me conformer à l'opinion reçue, en attendant que de nouvelles observations aient éclairci les doutes que je viens d'exposer.

CUIVRE ARSENIATÉ.

Note 135.

Dans la forme primitive (fig. 55), les deux perpendiculaires menées du centre l'une sur l'arête D, l'autre sur l'arête F, et la hauteur de la pyramide qui a pour base le rectangle FD, sont entre elles dans le rapport des nombres $\sqrt{2695}$, $\sqrt{1440}$ et $\sqrt{588}$. J'ai déduit ce rapport des mesures obtenues par M. de Bournon. Il se pourrait qu'un plus grand degré de précision dans ces mêmes mesures conduisît à un rapport plus simple.

Analyse du cuivre arseniaté octaèdre obtus, par Chenevix, (Transact. Philos., 1801, p. 199 *et suiv.*)

Oxyde de cuivre, 49. Acide arsenique, 14. Eau, 35. Perte, 2.
Du cuivre arseniaté lamelliforme, par le même. (*Ibid.*)
Oxyde de cuivre, 58. Acide arsenique, 21. Eau, 21.

De la même variété, par Vauquelin. (Journal des Mines, n° 55, p. 562.)

Oxyde de cuivre, 39. Acide arsenique, 43. Eau, 17. Perte, 1.

Du cuivre arseniaté octaèdre aigu, par Chenevix. (Transact. Philos. (*ibid.*)

Oxyde de cuivre, 60. Acide arsenique, 39,7. Perte, 0,3.

Du cuivre arseniaté prismatique triangulaire, par le même. (*Ibid.*)

Oxyde de cuivre, 54. Acide arsenique, 30. Eau, 16.

Du cuivre arseniaté aciculaire, par le même. (*Ibid.*)

Oxyde de cuivre, 51. Acide arsenique, 29. Eau, 18. Perte, 2.

De la même variété, par Klaproth. (B., t. III, p. 192.)

Oxyde de cuivre, 50,62. Acide arsenique, 45. Eau, 3,5. Perte, 0,88.

De la même, par Vauquelin. (Journal des Mines, n° 78, p. 438.)

Arseniate de cuivre, 86. Arseniate de fer, 7 à 8. Eau, 5. Silice, 2.

L'auteur de l'analyse ajoute, que si l'arseniate de cuivre ne renfermait pas de matière étrangère, il serait composé ainsi qu'il suit :

Oxyde de cuivre, 69. Acide arsenique, 31.

Du cuivre arseniaté mamelonné, par Chenevix. (Transact. Philos., *ibid.*)

Oxyde de cuivre, 50. Acide arsenique, 29. Eau, 21.

Du cuivre arseniaté ferrifère, par Chenevix. (*Ibid.*)

Oxyde de cuivre, 22,5. Oxyde de fer, 27,5. Acide arsenique, 33,5. Eau, 12. Perte, 4,5.

M. de Bournon, ainsi qu'on l'a vu dans la synonymie relative aux descriptions des variétés de forme, pp. 90 et 91, adopte cinq espèces distinctes de cuivre arseniaté. J'avais été curieux de savoir s'il ne serait pas possible d'appliquer la théorie des décroissemens à des formes prises dans plusieurs de ces espèces, de manière à les faire dépendre de l'une d'elles, considérée comme forme primitive, et j'avais choisi pour type l'octaèdre obtus, qui se divise parallèlement à ses différentes

faces. Les cristaux que j'ai essayé d'y ramener étaient ceux
de la variété en octaèdre aigu, et ceux de la variété lamelliforme. Les valeurs auxquelles je suis parvenu, en supposant
des décroissemens qui n'excèdent pas les limites des lois ordinaires, s'accordent, à quelques degrés près, avec celles que
M. de Bournon avait trouvées par des mesures mécaniques
(Journ. des Mines, n° 78, p. 425 *et suiv.*). Au reste je n'avais
donné mes résultats que comme hypothétiques (*ibid.*, p. 435),
n'étant pas à portée de les vérifier par moi-même avec une
exactitude suffisante, sur des cristaux d'ailleurs très-prononcés,
que ce savant avait eu la bonté de m'envoyer, et sur d'autres
que je m'étais procurés depuis, parce qu'ils étaient d'un petit
volume ou engagés en grande partie dans les cavités de leur
gangue. J'avais donc publié mon travail, dans la vue d'offrir
aux autres cristallographes, et en particulier à M. de Bournon,
un moyen qui me paraissait décisif, pour s'assurer, d'après
de nouvelles observations, si les cristaux appartenaient réellement à trois espèces distinctes, comme cela devait avoir
lieu dans le cas où les différences entre les mesures mécaniques et les angles calculés auraient été évidentes.

Ces derniers angles étaient au nombre de quatre, dont
deux pour les cristaux en octaèdres aigus, et deux pour les
cristaux lamelliformes. Relativement aux premiers, la différence était de 3^d d'une part, et de $2^d \frac{1}{3}$ de l'autre. A l'égard
des cristaux lamelliformes, un des deux angles était exactement le même que celui qu'avait indiqué M. de Bournon,
mais l'autre était plus fort de $4^d \frac{1}{2}$ que son analogue.

Dans un article que ce savant a publié depuis (Journal des
Mines, n° 85, p. 1 *et suiv.*), il avoue que, vu la petitesse des
cristaux en octaèdres aigus, il lui serait peut-être difficile de
prononcer si les mesures qu'il a prises sont de beaucoup plus
exactes que celles auxquelles je suis parvenu à l'aide du calcul,
mais que ce qu'il peut assurer c'est que nulle trace, dans l'un
ou l'autre de ces octaèdres, ne mène à la supposition qui m'a
donné ce résultat (*ibid.*, p. 15). J'observerai, au sujet de
cette dernière assertion, que je connais diverses formes secon-

daires dans plusieurs espèces de minéraux qui n'offrent aucunes traces de leur forme primitive.

A l'égard de la différence de $4^d \frac{1}{2}$ en plus qu'avait donnée
la théorie appliquée aux cristaux lamelliformes, M. de Bournon
assure qu'ayant répété ses mesures sur nombre d'individus, il
a constamment trouvé que l'angle indiqué par le calcul était
trop grand de beaucoup. (*Ibid.*, p. 12.)

M. de Bournon, en comparant les résultats des analyses
faites par M. Chenevix, avec ceux que présentait la Cristallographie, avait jugé que ces analyses donnaient la sanction la
plus satisfaisante à la division établie par lui-même du cuivre
arseniaté en quatre espèces distinctes. Car il n'en admettait
alors que ce nombre, et c'est comme après coup qu'il en a
formé une cinquième. Cependant quelques-unes de ces mêmes
analyses semblaient déjà contrarier les indications de la forme.
Par exemple, si l'on compare l'analyse du cuivre arseniaté prismatique triangulaire, qui est la quatrième espèce de M. de
Bournon, avec celle du cuivre arseniaté aciculaire, qui est
une variété de la troisième espèce en octaèdre aigu, on trouve
pour les quantités de cuivre, d'acide et d'eau, d'une part 54,
30 et 16, et d'une autre part 51, 29 et 18, résultats dont
les différences sont censées être nulles. Les analyses publiées
par MM. Klaproth et Vauquelin, offrent au contraire des
divergences considérables, par rapport à celles de M. Chenevix
qui ont eu pour objets les mêmes variétés. Aussi M. de Bournon
a-t-il fini par abandonner le point d'appui que la Chimie lui
avait d'abord paru offrir à son opinion. (Journ. des Mines,
n° 85, p. 3.)

L'intérêt de la science doit faire désirer que de nouvelles
observations ajoutées à celles qui ont été faites à Londres
sur les formes cristallines du cuivre arseniaté, et dans différens pays, sur sa composition, puissent servir à mettre en
évidence et à propager l'opinion émise par M. de Bournon,
si elle est aussi fondée que ce savant célèbre le pense. Dans
ee cas, mon travail aura fourni une preuve de plus en faveur
de cette opinion que je devrai m'empresser plus que tout

autre d'adopter. La vérification que je propose me paraît
d'autant plus importante, que ce serait un exemple jusqu'à
présent inoui, que celui d'une combinaison qui offrît cinq
points d'équilibre essentiellement distingués les uns des autres.

CUIVRE DIOPTASE.

Note 136.

Dans la forme primitive (fig. 1), le rapport des deux diagonales est celui de $\sqrt{36}$ à $\sqrt{17}$. Il en résulte que l'axe
du rhomboïde est à la moitié de la grande diagonale comme
$\sqrt{5}$ est à $\sqrt{4}$.

Aperçu d'analyse, par Vauquelin, sur une quantité du poids
d'environ 186 milligrammes, ou 3 grains $\frac{1}{2}$. (Traité, t. III,
p. 137.)

Cuivre oxydé, 28,57. Silice, 28,57. Chaux carbonatée, 42,85.
Perte, 0,1.

J'avais présumé que dans une analyse faite sur une quantité
suffisante de la substance dont il s'agit ici, la proportion du cuivre
pourrait se trouver assez considérable pour faire ranger la
dioptase parmi les mines de ce métal. Les renseignemens que
j'ai acquis depuis, et l'autorité de plusieurs minéralogistes célèbres garantissent la justesse de ce rapprochement. Mais ne
connaissant aucune détermination de la véritable nature de
cette mine, je lui conserve comme épithète le nom que je
lui avais d'abord donné. On peut seulement conclure de sa
forme primitive, qu'elle est distinguée de toutes les autres
mines de cuivre.

CUIVRE PHOSPHATÉ.

Note 137.

Les observations qui m'ont conduit à la détermination des
caractères distinctifs du cuivre phosphaté, et à la description
de ses variétés, ont été faites sur de très-beaux échantillons
de cette mine, dont je suis redevable à M. Hersart, ingénieur

des mines, que je m'honore de compter parmi mes anciens élèves. On voit sur l'un d'eux plusieurs petits parallélipipèdes de la même substance, qui sont isolés, mais dont les faces forment des courbures qui ne m'ont pas permis d'en mesurer les incidences mutuelles. Ces parallélipipèdes paraîtraient devoir être des rhomboïdes peu obtus, dans le cas d'une cristallisation régulière. M. Karsten en avait conçu la même idée, comme on peut en juger par la description que ce célèbre minéralogiste a donnée du cuivre phosphaté (Journ. de Phys., t. LIII, p. 350). On a lieu d'espérer que de nouvelles recherches nous procureront des cristaux assez prononcés de ce minéral, pour se prêter à des mesures précises. Mais la forme dont je viens de parler, présente déjà, malgré ses imperfections, une différence notable avec les types des autres espèces, dans lesquelles le cuivre est uni aux acides carbonique, muriatique ou arsenique.

Non-seulement le cuivre phosphaté est noirâtre à la surface, ainsi que l'ont observé les auteurs qui ont parlé de cette mine, mais lorsqu'on en brise un mamelon, la même couleur reparaît à l'intérieur sur une partie des fibres, tandis que les autres sont d'un vert qui approche de celui de l'émeraude. Mais si l'on gratte les premières, elles reprennent la couleur verte naturelle à cette substance.

La dissolution du cuivre phosphaté, par l'acide nitrique, est d'un vert faible, qu'un mélange d'ammoniaque fait passer au bleu, comme cela a lieu pour les autres mines de cuivre.

Analyse du cuivre phosphaté de Firneberg, près de Rheinbreitenbach, dans le duché de Berg, par Klaproth. (B., t. III, p. 206.)

Oxyde de cuivre, 68,13. Acide phosphorique, 30,95. Perte, 0,92.

CUIVRE SULFATÉ.

Note 138.

Voyez pour la détermination exacte de la forme primitive, le Traité, t. III, p. 380, note 1.

Analyse, par Proust. (Journ. de Phys., t. LXII, p. 331.)
Cuivre oxydé noir, 32. Acide sulfurique, 33. Eau, 36.
Total, 101.

FER NATIF.

Note 139.

L'existence du fer natif ne peut plus être contestée aujourd'hui, quoiqu'on n'ait rencontré ce minéral que rarement
dans le sein de la terre, où il forme des masses peu considérables enveloppées de fer oxydé ou de quelqu'autre mine
du même métal. Tel est celui de Kamsdorf, en Saxe, dont
M. Karsten a donné la description, et celui de la montagne
d'Ouille, département de l'Isère, observé par M. Schreiber,
inspecteur des mines.

Le fer natif volcanique a été découvert par M. Mossier,
dans un ravin creusé par les pluies, à travers les laves et
scories de la montagne de Graveneire, département du Puy-
de-Dôme. Nous devons au même savant la connaissance de
l'acier pseudovolcanique, trouvé à une lieue et demie de
Neiss, dans un lieu nommé *la Bouiche*, département de l'Allier,
près d'une mine de houille qui paraissait avoir subi une in-
flammation spontanée.

Le fer natif météorique est disséminé dans les masses pierreuses, nommées *aërolithes* et *bolides*, qui tombent de temps
en temps de l'atmosphère, et proviennent d'un globe enflammé,
dont l'apparition a précédé leur chute. Elles contiennent,
outre le fer malléable, du fer oxydé, du nickel, du fer sulfuré et du chrome. La masse qui sert d'enveloppe à ces différens métaux est composée de silice, de magnésie et de chaux.

Plusieurs savans, à la tête desquels on doit placer le célèbre
Chladni (Journal des Mines, n° 88, p. 286 *et suiv.*, et n° 90,
p. 446 *et suiv.*), rangent parmi les aërolithes, la masse de fer
trouvée en Sibérie, dont Pallas a parlé le premier, et celle
qui a été observée dans l'Amérique méridionale, par Dom
Michel Rubin de Celis. (Traité, t. IV, pp. 4 et 5.)

FER OXYDULÉ.

Note 140.

Les recherches intéressantes de M. Cordier, ingénieur des mines, sur les produits volcaniques, ont donné une grande extension à l'observation déjà faite, que beaucoup de laves renferment du fer magnétique. Ce savant minéralogiste a prouvé que le fer dont il s'agit est uni au titane, et a ramené à la même origine cette grande quantité de sable ferrugineux que l'on rencontre dans une multitude d'endroits, et qui, selon lui, appartient au détritus des anciennes laves altérées par des causes qui ont rompu l'agrégation de leurs parties.

Analyse du fer oxydulé titanifère du Puy-en-Velai, par Cordier. (Journ. des Mines, n° 124, p. 256.)

Oxyde de fer, 82. Oxyde de titane, 12,6. Oxyde de manganèse, 4,5. Alumine, 0,6. Acide chromique, un atôme. Perte, 0,3.

FER OLIGISTE.

Note 141.

Dans la forme primitive (fig. 1), le rapport entre la diagonale horizontale et l'oblique, est celui de $\sqrt{9}$ à $\sqrt{10}$.

J'ai fait rentrer dans l'espèce du fer oligiste, plusieurs variétés que j'avais rapportées à celle du fer oxydé, telles que l'hématite rouge, le fer terreux de la même couleur, etc. C'est souvent dans les cavités des masses qui présentent ces variétés, que se sont formés les cristaux qui n'en diffèrent que par une agrégation régulière des mêmes molécules intégrantes, et quelquefois par un plus grand degré de pureté. On trouve même de ces masses qui se divisent en rhomboïde un peu aigu, semblable à la forme primitive.

Si cette dernière forme était le cube, comme on l'a cru pendant long-temps, il n'existerait point de ligne de séparation, sous le rapport de la géométrie, entre cette espèce et la précédente, dont les cristaux dérivent de l'octaèdre régulier, chacune des deux formes pouvant être considérée comme une modification de l'autre. Mais la petite quantité d'environ 3^d, qui distingue ici le rhomboïde du cube, rend les deux subs-tances incompatibles dans une même espèce.

M. Hassenfratz a publié dans les Annales de Chimie (t. LXIX, p. 113 *et suiv.*) un travail intéressant sur les oxydes de fer, dans lequel il expose les résultats des diverses expériences faites jus-qu'ici, pour déterminer les quantités relatives d'oxygène qui entrent dans la composition des différens oxydes de fer. Il con-clut, de l'ensemble de ces expériences, que le fer auquel je donne le nom d'*oxydulé*, est du fer oxydé au *minimum*, de manière que sur 100 parties, il y en a 24 d'oxygène et 76 de fer ; et que le fer que j'appelle *oligiste*, est une combinaison de ce même oxydule et d'oxyde rouge, ou de fer oxydé au *maximum*, ensorte que sur 100 parties, il y en a 31 d'oxygène et 69 de fer. On voit que dans cette dernière espèce la quan-tité totale d'oxygène est plus grande que celle qui existe dans le fer oxydulé, et l'on concevrait comment le fer oligiste forme une espèce particulière, s'il consistait dans une combinaison simple d'oxygène et de fer. Mais la conséquence à laquelle paraissent conduire les résultats de la décomposition du fer oli-giste, est que l'oxygène s'y trouve partagé entre deux quantités de métal, dont l'une constitue par elle-même le fer oxydulé, et il s'agirait d'expliquer comment celui-ci passe à une nou-velle espèce, en s'associant les molécules d'une autre espèce, qui est le fer oxydé rouge. Cette question est du même genre que celle dont j'ai parlé à l'occasion du glaubérite (note 34, p. 150).

FER ARSENICAL.

Note 142.

Dans la forme primitive (fig. 6), la moitié de la grande dia-gonale qui va de E en E, est à celle qui va de A en A comme $\sqrt{15} : \sqrt{7}$; et elle est à la hauteur G ou H, comme $\sqrt{15} : \sqrt{21}$. Des cristaux d'une forme très-prononcée, qui ont été trouvés dans les mines de Saxe, et dont je suis redevable à M. Weiss, minéralogiste d'un mérite distingué, m'ont procuré l'avantage de mettre la précision convenable dans la détermination des formes cristallines de ce minéral, que je n'avais pu qu'ébaucher avant la publication de mon Traité.

Analyse du fer arsenical, par Lampadius. (Karsten, Minéral. Tabellen, p. 75.)

Fer, 58,9. Arsenic, 42,1. Total, 101.

FER SULFURÉ.

Note 143.

M. Cordier, dans son Mémoire sur le mercure argental, avait annoncé avec raison que la variété de cette substance, qu'il a nommée *sextiforme*, et qui a 122 faces, offrait la plus compliquée de toutes les formes observées jusqu'alors dans le règne minéral (Journ. des Mines, n° 67, p. 4). Mais ce genre de *maximum* a passé depuis à la variété de fer sulfuré que j'appelle *parallélique* (pl. IV de cet Ouvrage, fig. 60), et dans laquelle le nombre des faces s'élève à 134.

En général, les formes les plus composées se trouvent dans des espèces où le noyau a un caractère particulier de régularité, comme cela a lieu pour le cube, l'octaèdre à triangles équilatéraux, et le dodécaèdre rhomboïdal. On en concevra la raison, si l'on considère que quand une loi de décroissement agit, par exemple, sur les bords d'un cube, la symétrie exige qu'elle produise douze faces semblablement situées, en nombre égal à celui de ces mêmes bords. Au contraire, dans un prisme rhomboïdal (pl. I, fig. 6), la même loi n'aura besoin que de produire deux faces, si elle agit sur les bords verticaux G ou H, et quatre faces, si elle agit sur les bords horizontaux B, B, pour satisfaire à la condition que les parties correspondantes soient d'accord entre elles. Or cette différence donne une grande latitude à la cristallisation des formes régulières, pour produire, en vertu de tel nombre de décroissemens, des facettes beaucoup plus multipliées que celles qui sont produites par des décroissemens plus nombreux, autour d'une forme moins symétrique. J'ai une variété de baryte sulfatée, que je nomme *dissimilaire*, qui n'a que quarante faces additionnelles, produites en vertu de neuf lois de décroissement, ce qui fait quarante-six faces, en comptant les six qui répondent à celles du noyau (1); tandis que dans la variété parallélique de fer sulfuré, sept décroissemens donnent cent vingt-huit facettes, qui, jointes aux six faces primitives, forment un total de cent trente-quatre faces. L'économie dans le nombre des lois employées, s'allie ainsi avec la fécondité, relativement au nombre des faces qui naissent de ces lois.

Les cristaux de fer sulfuré parallélique se trouvent au Pérou, dans le district de Pétorka; ils sont d'un jaune de bronze très-éclatant, et contiennent de l'or. Celui qui m'a servi à déterminer la variété qu'ils présentent, m'a été envoyé par M. de Paraga, professeur de minéralogie à Madrid, et non moins distingué par la justesse et par la sagacité de son esprit, que par l'étendue de ses connaissances. Ce cristal a environ 3 centimètres, ou 13 lignes $\frac{1}{3}$ d'épaisseur.

Analyse du fer sulfuré dodécaèdre, par Hattchett. (Transact. philos., 1804; Journ. de Phys., t. LXI, p. 463.)

Soufre, 52,15. Fer, 47,85.

Du fer sulfuré triglyple, par le même. (*Ibid.*)

Soufre, 52,5. Fer, 47,5.

Du fer sulfuré primitif, à faces lisses, par le même. (*Ibid.*)

Soufre, 52,7. Fer, 47,3.

Du fer sulfuré radié, par le même. (*Ibid.*)

Soufre, 53,6. Fer, 46,4.

Du fer sulfuré ferrifère, par le même. (*Ibid.*)

Soufre, 36,5. Fer, 63,5.

J'ai observé quelques cristaux isolés de fer sulfuré, qui agissaient sur l'aiguille aimantée, mais plus faiblement que le fer sulfuré magnétique ordinaire. On trouve quelquefois les deux substances juxtaposées sur une même roche, ce qui a fait regarder la pyrite magnétique comme un fer sulfuré mélangé

---

(1) Le signe représentatif de cette variété, rapporté au noyau (fig. 6), est

$$M \ ^5H^5 \ ^1H^1 \ ^\circ G^2 \ ^1G^1 \ \overset{\cdot}{A} \ \overset{4}{A} \ \overset{\frac{1}{2}}{B} \ (E^{\frac{1}{2}}B^3 \ B^1) \ \overset{\cdot}{E} P.$$

d'une certaine quantité de fer métallique. M. Hattchett pense
différemment, et il se fonde sur des résultats obtenus par
M. Proust, qui ayant soumis successivement des mélanges de
soufre et de fer en proportions indéfinies, à une haute température, et à une seconde moins élevée, a trouvé que, dans le
premier cas, le soufre se combinait avec le fer dans le rapport
de 52,64 à 47,36, et que, dans le second cas, on avait, entre
le soufre et le fer, le rapport de 37,5 à 62,5 (Journ. de Phys.,
t. LIV, p. 89 *et suiv*). Or, de ces deux résultats, le premier
s'accorde avec celui de l'analyse du fer sulfuré ordinaire, et le
second, avec celui de l'analyse de la pyrite magnétique.
M. Hattchett en conclut qu'il y a dans l'union naturelle du
soufre et du fer, deux points d'équilibre, comme lorsqu'ils
s'unissent par l'intermède des procédés chimiques, ce qui constitue deux espèces distinguées l'une de l'autre (*Ibid.*). Ce savant chimiste n'a soumis à l'analyse que la pyrite magnétique
de Cornouailles. Si de nouvelles expériences, faites sur des morceaux recueillis dans différens pays, confirmaient le résultat dont
nous venons de parler, il faudrait séparer la pyrite magnétique
du fer sulfuré ordinaire, en lui donnant un nom assorti à sa
composition.

FER OXYDÉ.

Note 144.

J'ai observé des groupes de cristaux cubiques, d'un brun
foncé, qui avaient tous les caractères du fer oxydé, et ne paraissaient être ni des épigénies originaires du fer sulfuré, ni des
pseudomorphoses. Je présume que ces cubes présentent la
forme primitive du fer oxydé, tel que le produit la nature, et
auquel appartiennent les mines dont la poussière est jaunâtre.

FER OXYDÉ NOIR VITREUX.

Note 145.

Analyse, par Vauquelin.
Fer oxydé, 80,25. Eau, 15. Silice, 3,75. Perte, 1.
Cette variété a été découverte dans le département du Bas—

Rhin, par M. Delcros, ingénieur géographe du département de la guerre. Elle y est adhérente à un fer oxydé brun, et provient du passage de celui-ci à une nouvelle modification occasionnée par la présence d'une certaine quantité d'eau.

FER OXYDÉ RÉSINITE.

Note 146.

Analyse, par Klaproth. (Journ. des Mines, n° 135, p. 222.)
Fer oxydé, 67. Eau, 25. Acide sulfurique sec, 8.

M. Gillet-Laumont, membre du Conseil des Mines, a présenté à l'Académie des Sciences, en 1786, un minéral trouvé à Huelgoët, qui avait beaucoup d'analogie avec celui-ci, et que ce savant appelait *sel phosphorique martial*. Il avait présumé qu'il contenait de l'acide sulfurique, et cette conjecture a été vérifiée récemment par M. Collet-Descostils. (Journ. des Mines, *ibid.*)

Le fer résinite, analysé par M. Klaproth, provenait de la mine de Kust bescheerung, près de Freyberg. Il renferme plus d'eau que la variété précédente, et, d'après le résultat obtenu par le célèbre chimiste de Berlin, ce serait un fer sulfaté avec excès de base. Mais comme le fer oxydé provient souvent de la décomposition du fer sulfuré, il se pourrait que ce dernier minéral lui fournît, dans certaines circonstances, une petite quantité d'acide sulfurique, dont l'influence, jointe à celle de l'eau, lui fît prendre un nouvel aspect. Il me semble que nous n'avons pas encore de raison suffisante pour croire que l'union du fer avec l'eau et l'acide sulfurique établisse, dans le cas présent, un nouveau point d'équilibre, tout différent de celui qui a lieu dans le fer sulfaté ordinaire. J'ai donc cru devoir placer la substance dont il s'agit, par appendice, à la suite du fer oxydé, en attendant que nous ayons acquis des connaissances plus développées sur sa formation.

FER OXYDÉ CARBONATÉ.

Note 147.

J'ai réuni, dans le tableau suivant, les analyses de plusieurs variétés des substances nommées *chaux carbonatée ferro-manganésifère* ou *spath brunissant*, et *fer oxydé carbonaté* ou *fer spathique*.

Analyse d'un spath brunissant perlé et blanc, par Berthollet. (Essai d'une Théorie sur la struct. des crist., p. 118.)

Chaux carbonatée, 96. Fer et manganèse, 4.

D'un spath brunissant du Mexique, par Klaproth. (B., t. IV, p. 203.)

Chaux carbonatée, 51,5. Magnésie carbonatée, 32. Fer carbonaté, 7,5. Manganèse carbonaté, 2. Eau, 5. Perte, 2.

D'un fer spathique blanc rhomboïdal (il était accompagné de fer spathique brun), par Bergmann, collaborateur de Vauquelin. (Journ. des Mines, n° 111, p. 244.)

Chaux carbonatée, 41. Magnésie carbonatée, 7. Fer 20,5. Acide carbonique uni au fer, 6,8. Manganèse, 4,5. Perte et eau de cristallisation, 17,2. Pyrite, 3.

D'un fer spathique, par Bayen. (Journ. de Phys., 1776, t. VII, p. 213.)

Fer, 66. Acide carbonique, 34.

D'un fer spathique du pays de Baireuth, par Bucholz. (Journ. des Mines, n° 105, p. 210.)

Fer, 59,5. Acide carbonique, 36. Eau, 2. Chaux, 2,5.

D'un fer spathique du même pays, par Klaproth. (B., t. IV, p. 118.)

Fer, 58. Acide carbonique, 35. Oxyde de manganèse, 4,25. Magnésie, 0,75. Chaux, 0,5. Perte, 1,5.

D'un fer spathique, par Berthier, élève des Mines. (Journ. des Mines, n° 103, p. 80.)

Fer, 57,3. Oxygène et eau, 23,44. Manganèse, 1, 56. Silice, 16,7. Chaux, 1.

Du fer spathique de Baigorry, par Drappier. (Journ. des Mines, n° 103, p. 56.)

Fer 52,75. Eau et acide carbonique, 42,25. Magnésie, 5.

Le célèbre Bergmann avait annoncé que la substance minérale, nommée *fer spathique*, contenait toujours une quantité considérable de chaux carbonatée, qui, dans les morceaux les plus abondans en fer, formait à peu près la moitié de la totalité. C'était d'après cette opinion de Bergmann, alors généralement répandue, que j'avais considéré le fer spathique, comme n'étant autre chose que de la chaux carbonatée mélangée de fer, et ce qui me paraissait favoriser cette manière de voir, c'est que la forme primitive du fer spathique est la même que celle de la chaux carbonatée.

Mais depuis l'année 1805, plusieurs chimistes, et entr'autres, MM. Bucholz, Klaproth, Berthier, Drappier, Descostils, ayant soumis à l'analyse des morceaux de fer spathique, n'en ont retiré qu'une très-petite quantité de chaux carbonatée égale à environ $\frac{1}{100}$ de la masse. Quelques personnes ont conclu de ces résultats, que ma Méthode se trouvait ici en défaut, puisqu'elle assignait la même forme primitive à deux substances très-différentes par leur composition.

Il me suffira, pour infirmer cette conséquence, de rappeler ce que j'ai dit dans mon Traité (t. I, p. 33), qu'il existait des formes primitives communes à plusieurs substances de diverses natures, mais que jusqu'alors ces formes étaient toujours de celles qui avaient un caractère particulier de régularité, ensorte qu'elles offraient comme des limites auxquelles la cristallisation arrivait par différentes routes. On voit que je n'avais pas exclus la possibilité qu'une forme, qui ne serait pas une limite, pût appartenir à des substances différentes. J'énonçais le résultat des observations faites jusqu'à l'époque à laquelle j'écrivais. Mais il y a mieux, et le rhomboïde de la chaux carbonatée pourrait être lui-même rangé parmi les formes qui donnent des limites, s'il était vrai que ce fût celui dont les faces, en supposant son axe placé verticalement, sont également inclinées à un plan horizontal et à un plan vertical (*voyez* la note I, p. 121 *et suiv.*). Or, de même que le fer oxydulé, par exemple, qui partage avec le spinelle la forme de l'octaèdre régulier, peut en être distingué sans équivoque, si l'on ajoute à l'indication de sa forme quelqu'une de ses qualités physiques, comme l'aspect métallique, le magnétisme, etc.; ainsi, pour séparer le fer spathique de la chaux carbonatée, on associera au caractère tiré de la forme, un caractère auxiliaire, tel que la pesanteur spécifique, ou la faculté d'acquérir la vertu magnétique par la simple exposition d'un fragment à la flamme d'une bougie. La Méthode n'est donc pas plus en défaut, depuis la découverte du fer spathique exempt de chaux carbonatée, qu'elle ne l'était précédemment; elle se trouve dans un des cas où l'inconvénient qu'on lui a reproché de donner une même forme primitive à des substances très-différentes, cesse d'en être un, par la facilité que l'on a d'y parer.

Mais voici où est la difficulté. M. Proust a reconnu la présence du fer et du manganèse dans des morceaux transparens de chaux carbonatée, dite *spath d'Islande*, et les expériences de ce savant chimiste ont été confirmées par celles de M. Collet-Descostils, dont l'habileté est bien connue. Le même mélange a lieu d'une manière plus sensible dans les cristaux de spath brunissant. Si l'on consulte les analyses citées plus haut, on y voit la quantité de fer s'accroître de 4 à 7,5. Dans la substance analysée par M. Bergmann, et qui peut être regardée comme un vrai fer spathique, la quantité de fer est de 20,5, et cette série, à laquelle de nouvelles analyses fourniraient sans doute de nouveaux termes, aboutit à 99 de fer. Ainsi, tout nous porte à croire qu'il existe dans la nature, depuis la chaux carbonatée sans fer et sans manganèse, jusqu'au fer spathique privé de chaux carbonatée, une succession de passages intermédiaires, qui présentent dans des proportions variées, la réunion des deux substances. A quel terme finit la chaux carbonatée et commence le fer spathique, et où se trouve la limite entre deux espèces d'ailleurs si différentes, lorsque l'on compare les extrêmes de la série? Je répondrai que cette difficulté est commune à toutes les méthodes; que la chimie elle-même n'a en sa puissance aucun moyen d'assigner avec précision la limite dont il s'agit, et que les minéralogistes étrangers, en parlant de ces deux espèces, dont l'une est leur braun-spath et l'autre leur spath eisenstein, avertissent que la première passe à la seconde. (Brochant, Traité de Minér., t. 1, p. 267.)

Je crois en avoir dit assez pour la justification de ma Méthode. Je prie ceux qui liront les observations que je vais ajouter, de les regarder comme étant de surabondance, et de ne pas croire que j'aye besoin de les comprendre parmi mes moyens de défense.

Il ne me paraît pas rigoureusement démontré, dans l'état actuel de nos connaissances, qu'il existe une combinaison directe de fer et d'acide carbonique, dont la molécule soit semblable à celle de la chaux carbonatée. Plusieurs minéralogistes, et entr'autres Romé de Lisle (Cristallogr., t. III, p. 282), ont pensé que la chaux carbonatée se transformait peu à peu en fer carbonaté, par une substitution des molécules ferrugineuses aux molécules calcaires qui leur cédaient leur acide carbonique. Cette transformation laissait subsister le mécanisme de la structure, à peu près comme dans le bois agathifié on retrouve tous les linéamens de l'organisation primitive, ensorte que les molécules quarzeuses, en remplaçant une à une celles du bois, ont pris fidèlement l'empreinte du tissu végétal.

Préoccupé de l'idée de Bergmann, sur l'existence d'une quantité notable de chaux carbonatée dans toutes les mines de fer spathique, j'avais autrefois rejeté l'hypothèse dont je viens de parler, et je préférais d'assimiler le fer spathique, du moins jusqu'à un certain point, au grès de Fontainebleau, dans lequel la matière du quarz est maîtrisée par la chaux carbonatée, qui lui imprime le caractère de sa propre forme. Mais les découvertes qui ont détruit l'opinion de Bergmann m'ayant engagé à faire un nouvel examen de tous les morceaux qui peuvent avoir du rapport avec la question présente, voici ce que l'observation m'a suggéré à cet égard.

On sait que le fer spathique copie, pour ainsi dire, exactement toutes les modifications de la chaux carbonatée, qu'il offre, comme elle, des joints surnuméraires suivant des plans qui passent par les grandes diagonales de deux faces opposées

sur le rhomboïde primitif; qu'il subit les mêmes lois de décroissement, et affecte les mêmes formes secondaires. Tout,
jusqu'aux simples accidens, est semblable de part et d'autre,
et un accord si parfait entre des substances d'ailleurs si distinguées par leur nature, quoiqu'il n'ait rien d'impossible,
se concilie mieux cependant avec l'hypothèse d'une transformation, qn'avec celle d'une combinaison directe de fer et
d'acide carbonique.

On voit des morceaux de chaux carbonatée qui ont été en-
veloppés par un oxyde de fer, et dans lesquels les molécules
de ce fer ont pénétré par succession de temps jusqu'à une
certaine profondeur, ensorte que la portion située vers le centre,
a conservé sa blancheur primitive; tandis que le reste de la
masse a passé à une couleur d'un brun foncé. J'ai observé
un petit rhomboïde composé en partie de chaux carbonatée
blanche, faisant une vive effervescence avec l'acide nitrique,
et en partie de fer spathique brunâtre devenant attirable par
l'action de la chaleur. J'ai des cristaux de chaux carbonatée
métastatique engagés dans un fer oxydé, qui est venu se mouler
sur leur surface. Une portion de ces cristaux a été convertie
en fer oligiste. Il faut donc que les molécules de la chaux
carbonatée aient été remplacées successivement par des molécules de fer, puisque la partie qui est devenue métallique
a conservé exactement sa forme. On dira que ce résultat est
différent de celui que présenterait la conversion de la chaux
carbonatée, en fer spathique. Aussi ne l'ai-je cité que comme
pour diminuer la surprise que ce dernier pourrait faire naître.

Le spath perlé ou le braun-spath passe spontanément, avec
le temps, de l'état où ses cristaux sont blancs et n'agissent
pas sur l'aiguille aimantée, au moins lorsqu'on se borne à employer une chaleur médiocre, à celui où ils sont d'un brun
foncé, et où il suffit d'en avoir exposé un fragment, pendant
deux ou trois secondes, à la flamme d'une bougie, pour qu'ils
attirent fortement l'aiguille. En même temps ces cristaux ont
pris un aspect terreux et semblent n'être plus que du fer
oxyde brun-noirâtre. J'avoue qu'ici le tissu lamelleux a disparu.

Mais d'où est venue cette quantité de fer dont toute la masse est pénétrée?

Enfin, j'ai dans ma collection des morceaux de fer spathique en décomposition, qui de même ont passé à l'état de fer oxydé noirâtre. On remarque dans leur intérieur des lames de chaux carbonatée qui sont dans le sens de la structure, comme si ces lames avaient échappé à l'action qui a converti le reste en fer spathique, et étaient demeurées intactes pour attester l'origine calcaire des cristaux.

Tous ces différens faits semblent annoncer que la manière dont le fer spathique a été produit est encore un mystère, qui ne pourra nous être dévoilé que par une découverte, ou par une observation inattendue.

S'il était prouvé que le fer spathique est formé par remplacement, il ne serait plus alors une espèce proprement dite, mais il faudrait le considérer comme une pseudomorphose soit complète, soit plus ou moins avancée, et il serait dans la nature des choses qu'il n'y eût aucune limite entre ce même minéral et la chaux carbonatée. Si au contraire il est un jour bien prouvé que le fer spathique consiste dans une combinaison directe de fer et d'acide carbonique, on sera toujours forcé d'en séparer la chaux carbonatée qui ne renferme qu'une certaine quantité de fer, et la difficulté de déterminer la ligne de démarcation entre les deux espèces, ne pourra être reprochée à personne.

Nous ne pouvons faire que ce qui est ne soit pas. Nous devons prendre la nature telle que nous l'offre l'observation, nous efforcer de plier nos méthodes à ses résultats, et considérer que ces méthodes n'étant autre chose que des tableaux faits pour la représenter aussi fidèlement qu'il est possible, doivent offrir des traits fortement prononcés aux endroits où les objets contrastent entre eux, et ne faire que nuancer les parties qui se fondent insensiblement les unes dans les autres.

FER PHOSPHATÉ.

Note 148.

Dans tous les morceaux de ce minéral, que j'avais été à portée de voir, jusqu'au moment où je l'ai décrit dans la première partie de cet Ouvrage, ses cristaux étaient groupés trop confusément, ou trop peu prononcés, pour offrir des indices d'une forme déterminable. M. Cocq, commissaire des poudres et salpêtres à Clermont-Ferrand, qui a parcouru en observateur aussi éclairé qu'attentif, les beaux pays dont il est environné, a eu la bonté de m'offrir tout récemment, un fragment de la roche qui sert de gangue à cette même substance, dont une des cavités renfermait un petit cristal qui avait fixé son attention. Ce cristal que j'ai détaché pour le mieux étudier, présente très-distinctement la forme d'un prisme octogone terminé par des sommets dièdres, analogue à celle du pyroxène triunitaire (Traité, t. III, p. 84, pl. LIV, fig. 141). Sa petitesse ne m'a pas permis d'en mesurer les angles; d'après une estimation prise par aperçu, l'incidence mutuelle des deux pans qui répondent à M, M, serait de cent et quelques degrés, et celle des faces s, s sur les mêmes pans, surpasserait 130^d. Quant aux pans situés comme r et l, ils sont visiblement perpendiculaires l'un sur l'autre. Les joints naturels que j'ai dit être très-sensibles (page 99), ont lieu parallèlement à l et à son opposé; les indices que j'ai cru apercevoir de deux autres joints, en observant à une vive lumière les fractures des lames qui accompagnaient ce cristal, m'ont paru conduire à admettre pour forme primitive un prisme rectangulaire à bases obliques (pl. 1 de cet Ouvrage, fig. 11), qui naîtraient sur une arête horizontale C. Quoique ce ne soit ici qu'une détermination ébauchée de la structure du fer phosphaté, elle en dit assez pour donner lieu de croire que quand elle aura été ramenée à la précision, elle suffira seule pour caractériser cette espèce.

La variété dont j'ai parlé portera le nom de *fer phosphaté quadrioctonal.*

Analyse du fer phosphaté laminaire de l'Isle de France, par Fourcroy et Laugier. (Annales du Muséum d'Histoire naturelle, t. III, p. 405.)

Fer, 41,25. Acide phosphorique, 19,25. Eau, 31,25. Alumine, 5. Silice ferruginée, 1,25. Perte, 2.

Du fer phosphaté terreux d'Eckartsberg, par Klaproth. (B., t. IV, p. 122.)

Fer oxydulé, 47,5. Acide phosphorique, 32. Eau, 20. Perte, 0,5.

La quantité d'acide phosphorique que M. Klaproth avait d'abord retirée de la substance nommée *bleu de Prusse natif*, était si petite, que je doutais, à l'époque où mon Traité a paru, si l'on devait donner à cette substance le nom de *fer phosphaté*, et que j'avais préféré celui de *fer azuré*, qui ne présumait rien sur sa nature. MM. de Fourcroy et Laugier ont constaté depuis l'existence du fer phosphaté naturel cristallisé, et la nouvelle analyse faite par M. Klaproth, de la substance pulvérulente dont j'ai parlé, m'a déterminé à réunir cette substance avec la première, comme n'en étant qu'une variété.

FER CHROMATÉ.

Note 149.

Analyse du fer chromaté de France, par Vauquelin. (Journ. des Mines, n° 55, p. 523.)

Acide chromique, 43. Oxyde de fer, 34,7. Alumine, 20,3. Silice, 2.

De celui de Sibérie, par Laugier. (Annal. du Mus., 35ᵉ Cahier, t. VI, p. 330.)

Chrome que M. Laugier présume être à l'état d'oxyde, 53. Oxyde de fer, 34. Alumine, 11. Silice, 1. Perte, 1.

Le fer chromaté, d'après l'opinion de M. Vauquelin, serait une combinaison triple d'acide chromique, d'oxyde de fer et d'alumine. Mais déjà cette terre dont la quantité était de 20 sur 100 dans l'analyse faite par ce célèbre chimiste, se trouve réduite à $\frac{11}{100}$ dans le résultat obtenu par M. Laugier, sur le

fer chromaté de Sibérie qui paraît plus pur, et ce peut être
une raison de douter qu'elle soit essentielle à la substance
dont il s'agit. De plus, si le principe qui minéralise le fer
était l'oxyde de chrome, comme le pense M. Laugier, il faudrait
donner à cette substance le nom de *fer chromé*.

FER ARSENIATÉ.

Note 150.

Analyse, par Chenevix. (Transact. philos., an 1801.)

Oxyde de fer, 45,5. Acide arsenique, 31. Eau, 10,5. Oxyde
de cuivre, 9. Si ice, 4.

Autre par Vauquelin. (Brongniart, Traité de Minéralogie,
t. II, p. 183.)

Oxyde de fer, 48. Acide arsenique, 18. Eau, 32. Chaux
carbonatée, 2.

La comparaison de ces deux analyses offre un nouvel exemple
de la variation dont est susceptible la quantité d'eau qui entre
dans la composition d'un minéral, et vient à l'appui de ce
que j'ai dit à l'article de la mésotype, note 62.

FER SULFATÉ.

Note 151.

Analyse, par Bergmann.

Fer, 23. Acide sulfurique, 39. Eau, 38.

ÉTAIN OXYDÉ.

Note 152.

Lorsque j'ai entrepris de déterminer les lois auxquelles est
soumise la cristallisation de l'étain oxydé, les seuls corps de
cette espèce qui, parmi ceux que j'avais à ma disposition,
eussent des formes cristallines prononcées, étaient du nombre
des hémitropies, où les faces des sommets sont engagées dans
un angle rentrant, et de plus se trouvent réduites par le groupement, à une petite portion de leur véritable étendue. L'incidence de ces faces sur les pans adjacens me parut être la

même que celle qu'avait indiquée Romé de Lisle (Cristallographie, t. IV, suite du 3ᵉ tableau, n° 26), c'est-à-dire de
135ᵈ, et je supposai en conséquence que l'étain oxydé avait
un cube pour forme primitive. Je ne dissimulai point cependant
que cette hypothèse semblait contrarier la théorie des autres
substances, qui ont un noyau cubique, et dont tous les cristaux résultent de décroissemens qui ont lieu de la même manière
sur toutes les faces de ce noyau (Traité, t. IV, p. 153). L'acquisition que j'ai faite, il y a quelques années, de divers
cristaux de cette substance, provenant du comté de Cornouailles,
en Angleterre, m'ayant engagé à reprendre mes recherches
sur le même sujet, j'ai trouvé d'abord que la véritable forme
primitive était l'octaèdre rectangulaire, dont les faces répondent à o, o (Traité, pl. LXXX, fig. 179 et 180). Les joints
qui donnent cet octaèdre sont extrêmement sensibles lorsqu'on expose les fractures de l'étain oxydé à une vive lumière.

Le défaut de symétrie qui existe dans les parties semblablement situées sur les cristaux de la même substance, m'avait
fait présumer que peut-être y avait-il entre les véritables incidences et celles qui dépendaient de la forme cubique, une
différence trop petite, pour être appréciée à l'aide du gonyomètre (Traité, *ibid.*). Les nouvelles mesures que j'ai prises
sur les cristaux dont j'ai parlé, m'ont fait reconnaître que
cette différence était très-appréciable, puisqu'elle va jusqu'à
deux degrés. Elle avait été aperçue par M. Bernhardi, qui l'indique dans un Mémoire sur différentes cristallisations, du nombre
desquelles est celle de l'étain oxydé (Taschenb'. für die gesammte miner. etc. Von Carl Cæsar Leonhard, t. III, p. 76).
Mais l'octaèdre adopté pour forme primitive par ce célèbre
cristallographe, diffère de celui auquel m'a conduit le résultat
de la division mécanique.

La correction dont il s'agit ici est doublement heureuse,
soit en ce qu'elle écarte une exception que la forme de l'étain
paraissait souffrir dans l'hypothèse du cube, soit parce qu'elle
ramène à une conception très-simple la position du plan de
jonction des deux portions de cristaux qui composent l'étain

oxydé hémitrope. Car ce plan qui est représenté par l'hexagone CDE*l*E'D' (Traité, pl. LXXX, fig. 186), divise alors l'octaèdre primitif parallèlement à deux de ses faces opposées, savoir, celles que l'on obtiendrait, en interceptant les arêtes HK, *hk* de la variété qu'offre cette même figure, et que j'avais nommée *étain oxydé pyramidé*. Le parallélisme dont il s'agit, et que je croyais n'avoir lieu que d'une manière approchée, devient rigoureux, d'après la correction faite aux angles primitifs. Dans l'hémitropie que représente la figure 188, l'incidence de M sur M' est de 133^d 36', c'est-à-dire égale à l'angle que font entre elles deux faces adjacentes sur une même pyramide du noyau, telles que *o*, *o* (fig. 179), qui maintenant doivent être considérées comme primitives. Le calcul démontre que cette égalité est une propriété générale pour toutes les hémitropies qui dépendent des mêmes conditions que celle-ci, quels que soient les angles de l'octaèdre primitif.

Analyse de l'étain oxydé d'Alternon, au comté de Cornouailles, par Klaproth. (B., t. II, p. 256.)

Etain, 77,5. Fer, 0,25. Silice, 0,75. Oxygène, 21,5.

De l'étain oxydé concrétionné de Goanaxuato, au Mexique, par Descostils. (Brongniart, Traité de Minér., t. II, p. 190.)

Etain, 66. Fer, 5. Oxygène, 29.

ÉTAIN SULFURÉ.

Note 153.

Analyse, par Klaproth. (B., t. II, p. 261.)

Etain, 34. Cuivre, 36. Soufre, 25. Fer, 2. Perte, 3.

On sait que l'étain sulfuré qui n'a encore été trouvé qu'à Weal-Rock, dans le comté de Cornouailles, y fait partie d'un filon composé principalement de cuivre pyriteux. De là vient qu'il est mélangé de cette dernière substance suivant divers rapports indiqués par la teinte plus ou moins jaunâtre que présente la surface de la mine. Aussi M. Kirwan a-t-il défini l'étain sulfuré, *un étain minéralisé par le soufre et associé au cuivre* (Eléments of Minéralogy, vol. II, p. 200). Cependant

M. Klaproth regarde ce dernier métal comme partie consti-
tuante de l'étain sulfuré, et avertit que le morceau qu'il a
employé pour l'analyse, avait été séparé le plus qu'il était possible, des grains pyriteux qui se trouvaient disséminés dans
la masse. Mais il ne me paraît pas certain que dans le morceau dont il s'agit, le cuivre ne fût pas dû, au moins en partie,
à des molécules que l'étain sulfuré aurait dérobées au cuivre
pyriteux environnant, et qui se seraient engagées d'une manière imperceptible entre les molécules propres du premier.

ZINC OXYDÉ.

Note 154.

Dans la forme primitive (fig. 2), si du centre on mène une
droite qui aboutisse en E, une seconde qui soit perpendiculaire
sur l'arête C, et une troisième qui le soit sur l'arête G, ces
trois lignes seront entre elles, comme les nombres $\sqrt{12}$, 2 et $\sqrt{17}$.

Je n'avais donné la détermination qui se trouve dans mon
Traité, que comme approximative, à cause de la petitesse des
cristaux dont elle avait été déduite. Mais ayant lu la description d'une variété de zinc oxydé cristallisé, insérée dans les Transactions philosophiques de 1803, par M. Smitson, cristallographe d'un mérite distingué, en même temps qu'habile chimiste,
j'ai cherché si, en partant de mes données, je pourrais parvenir, par des lois simples de décroissement, aux mêmes angles
qu'avaient offerts à M. Smitson les mesures prises à l'aide du
gonyomètre ; et l'accord satisfaisant entre les résultats de part
et d'autre, m'a paru garantir la justesse des données dont il
s'agit. Ainsi, d'après mes calculs, on a $130^d 2'$, pour l'incidence de r sur M (Traité, pl. LXXXI, fig. 191), et $115^d 52'$
pour celle de s sur r ; suivant M. Smitson, la première est
de 130^d, et la seconde de 115^d. On peut voir dans mon Traité
(t. II, p. 138), que c'est au même savant que nous sommes
redevables de l'application de la théorie à la chaux carbonatée
cuboïde.

Analyse du zinc oxydé de Fribourg en Brisgau, par Pelletier.
(Mém. et Observ. de Chimie, Paris, 1790, t. I, p. 60.)

Oxyde de zinc, 38. Silice, 5o. Eau, 12.

De celui de Regbania, en Hongrie, par Smitson. (Transact. philos., 1802.)

Oxyde de zinc, 68,3. Silice, 25. Eau, 44. Perte, 2,3.

M. Smitson pense que la silice entre essentiellement dans la composition du zinc oxydé.

ZINC CARBONATÉ.

Note 155.

Analyse du zinc carbonaté mamelonné de Bleyberg, en Carinthie, par Smitson. (Transact. philosoph., 1803.)

Oxyde de zinc, 71,4. Acide carbonique, 13,5. Eau, 15,1.

De celui de Mendip, dans le Sommersetshire, par le même. (*Ibid.*)

Oxyde de zinc, 64,8. Acide carbonique, 35,2.

Du zinc carbonaté cristallisé du Derbyshire, par le même. (*Ibid.*)

Oxyde de zinc, 65,2. Acide carbonique, 34,8.

En publiant mon Traité, j'avais suspendu mon jugement sur la question de savoir si le zinc carbonaté devait être admis comme espèce en Minéralogie, parce qu'aucune des nombreuses expériences que j'avais faites sur les substances appelées communément *calamines*, n'y avait indiqué d'une manière certaine la présence de l'acide carbonique. Cependant je n'avais pas nié la possibilité qu'il existât un véritable carbonate de zinc (t. IV, p. 166), comme M. Smitson l'insinue au commencement du Mémoire qu'il a publié sur cet objet. J'attendais, pour me décider, des observations faites pour lever tous les doutes, ou, ce qui est la même chose, semblables à celles que M. Smitson lui-même a consignées dans son Mémoire.

M. Monheim, chimiste d'un mérite distingué, a trouvé, près de Limbourg, des masses de zinc oxydé compactes, qui servent de gangue à des groupes de cristaux aciculaires, qu'il a reconnus pour être du zinc carbonaté. Ce résultat a été vérifié par M. Vauquelin, sur un fragment d'un des échantillons que M. Monheim a bien voulu m'envoyer.

La véritable forme des cristaux dont il s'agit, est celle d'un rhomboïde très-aigu. J'ai observé, sur d'autres morceaux qui m'ont été donnés par M. Hersart, ingénieur des Mines, plusieurs de ces rhomboïdes qui adhèrent à leur gangue dans le sens de leur longueur, de manière qu'on y distingue, à l'aide de la loupe, les positions alternatives des faces situées vers les deux sommets. Mais ordinairement les cristaux sont tellement serrés les uns contre les autres, et engagés dans leur gangue, qu'on ne voit qu'une de leurs pointes qui offre l'aspect d'une pyramide triangulaire.

Je remarquerai, à cette occasion, que dans tous les cas semblables, on doit compléter par la pensée la forme des cristaux, et se représenter ceux-ci comme des rhomboïdes, au lieu de les considérer comme des pyramides, à l'exemple de plusieurs minéralogistes. Car si l'on excepte le tétraèdre régulier, la forme pyramidale est exclue par les lois de la structure, comme ne pouvant dériver d'aucune des formes primitives connues.

En brisant quelques-uns des mêmes cristaux, j'ai observé que leurs joints naturels conduisaient à admettre pour leur noyau, un rhomboïde obtus, dont il m'a d'ailleurs été impossible de mesurer les angles. Mais on y supplée, en joignant à la forme rhomboïdale, prise en général, le caractère que j'ai indiqué p. 103, et qui tient à la propriété qu'a le zinc d'être éminemment combustible.

J'ai cru devoir rapporter à cette espèce des cristaux du Derbyshire, semblables, par leur forme, à la chaux carbonatée métastatique, et dont j'avais parlé (Traité, *ibid.*, p. 162), en citant l'opinion de Romé-de-Lisle, qui les regardait comme produits par un sulfate de zinc qui aurait fait un échange d'acide avec la chaux carbonatée. Il est beaucoup plus vraisemblable que la matière de ces cristaux est venue après coup se mouler dans des cavités abandonnées par la chaux carbonatée métastatique : ce qui me paraît indiquer cette formation, c'est que le tissu des cristaux est mate, et leur pâte grossière et opaque, sans aucune apparence de joints naturels.

M. Smitson a décrit d'autres cristaux, qui ont été le sujet

19

de la troisième des analyses citées plus haut. Ce sont des rhomboïdes peu différens du cube, avec six facettes qui remplacent les bords inférieurs. Cette forme, ainsi que le remarque M. Smitson, a du rapport avec celle de la chaux carbonatée, que j'ai appelée *prismée* (Traité, t. II, p. 139). Le même savant semble regarder ces cristaux non comme des pseudomorphoses, mais comme un résultat immédiat de la cristallisation du zinc carbonaté. Il n'y aura que des mesures précises qui puissent indiquer jusqu'où s'étend l'analogie entre cette cristallisation et celle de la chaux carbonatée, et nous apprendre si le zinc ajoute une nouvelle singularité du même genre à celle que présente le fer, en s'unissant avec l'acide carbonique sous la forme de la chaux carbonatée. Mais ce que l'on peut prévoir dès maintenant, c'est que le fait, quand même il serait prouvé, ne donnerait matière à aucune objection fondée, contre l'application de la cristallographie à la classification. (*Voyez* la discussion relative au fer spathique, note 147.)

ZINC SULFURÉ.

Note 156.

La forme primitive du zinc sulfuré, qui est le dodécaèdre rhomboïdal appartient aussi au grenat, et il est remarquable qu'aucune des huit modifications de cette forme qu'il présente, ne se retrouve parmi les variétés de l'autre minéral, ensorte que l'on a ici deux systèmes de cristallisation qui n'ont rien de commun que le type auquel ils se rapportent.

Analyse d'un zinc sulfuré phosphorescent de Scharfenberg, en Saxe, par Bergmann. (Opusc. chim. et phys., Dijon, 1785, t. II, p. 349.)

Zinc, 64. Soufre, 20. Fer, 5. Eau, 6. Acide fluorique, 4. Silice, 1.

ZINC SULFATÉ.

Note 157.

Analyse du zinc sulfaté de Cornouailles, par Schaub. (Brongniart, Traité de Minér., t. II, p. 143.)

Oxyde de zinc, 25. Acide sulfurique, 21. Eau, 46. Manganèse, 4. Perte, 4.

Du même sel obtenu à l'aide des procédés chimiques, par
Bergmann. (Chaptal, Chimie appliquée aux Arts, t. IV,
p. 116.)

Oxyde de zinc, 20. Acide sulfurique, 40. Eau, 40.

Du même, par Kirwan. (*Ibid.*)

Oxyde de zinc, 40. Acide sulfurique, 20,5. Eau, 39,5.

BISMUTH NATIF.

Note 158.

La variété rhomboïdale découverte à Bieber, dans le Hanau,
et dont M. Léonhard a bien voulu m'envoyer des échantillons
très-caractérisés, est remarquable par un résultat que je n'avais
pas encore rencontré dans les produits de la cristallisation. Il
consiste en ce que cette variété représente la molécule soustractive
que considère la théorie dans la détermination des formes secondaires relatives à l'octaèdre. (*Voyez* les Annales du Muséum
d'Hist. nat., t. XII, p. 198 *et suiv.*, et le Journ. des Mines,
n° 143, p. 321 *et suiv.*)

BISMUTH SULFURÉ.

Note 159.

Les morceaux de cerium oxydé silicifère, qui se trouvent
ici dans différentes collections, renferment de petites lames
métalliques disséminées, que l'on regarde comme étant du bismuth sulfuré.

Analyse, par M. Sage. (Annales de Crell, 1788, t. II, p. 24.
Bismuth, 60. Soufre, 40.

COBALT ARSENICAL.

Note 160.

Le cobalt arsenical est encore une des substances métalliques dont nous n'avons aucune analyse exacte. Les minéralo-

gistes étrangers distinguent ici deux espèces, dont l'une, qui est le weisser speisskobalt, renferme les variétés d'un blanc argentin, et l'autre, qui est le grauer speisskobalt, renferme celles qui sont d'un gris noirâtre, et n'ont qu'un faible éclat métallique ; je n'ai jamais vu celle-ci sous une forme régulière. La couleur noirâtre que présentent certains cristaux, comme ceux qui se trouvent à Bieber, en Hanau, n'est que superficielle, au lieu qu'elle a pénétré dans toute la masse des variétés amorphes. On pourrait soupçonner qu'elle provient d'un surcroît d'arsenic qui n'est qu'accidentel.

COBALT GRIS.

Note 161.

Analyse du cobalt gris de Tunaberg, par Klaproth. (B., t. II, p. 307.)

Cobalt métallique, 44. Arsenic métallique, 55,5 Soufre, 0,5.

Du même, par Tassaert. (Annales de Chimie, n° 82, vendémiaire an 7.)

Cobalt, 37. Arsenic, 49. Fer, 5,66. Soufre, 6,5. Perte, 1,84.

On ne sait pas encore précisément en quoi cette mine diffère de la précédente par sa composition. D'après l'analyse que M. Klaproth en a faite, elle ne serait non plus qu'un cobalt arsenical. Car la très-petite quantité de soufre que ce célèbre chimiste en a retirée, et qui ne formait que $\frac{1}{200}$ de la masse, ne paraît pas être de mesure avec le nom de *sulfure de cobalt* qu'il a donné à cette mine.

Le soufre entrait en proportion beaucoup plus sensible dans le résultat obtenu par M. Tassaert, où il était accompagné d'une quantité à peu près égale de fer. Mais il se pourrait que ces deux principes eussent été empruntés au cuivre pyriteux qui est souvent associé au cobalt gris.

A l'égard des formes cristallines de cette substance, tout ce qu'elles semblent avoir de singulier, c'est leur parfaite ressemblance avec les variétés de fer sulfuré, qui dépendent de trois décroissemens, dont les directions se croisent à angle droit, sur les faces qui composent un même angle solide du cube primitif. Mais il en résulte seulement, que ces deux minéraux se sont trouvés, pendant leur formation, dans des circonstances qui ont eu lieu rarement à l'égard des substances dont le noyau est un cube. Du reste, rien n'est si facile que de faire servir ici le contraste des qualités physiques à lever les doutes que l'identité des formes tendrait à occasionner.

COBALT ARSENIATÉ.

Note 162.

Parmi les cristaux aciculaires de cobalt arseniaté, on distingue des prismes hexaèdres terminés par des sommets à faces obliques. Mais je n'ai jusqu'ici aucune observation précise sur la structure de ces cristaux, non plus que sur les mesures de leurs angles.

ARSENIC SULFURÉ.

Note 163.

Analyse de l'arsenic sulfuré rouge de Pouzzol, par Bergmann. (Traité, t. IV, p. 230.)

Arsenic, 90. Soufre, 10.

De l'arsenic sulfuré rouge du commerce, par Thénard. (Journ. de Phys., janvier 1807, p. 25.)

Arsenic métallique, 75. Soufre, 25.

De l'arsenic sulfuré jaune, par le même. (*Ibid.*)

Arsenic métallique, 57. Soufre, 43.

Je n'ai pas été à portée de vérifier l'analogie que Romé-de-Lisle indique (Cristallogr., t. III, p. 34), entre la cristallisation de l'arsenic rouge et celle du soufre.

Cette analogie, jointe à une autre que j'ai observée, et qui consiste dans la propriété qu'a l'arsenic sulfuré d'acquérir l'électricité résineuse par le frottement, sans avoir besoin d'être isolé, tendrait à faire soupçonner que l'arsenic sulfuré rouge n'est qu'un soufre uni accidentellement à une certaine quantité d'arsenic, ou un soufre rouge, suivant le langage des habitans de la Guadeloupe.

D'une autre part, les analyses de l'arsenic sulfuré rouge ont donné beaucoup moins de soufre que d'arsenic. Mais la quantité de soufre formait déjà le quart de la masse dans le réalgar analysé par M. Thénard, et qui sans doute était amorphe, et si cette quantité, prise en général, était variable, comme cela aurait lieu dans l'hypothèse dont j'ai parlé, et comme paraissent l'indiquer les analyses elles-mêmes, il se pourrait qu'elle fût assez sensible dans les cristaux, pour maîtriser la forme, et ainsi il serait à desirer que l'on répétât l'analyse sur des corps réguliers. Il ne serait pas moins intéressant d'analyser comparativement le réalgar sublimé par le feu des volcans, qui a été plus particulièrement le sujet de l'observation de Romé de Lisle, et celui des terrains non-volcaniques, et il faudrait en même temps s'assurer si la forme primitive de ce dernier est semblable à celle de l'autre.

A l'égard de l'arsenic sulfuré jaune, la différence chimique avec le réalgar consisterait, d'après les résultats de M. Thénard, en ce qu'il contiendrait beaucoup moins d'arsenic et plus de soufre, quoique la quantité du premier fût encore prédominante. M. de Born cite des cristaux de cette substance, sous la forme d'octaèdres complets ou tronqués (Catal. de la Collect. de Mlle Éléonore de Raab, t. II, p. 203). Serait-ce encore l'octaèdre de soufre? On voit qu'il reste des doutes à éclaircir, avant de pouvoir établir, sous tous les rapports, une exacte comparaison soit entre l'orpiment et le réalgar, soit entre ces deux minéraux et le soufre ordinaire. En attendant que leur classification soit fixée, j'ai suivi l'opinion commune des minéralogistes, qui en font deux soudivisions d'une espèce qu'ils placent dans le genre de l'arsenic.

MANGANÈSE OXYDÉ.

Note 164.

Analyse du manganèse oxydé métalloïde d'Ilefeld, près du Harz, par Klaproth. (B., t. III, p. 308.)

Oxyde noir de manganèse saturé d'autant d'oxygène qu'il

peut en retenir, lorsqu'on le chauffe fortement, 90,5. Eau, 7.
Gaz oxygène, 2,25. Perte, 0,25.

Du manganèse noir terreux de la mine de Dorothée au Harz.
(*Ibid.*, p. 313.)

Oxyde brun de manganèse, 68. Oxyde de fer, 6,5. Charbon, 1. Baryte, 1. Silice, 8. Eau, 17,5. Total, 102.

Du manganèse carbonaté rose de Kapnick, par Lampadius.
(Mém. de la Classe des Sciences mathém. et phys. de l'Institut,
1ᵉʳ semestre 1807, p. 94)

Oxyde de manganèse, 48. Acide carbonique, 49. Oxyde
de fer, 2,1. Silice, 0,9.

Du manganèse carbonaté brun de Bohême, par Descostils.
(*Ibid.*, p. 91.)

Oxyde de manganèse, 53. Oxyde de fer, 8. Chaux, 2,4.
Résidu insoluble composé de silice et de fer arsenical, 4. Perte
par le feu, représentant l'acide carbonique et l'eau, 35,6.

Du manganèse rose de Kapnick, par Lampadius. (*Ibid.*
p. 94.)

Oxyde de manganèse, 61. Oxyde de fer, 5. Silice, 30.
Alumine, 2. Perte, 2.

Du manganèse oxydé barytifère de Romanèche, près de
Macon, par Vauquelin. (Journ. des Mines, n° 19, p. 27.)

Oxyde blanc de manganèse, 50. Oxygène, 33,7. Baryte, 14,7.
Silice, 1,2. Carbone, 0,4.

J'avais rangé d'abord les différentes variétés que présente
le manganèse oxydé, d'après la diversité des teintes qu'il prend
successivement, à mesure qu'en restant exposé au contact de
l'air, il enlève à ce fluide de nouvelles quantités d'oxygène.
Mais j'ai jugé qu'il était plus conforme à l'esprit de la méthode, de disposer ces variétés, en partant du terme qui
répond au manganèse oxydé métalloïde, et qui seul jusqu'ici
a offert une structure laminaire et des formes cristallines déterminables.

J'ai déjà cité (p. 127) le résultat d'une analyse de la pierre
qui sert de gangue au tellure de Nagyag, et dont M. Klaproth a retiré $\frac{14}{100}$ de manganèse carbonaté. La pierre de Kap-

nick analysée par M. Lampadius, a offert un résultat analogue, excepté qu'elle n'a point donné de chaux, et M. Proust a désigné, sous le nom de *carbonate de manganèse*, la gangue du tellure du nagyag et celle du manganèse sulfuré (Journ. de Phys., t. LIV, p. 94). M. Descostils a retrouvé la même combinaison dans une substance brune, rapportée de Bohême, et qui avait l'apparence du fer spathique. L'autorité de ces divers savans m'a déterminé à introduire le manganèse carbonaté dans ma Méthode, et si je ne le place pour le moment que par appendice· à la suite du manganèse oxydé, c'est parce que d'un côté il nous manque encore une détermination nette et précise de ses caractères géométriques et physiques, et parce que, d'un autre côté, les résultats de la chimie laissent quelque chose à desirer, lorsque l'on compare les analyses qui ont eu pour sujets les diverses substances que je viens de citer, avec celle que M. Lampadius a faite du manganèse rose de Sibérie, dans lequel il n'a point trouvé d'acide carbonique, quoique ce minéral paraisse avoir la plus grande analogie avec les substances dont il s'agit.

D'après ce que j'ai dit de l'analyse qui a pour auteur M. Klaproth, nous avons aussi une chaux carbonatée manganésifère, c'est-à-dire mélangée de manganèse carbonaté, et c'est à celle-ci que j'ai cru devoir réunir les cristaux en rhomboïdes contournés, semblables à ceux de la chaux carbonatée brunissante, que l'on observe sur le manganèse rose de Nagyag (*voyez* la note 4, p. 127). Mais comme l'analyse de M. Klaproth, qui a offert le mélange dont je viens de parler, se rapporte à la partie amorphe de ce minéral, quelqu'un soupçonnera peut-être que les cristaux ne sont autre chose que du manganèse carbonaté,· ensorte que la forme de ce dernier s'identifierait encore avec celle de la chaux carbonatée. Si ce soupçon était fondé, ce serait un nouveau sujet de surprise de voir le manganèse carbonaté s'assimiler au carbonate de fer, non-seulement par la propriété de se cristalliser comme la chaux carbonatée, mais par ses autres manières d'etre, en se mêlant dans des proportions variables avec cette substance

acidifère, et en finissant par s'isoler. Mais, je le répète, la
méthode, en joignant à l'indication de la forme un caractère
auxiliaire, se pliera toujours aux résultats définitifs, quels qu'ils
soient, qui éclairciront l'espèce de mystère que présentent,
dans l'état actuel de nos connaissances, les carbonates métalliques, par cette tendance que paraissent avoir leurs molécules à se mouler sur la forme de la chaux carbonatée.

MANGANÈSE SULFURÉ.

Note 165.

Analyse, par Klaproth. (B., t. III, p. 42.)
Manganèse oxydé, 82. Soufre, 11. Acide carbonique, 5.
Perte, 2.

MANGANÈSE PHOSPHATÉ.

Note 166.

Ce minéral appartient jusqu'ici exclusivement au sol de la
France, où il a été découvert par M. Alluau l'aîné, minéralogiste très-instruit, près de Limoges, au milieu d'un granite, et dans le même filon de quarz qui renferme des bérils.
En brisant quelques-uns des morceaux de cette substance,
que M. Alluau a bien voulu me donner, j'ai observé que parmi
les trois joints naturels qui paraissent perpendiculaires entre
eux, il y en a deux qui ayant à peu près la même netteté,
sont plus sensibles et plus faciles à obtenir que le troisième,
ce qui peut faire présumer que la forme primitive n'est pas
un cube, mais un prisme droit à bases carrées, dans lequel
ces bases ont une étendue différente de celle des pans.

Analyse, par Vauquelin. (Journ. des Mines, n° 64, p. 299.)
Oxyde de manganèse, 42. Acide phosphorique, 27. Oxyde
de fer, 31.

Ce résultat avait fait conjecturer à M. Vauquelin, que dans
la substance qui a été le sujet de l'analyse, l'acide phosphorique se partageait entre les deux métaux, ensorte que cette
substance résultait d'une combinaison de deux phosphates. Mais

les expériences de M. Darcet, digne fils du célèbre chimiste de ce nom, tendent à prouver que la quantité de fer est très-variable, qu'elle diminue à mesure que la couleur du minéral passe du brun-noirâtre au rouge-brunâtre, ensorte que les morceaux qui présentent une teinte plus claire de cette dernière couleur, sont presque entièrement composés de manganèse et d'acide phosphorique.

ANTIMOINE SULFURÉ.

Note 167.

Analyse, par M. Bergmann. (K. Minér. Tabl. , p. 73.)
Antimoine, 74. Soufre, 26.

De nouvelles observations que j'ai faites sur les cristaux de cette substance, m'ont confirmé dans l'idée que sa forme primitive diffère de l'octaèdre régulier, par la mesure de ses angles, ainsi que l'indique la différence que présentent ses divers joints naturels, relativement à leur poli, et à la facilité de les obtenir. (*Voyez* le Traité, t. IV, p. 268 *et suiv.*)

L'antimoine sulfuré est sujet à une altération qui lui fait perdre son soufre, et le convertit en oxyde jaune, ayant un aspect terreux. Cet oxyde accompagne souvent des aiguilles de la même substance, qui sont restées intactes. J'ai reçu du savant M. Angulo, directeur des mines d'Andalousie, un échantillon sur lequel on voit des aiguilles qui conservent l'éclat métallique dans une partie de leur longueur, tandis que le reste a passé à l'état d'oxide. Cette observation m'a engagé à placer ici l'oxyde jaune dont il s'agit, d'après le principe déjà exposé ailleurs (note 46, p. 166), qu'on ne doit regarder comme espèces proprement dites, que les substances qui ont été produites immédiatement et d'un premier jet par la nature. J'ajoute ici, pour la même raison, les variétés d'antimoine oxydé sulfuré qui ont conservé les traces de leur origine, ainsi que je l'expliquerai dans la note suivante.

ANTIMOINE OXYDÉ.

Note 168.

Analyse de l'antimoine oxydé d'Allemont, par Vauquelin.
(Traité, t. IV, p. 274.)

Oxyde d'antimoine, 86. Oxyde d'antimoine mêlé d'oxyde
de fer, 3. Silice, 8. Perte, 3.

Analyse de l'antimoine oxydé sulfuré, par Klaproth. (B.,
t. III, p. 182.)

Antimoine 67,5. Oxygène, 10,8. Soufre, 19,7. Perte, 2.

J'avais donné à cette substance le nom d'*antimoine hydro-*
sulfuré, d'après l'opinion de M. Bertholet, qui regardait le
kermès soit natif, soit artificiel, comme une combinaison
d'oxide d'antimoine, de soufre et d'hydrogène. Mais plus récemment M. Klaproth a soumis le kermès natif à des expériences qui prouvent que ce minéral ne contient point d'hydrogène, et que celui qu'on avait cru en retirer avait été
fourni par les réactifs employés à l'analyse.

On voit des aiguilles d'antimoine sulfuré, dont une partie
a conservé l'éclat métallique naturel à cette mine, tandis que
l'autre partie s'est emparée d'une certaine quantité d'oxygène
qui l'a convertie en antimoine rouge. Si toutes les mines qui
présentent cette couleur avaient la même origine, comme je
serais tenté de le soupçonner, il faudrait placer l'antimoine
oxydé sulfuré, sans aucune exception, dans un appendice, à
la suite de l'antimoine sulfuré. Mais comme nous ne sommes
pas sûrs qu'il n'existe pas aussi de l'antimoine rouge produit
immédiatement par la cristallisation, j'ai cru devoir restreindre
le sujet de l'appendice dont il s'agit, aux morceaux sur lesquels
on voit encore des indices d'antimoine sulfuré métallique.

URANE OXYDULÉ.

Note 169.

Analyse de l'urane oxydulé de Joachimstal, par Klaproth.
(B., t. II, p. 221.)

Oxyde d'urane, 86,5. Sulfure de plomb, 6. Oxyde de
fer attirable, 2,5. Silice, 5.

URANE OXYDÉ.

Note 170.

Dans la forme primitive (fig. 7), le côté B de la base est
à la hauteur comme $1 : \sqrt{10}$. Mais je ne regarde cette détermination que comme approximative, les cristaux qui m'ont
servi à le déterminer étant trop petits pour se prêter à des
mesures précises. D'après le rapport dont il s'agit, le signe
de la variété trapézienne sera $\overset{\text{\textasciiacute}}{B}$.

TITANE OXYDÉ.

Note 171.

Dans la forme primitive (fig. 7), le côté B de la base est
à la hauteur G comme $\sqrt{5}$ est à $\sqrt{6}$.

Analyse du titane oxydé granuliforme de Cornouailles, Menakan de Werner, par Klaproth. (B., t. II, p. 231.)

Oxyde de fer attirable, 51. Oxyde de titane, 45,25. Silice, 3,5.
Oxyde de manganèse, 0,25.

Il paraît que le titane oxydé n'est presque jamais exempt
d'un mélange de fer. M. Laugier, d'après ses expériences,
regarde comme très-voisins de l'état de pureté, des cristaux
de ce minéral, provenant du Brésil, et dont on voit des analogues dans la Collection du Muséum d'Histoire naturelle, à
laquelle ils ont été donnés par M. Geoffroy Saint-Hilaire.
Ces cristaux sont d'une forme cylindroïde et d'une belle
couleur brune-orangée, qui dans quelques-uns est jointe à
la transparence.

J'ai indiqué dans mon Traité (t. IV, p. 304) l'hypothèse
qui m'avait conduit à la détermination du rapport entre la
hauteur et le côté de la base du prisme droit que je regarde
comme la forme primitive de cette espèce. Je suis parti de

l'observation que dans tous les cristaux qui paraissent se pé-
nétrer, le plan de jonction situé par leur rencontre est toujours
dans le sens d'une face produite par une loi de décroissement. J'ai supposé que dans le cas présent cette loi avait lieu
par une rangée, c'est-à-dire que son signe est $\overset{\scriptstyle\backslash}{A}$.

Le titane oxydé est une des substances minérales dont la
cristallisation ait eu le plus de tendance vers cette sorte de
groupement, d'où résulte une pénétration apparente, et qui a lieu
ici dans la variété que j'ai nommée *titane oxydé géniculé*.
J'en ai reconnu des indices dans les cristaux du Brésil que
j'ai cités plus haut. Le groupement dont il s'agit a cela de
particulier, que le plan de jonction des cristaux accolés deux
à deux, traverse l'un et l'autre de part en part dans un sens
incliné à l'axe du prisme, de manière que les sommets sont
entièrement masqués; au lieu que dans l'étain oxydé, par
exemple, le groupement laisse subsister une partie des faces
obliques qui tendent à former des pyramides à l'extrémité des
cristaux.

M. Delcros, ingénieur-géographe du Dépôt de la guerre,
qui saisit toutes les occasions que lui offrent ses voyages de
contribuer par ses savantes recherches au progrès de la Minéralogie, a observé, le premier, des cristaux de titane oxydé libres
de tout groupement, et terminés par des sommets pyramidaux
à quatre faces. Ces cristaux qui, la plupart sont d'une forme
déliée, adhèrent les uns aux autres suivant leur longueur, et
reposent sur des lames de fer oligiste, dont la surface en contact
avec eux, fait l'office d'un plan qui aurait détaché une portion des
mêmes cristaux supposés complets, par une section parallèle à
l'axe. J'ai reçu de M. Delcros un morceau qui présente une multitude de ces cristaux rangés parallèlement les uns aux autres
sur le fer oligiste qui a pour gangue un quarz-hyalin blanc-
grisâtre. La vivacité de leur éclat auquel semble le disputer
celui du fer qui leur sert de support, la belle couleur d'un
brun-rougeâtre que réfléchit leur surface, et qui est remplacée
par le rouge more-doré, lorsqu'en les inclinant, on met l'œil
à portée de recevoir les rayons qui se sont réfractés dans

leur intérieur, tout concourt à augmenter l'intérêt que cette nouveauté inspire par elle-même.

M. Petersen, amateur très-instruit en minéralogie, a eu la complaisance de me donner tout récemment un morceau du même genre, où l'un des cristaux de titane oxydé m'a paru se prêter à l'application de la théorie. J'ajouterai ici le résultat auquel je viens d'être conduit, d'après les données consignées dans mon Traité, et dont ce résultat est une confirmation. Le cristal ramené par la pensée à une forme complète, offre celle d'un prisme octogone terminé par des sommets à quatre faces trapézoïdales. Les pans naissent d'un décroissement par deux rangées de part et d'autre, des arêtes latérales G, G (fig. 7), et les faces terminales, d'un décroissement par une simple rangée sur les bords B de la base. On peut se faire une idée de ce cristal, à l'aide de la fig. 3i, pl. ii de cet Ouvrage, en imaginant que les faces h et c se prolongent jusqu'au point de masquer toutes les autres. Le signe du cristal sera $^2G^2\overset{\scriptscriptstyle 1}{B}$. Voici les valeurs des principaux angles; $h\quad c$ incidence mutuelle de deux faces h, h situées en avant $143^d\,8'$; de chacune des mêmes faces sur la face h située vers la droite ou vers la gauche, $126^d\,52'$; de c sur c, $117^d\,2'$; de c sur h, $131^d\,21'$. Je nomme cette variété *titane oxydé dioctaèdre*.

TITANE ANATASE.

Note 172.

Dans la forme primitive (fig. 10), la hauteur de la pyramide qui a son sommet en A, est à la moitié du côté D de la base, comme $\sqrt{13}$ à $\sqrt{2}$.

La propriété qu'a le minéral dont il s'agit ici de transmettre très-sensiblement l'électricité, m'avait fait présumer qu'il contenait une substance métallique (Traité, t. III, pp. 134 et 135). M. Vauquelin y a reconnu depuis la présence du titane, et une expérience ultérieure, dans laquelle il a comparé ce minéral avec le titane oxydé ordinaire, a indiqué de part et d'autre le même degré d'oxidation, et les mêmes propriétés chimiques (Journ. des Mines, n° 114, p. 478 *et suiv.*). Cependant j'ai tenté inutilement jusqu'ici de ramener à un type commun, les formes cristallines des deux substances, et les observations que m'a fournies la variété dioctaèdre de titane oxydé, décrite dans la note précédente, tendent à écarter encore davantage l'idée d'un rapprochement entre ces substances.

Les couleurs qui dans les métaux sont caractéristiques paraissent également s'opposer à cette idée. On sait que les cristaux de plusieurs espèces de cette classe, tels que le cuivre oxydulé, l'argent antimonié-sulfuré, le mercure sulfuré, ont assez souvent leur surface douée d'un éclat métallique, qui semble être l'effet d'une modification accidentelle, ensorte que le véritable état de ces substances, celui qui offre comme la limite de tous les autres, est caractérisé par la couleur rouge jointe à un certain degré de transparence. S'il en est de même des deux espèces de titane que nous comparons ici, la limite du titane oxydé ordinaire répondra au rouge more-doré, et celle de l'anatase à une couleur très-différente qui est le bleu indigo. Jusqu'à ce que de nouvelles recherches nous aient dévoilé la cause du défaut d'accord qui existe ici entre la Chimie et la Cristallographie, j'ai cru devoir placer séparément l'anatase à la suite du titane oxydé, en lui conservant, comme épithète, le nom que je lui avais donné.

TITANE SILICEO-CALCAIRE.

Note 173.

Analyse du titane siliceo-calcaire de Passau, par Klaproth. (B., t. I, p. 251.)

Oxyde de titane, 33. Silice, 35. Chaux, 33. Total, 101.

De celui du Saint-Gothard, par Cordier. (Journal des Mines, n° 73, p. 70.)

Oxyde de titane, 33,3. Silice, 28. Chaux, 32,2. Perte, 6,5.

Dans la forme primitive (fig. 62), les trois lignes menées du centre, l'une à l'angle E, la seconde à l'angle I, et la troi-

sième à l'angle **A**, sont entre elles dans le rapport des nombres
$\sqrt{8}$, $\sqrt{5}$ et $\sqrt{15}$.

Le changement que subit ici ma Méthode, par la réunion
des cristaux nommés *sphènes*, avec ceux de titane siliceo-calcaire, est dû originairement à la Chimie, et les lois de la
Cristallisation avaient même paru d'abord s'y opposer (Journ.
de Phys., prairial an 6, p. 454). L'examen des seules formes
cristallines de sphène qui fussent connues, avant la publication de mon Traité, et qui étaient loin de se prêter à des
mesures précises, ne m'avait permis que d'établir la nécessité
de séparer cette substance de la rayonnante (actinote), dont
elle n'était, suivant Saussure, qu'une variété, que ce célèbre
naturaliste appelait *rayonnante en gouttière*. Je n'avais même
donné mes recherches que pour une sorte de tâtonnement,
en attendant que l'on pût parvenir à la détermination de la
véritable structure (Traité, t. III, p. 115, note 1).

Dans la suite M. Cordier a obtenu de la Chimie ce que
la Cristallographie lui avait refusé aussi bien qu'à moi, je
veux dire la preuve que le sphène appartenait au titane siliceo-
calcaire. Il fallut alors reprendre l'examen des cristaux de
sphène, pour essayer de ramener leur structure à celle du
titane. J'avais acquis de ces cristaux qui étaient beaucoup
mieux prononcés que les premiers. Mais ici l'observation fit
naître une difficulté, qui consistait en ce que plusieurs des
mêmes cristaux offraient un défaut de symétrie, dont ceux
de titane étaient exempts. Les variétés *plagièdre* et *mégalogone*
en fournissent des exemples. Ainsi, dans la dernière, qui est
représentée pl. IV, fig. 66, les faces *t* existent isolément sur chacune des moitiés antérieure et postérieure du cristal, au lieu
de se répéter en-dessus et en-dessous de chaque pan *r*. Les
faces *s* sont également solitaires, au lieu de naître deux à
deux. Il en est de même des pans *y*, qui devraient se répéter
de part et d'autre d'une même arête longitudinale (1).

---

(1) Dans le signe représentatif de cette variété ('p. 117), on s'est dispensé
de répéter les quantités qui expriment les décroissemens relatifs à *y*, *t*, *s*,

La difficulté dont il s'agit disparut, lorsque j'eus découvert que les cristaux dont les formes dérogeaient à la symétrie, étaient électriques par la chaleur (*voyez* le Traité de Minér., t. 1, p. 237). Je n'ai point retrouvé cette propriété dans les cristaux de Norwège. Mais il paraît qu'il en est de l'espèce dont il s'agit ici, comme de l'axinite, dont certains cristaux seulement s'électrisent lorsqu'on les chauffe. Aussi ceux de Norwège ont-ils des formes symétriques. La même propriété existe dans la variété polyédrique, où elle fournit un caractère avantageux pour la reconnaître.

Les cristaux du *Saint-Gothard* diffèrent encore de ceux de Norwège, par les positions et par les incidences mutuelles des facettes qui les modifient. Mais j'ai reconnu que cette différence tenait à celle des lois de décroissement dont ces facettes dépendent, et j'ai été conduit en même temps à la véritable détermination de la forme primitive, qui est un octaèdre rhomboïdal, ainsi que je l'ai indiqué.

SCHÉELIN FERRUGINÉ.

Note 174.

Dans la forme primitive (fig. 5), le rapport des côtés G, B, C est celui des quantités $2\sqrt{3}$, $\sqrt{3}$ et 2.

Analyse par MM. d'Elhuyar. (Mémoires de l'Académie de Toulouse, t. II.)

Acide schéelique, 64. Oxyde de fer, 13,5. Oxyde de manganèse, 22. Perte, 0,5.

Par Vauquelin et Hecht. (Journ. des Mines, n° 19, p. 18.)

Acide schéelique, 67. Oxyde de fer, 18. Oxyde de manganèse, 6,25. Silice, 1,5. Perte, 7,25.

---

avec des zéros à côté des exposans, pour indiquer que ces décroissemens sont nuls sur certaines parties. Il sera facile de reconnaître ces dernières, en comparant le signe avec la figure 62.

SCHÉELIN CALCAIRE.

Note 175.

Dans la forme primitive (fig. 67), les deux lignes menées du centre, l'une à l'angle A, l'autre à l'angle E, sont entre elles comme $\sqrt{7}$ à $\sqrt{3}$.

Analyse, par Klaproth. (B., t. III, p. 42.)

Oxyde jaune de schéelin, 77,75. Chaux, 17,6. Silice, 3. Perte, 1,65.

L'octaèdre que présentent ordinairement les cristaux de cette espèce, et que j'ai désigné sous le nom d'*unitaire*, n'est point le régulier, comme je l'avais annoncé d'après Romé de Lisle (1). M. de Bournon s'est aperçu depuis, que les faces de cet octaèdre étaient des triangles isocèles (Journal des Mines, n° 75, p. 162 *et suiv.*). D'après ses mesures, l'incidence de deux faces adjacentes g, g (fig. 68) sur une même pyramide, serait de $106^d 28'$, et celle de chacune des mêmes faces sur la face g' qui lui est adjacente dans l'autre pyramide, serait de $115^d 38'$. J'ai mesuré de mon côté les incidences analogues sur des cristaux d'un volume considérable,

---

(1) On sait que ce célèbre minéralogiste possédait la collection la plus riche en cristaux qui existât à l'époque où a paru sa Cristallographie. Il avait été secondé, pour les nombreuses mesures d'angles consignées dans cet important ouvrage, par deux hommes très-exercés à ce genre d'opérations, MM. Lermina et Carangeot. Le Traité que j'ai publié quelques années après, offre des applications de la théorie des décroissemens à toutes les variétés qu'avait citées Romé de Lisle, et à beaucoup d'autres qui lui étaient inconnues. Parmi les mesures d'angles que j'y indique, il s'en trouve un assez grand nombre qui sont plus précises que celles qu'a données ce célèbre naturaliste ; telles sont les mesures qui ont rapport à la strontiane sulfatée, à l'idocrase, à l'amphibole, à la topaze, au plomb carbonaté, au fer oligiste, etc. Mais au milieu d'un travail dirigé vers l'ensemble de la cristallisation, et exécuté presque uniquement d'après les morceaux de ma Collection, qui était très-inférieure à celle du même savant, j'ai dû être plusieurs fois dans le cas de m'en rapporter à lui pour les angles qui me servaient de données, et ce n'est que par succession de temps que j'ai reconnu la nécessité de modifier plusieurs de ces angles, comme cela a eu lieu par rapport aux cristaux de Tourmaline, à ceux d'étain oxydé, et à l'octaèdre dont il s'agit ici.

qui existent dans la Collection du Muséum d'Histoire naturelle, et qui ne laissent rien à desirer pour la netteté des faces,
et mes résultats m'ont donné constamment des valeurs qui
diffèrent de celles qu'indique M. de Bournon ; l'une est de
107^d 26′, au lieu de 106^d 28′, et l'autre de 113^d 36′, au lieu
de 115^d 38′. La première se trouve ainsi de 2^d plus faible,
et la seconde de 3^d plus forte que dans l'octaèdre régulier

Plusieurs des mêmes cristaux offrent des joints naturels situés
parallèlement à leurs faces, et d'autres qui interceptent les
angles solides latéraux, et que j'avais pris d'abord pour des
indices de la forme cubique qui se combinait avec celle de
l'octaèdre régulier. Mais ces nouveaux joints, ainsi que l'a
très-bien vu M. de Bournon, correspondent deux à deux
à ces mêmes angles solides, ensorte qu'ils composent la surface d'un nouvel octaèdre beaucoup plus aigu, produit par
des plans qui, en partant des sommets du premier, tom-
beraient sur le milieu des bords latéraux. J'avais d'abord penché
à considérer le premier octaèdre comme la forme primitive
du schéelin calcaire, parce que c'est celui que la cristallisation de cette substance présente le plus ordinairement. Mais
les joints qui donnent le second étant sensiblement plus nets
que ceux qui appartiennent à l'autre, j'ai fini par adopter
celui-là de préférence comme primitif, ainsi que l'a fait M. de
Bournon. J'ajoute, avec ce célèbre naturaliste, que la correction faite aux angles des cristaux de schéelin calcaire a
cela d'heureux, qu'elle diminue le nombre des formes communes à des espèces différentes, et imprime à l'octaèdre de
ce minéral, un caractère particulier, qui le fait ressortir à
côté de toutes les autres formes du même genre.

TELLURE NATIF.

Note 176.

La variété que l'on appelle *or graphique*, présente à certains endroits, des indices d'une forme déterminable, qui paraît
être celle de l'octaèdre régulier. J'ai présumé que les lames

hexagonales que l'on observe quelquefois sur les morceaux d'une autre variété, qui est le tellure natif auro-plombifère, vulgairement *or de Nagyag*, pourraient bien être des segmens d'octaèdre régulier, dont les faces latérales seraient oblitérées, ensorte qu'on ne pourrait déterminer leurs inclinaisons sur les grandes faces.

Analyse du tellure auro-ferrifère, par Klaproth. (B., t. III, p. 8.)

Tellure, 92,55. Fer, 7,2. Or, 2,5.

Du tellure auro-argentifère graphique, par le même. (*Ibid.* p. 20.)

Tellure, 60. Or, 30. Argent, 10.

Du tellure auro-plombifère jaunâtre, par le même. (*Ibid.* p. 25.)

Tellure, 44,75. Or, 26,75. Plomb, 19,5. Argent, 8,5. Soufre, 0,5.

De la variété laminaire, par le même. (*Ibid.* p. 32.)

Tellure, 32,2. Plomb, 54. Or, 9. Argent, 0,5. Cuivre, 1,3. Soufre, 3.

TANTALE OXYDÉ FERRO-MANGANÉSIFÈRE.

Note 177.

Le seul cristal de cette espèce qui soit dans ma Collection, laisse trop à desirer, pour que l'on soit sûr de pouvoir rétablir, par la pensée, ce qui lui manque. J'ai même balancé entre la forme d'un prisme rhomboïdal dont il m'a paru offrir l'indice, et celle d'un octaèdre. Mais ce que j'ai aperçu distinctement, ce sont des joints naturels qui annoncent la facilité de déterminer la forme primitive, lorsque l'on aura des cristaux assez prononcés, pour permettre de combiner exactement les positions des mêmes joints avec celles des faces extérieures auxquelles ils sont parallèles.

Analyse, par Vauquelin.

Oxyde de tantale, 83. Oxyde de fer, 12. Manganèse, 8. Total, 103.

TANTALE OXYDÉ YTTRIFÈRE.

Note 178.

Analyse, par Vauquelin.

Oxyde de tantale, 45. Le reste est composé d'yttria et de fer.

CERIUM OXYDÉ SILICIFÈRE.

Note 179.

Analyse, par Klaproth. (B., t. IV, p. 147.)

Oxyde de cerium, 54,5. Silice, 34,5. Oxyde de fer, 3,5. Chaux, 1,25. Eau, 5. Perte, 1,25.

Autre, par Vauquelin. (Annales du Mus. d'Hist. nat., t. V, p. 412.)

Oxyde de cerium, 67. Silice, 17. Oxyde de fer, 2. Chaux, 2. Eau et acide carbonique, 12.

Ce minéral, rangé d'abord parmi les variétés du schéelin calcaire, regardé ensuite comme un composé de fer, de silice et de carbonate de chaux, est tombé enfin, pour l'avantage de la science, entre les mains du célèbre chimiste qui nous avait déjà dévoilé l'existence du titane et de l'urane, et avait fixé nos connaissances sur celle du tellure. C'est à lui que l'on doit les premières expériences qui ont séparé le minéral dont il s'agit, de ceux auxquels on l'avait associé sans fondement, et ont démontré qu'il contenait une substance jusqu'alors inconnue, que ce savant considéra comme une sorte d'intermédiaire entre les terres et les oxydes métalliques, et qu'il nomma *ochroïte*. MM. Hisinger et Berzelius ont fait depuis un nouveau pas, en développant plusieurs propriétés de la même substance, qui ne leur ont pas permis de douter qu'elle ne renfermât l'oxyde d'un métal particulier, auquel ils ont donné le nom de *cerium*, emprunté de celui de Cérès, que porte la planète découverte en 1802, par le célèbre astronome Piazzi.

On pourrait être tenté, au premier aspect, de confondre le cerium oxydé avec le corindon granuleux d'un brun rougeâtre, vulgairement *é-- -ril*, que l'on trouve au Tibet. Mais la grande dureté de celui-ci et son action sur le barreau aimanté suffisent pour lever l'équivoque.

Ici se termine la série des substances métalliques auxquelles j'ai assigné des places dans la Méthode. Je n'ai pas cru devoir comprendre parmi elles le columbium, dont on a annoncé, il y a quelques années, la découverte, faite par M. Hatchett, dans un minéral rapporté de la province de Massachusset, qui fait partie des Etats-Unis. Il est à desirer que les recherches des naturalistes à portée de visiter le même pays, fassent reparaître ce minéral jusqu'à présent si rare, que l'on n'en connaît qu'un seul morceau, qui se trouve à Londres, dans le Muséum britannique.

Un autre métal, qui est beaucoup plus connu, savoir le chrome, occupe un rang à part dans les méthodes de MM. Werner et Karsten. Le premier en distingue deux espèces, dont l'une, qu'il nomme *nadelerz*, a été reconnue pour une mine de bismuth (p. 105). La seconde, qu'il nomme *chromocher*, n'est probablement qu'un cuivre carbonaté vert terreux qui accompagne souvent le nadelerz. M. Karsten n'admet qu'une seule espèce de chrome, qu'il nomme *eisen-chrom*. C'est la même substance que j'ai placée dans le genre du fer, sous le nom de *fer chromaté*, en me conformant à l'opinion de M. Vauquelin, au lieu que M. Karsten adopte celle de M. Laugier, suivant laquelle le fer est uni, dans cette mine, à l'oxyde de chrome, qui étant le principe le plus abondant, a été considéré par le célèbre minéralogiste de Berlin, comme la base à laquelle devait se rapporter l'espèce dont il s'agit.

On observe quelquefois des cristaux aciculaires, d'une couleur verte, associés au plomb chromaté de Sibérie. M. Vauquelin présume qu'ils étaient originairement à l'état de cette dernière substance, et que, par succession de temps, la perte d'une portion de leur oxygène a fait passer leur acide à l'état d'oxyde, et a changé en vert le rouge qui les colorait. Si de nouvelles recherches confirmaient cette opinion, il faudrait placer les cristaux dont il s'agit à la suite du plomb chromaté, sous le

de *plomb chromé épigène*. (*Voyez* le Journal des Mines ,
n° 34, p. 760.)

Si le chrome, considéré en général, ne joue qu'un rôle
secondaire dans la nature, il semble se dédommager par la diversité de ses alliances avec d'autres minéraux. M. Vauquelin,
après en avoir dévoilé l'existence dans le plomb rouge de Sibérie,
où il est à l'état d'acide, l'a retrouvé sous la même forme
dans le spinelle. C'est à lui que l'on doit la découverte du
fer chromaté. Ses expériences nous ont encore appris que l'oxyde
de chrome est la cause de la belle couleur verte de l'émeraude et de celle de la diallage, et qu'il est quelquefois mêlé
au titane oxydé. Enfin M. Laugier a reconnu que cet oxyde
est le principe colorant de l'amphibole vert, dit *actinote*, et
a constaté l'existence du même métal dans les pierres météo-
riques (Annal. du Mus., t. VII, p. 392).

A l'égard des métaux qui ont été découverts dans le platine, je me suis contenté de les indiquer (note 109, p. 238),
à l'article de cette dernière substance, qui les renferme en
trop petite quantité, pour qu'ils soient censés appartenir à la
méthode minéralogique.

Addition à l'article du Graphite, p. 70.

J'avais annoncé, dans mon Traité (t. IV, p. 100), que la
variété lamelliforme de graphite paraissait avoir une tendance
vers la figure de l'hexagone régulier, et j'ai exposé dans la note
104 de ce tableau comparatif (p. 236), la conjecture à laquelle
j'ai été conduit plus récemment, en essayant de ramener à la
symétrie, des cristaux irréguliers de la même substance, trouvés
dans le Groenland. La forme présumée de ces cristaux était celle
d'un prisme hexaèdre régulier, avec des facettes à la place
de ses angles solides. Un envoi que vient de me faire M. Bruce,
qui professe d'une manière très-distinguée la minéralogie à
New-Yorck, contient, entre autres objets dignes d'attention, un
groupe de cristaux qui ont tous les caractères du graphite, et qui

offrent évidemment cette même forme que je n'avais que comme
entrevue dans le minéral du Groenland. La plupart de ces
cristaux sont des prismes simples, et les facettes additionnelles
que l'on observe sur quelques-uns, remplacent, non les angles
solides, mais les arêtes situées au contour des bases. La petitesse de ces facettes ne m'a pas permis d'en mesurer les inclinaisons. Les prismes ont environ un centimètre ou 4 lignes $\frac{2}{3}$ de
largeur, sur une très-petite épaisseur. Ils se divisent, avec netteté,
parallèlement à leurs bases, et j'ai aperçu des indices de joints
parallèles aux faces latérales. Ainsi, nous avons une variété de
cette espèce, qu'il faudra substituer à celle que je désignais
vaguement par le nom de *graphite cristallisé*, et qui portera
celui de *graphite primitif*. Les cristaux dont il s'agit ont été
découverts dans les environs de New-Yorck; ils ont pour
gangue un fer oxydé brunâtre, qui renferme aussi des amphiboles aciculaires et des parcelles de mica brun.

On pourrait, dès maintenant, placer à la suite du graphite
primitif, deux autres variétés, dont l'une serait le graphite
annulaire, auquel appartiendraient les prismes ayant des facettes
obliques, à la place des arêtes horizontales; l'autre serait le
graphite épointé, auquel se rapporteraient les cristaux du Groenland. Mais il me paraît plus convenable d'attendre que l'on ait
trouvé des cristaux de ces deux variétés, qui soient susceptibles
d'une détermination précise.

FIN.

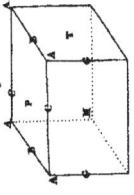

Fig. 5.

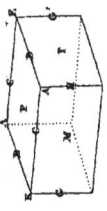

Fig. 4.

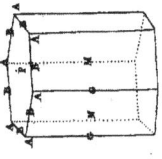

Fig. 3.

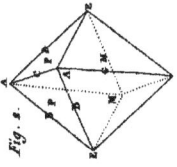

Fig. 2.

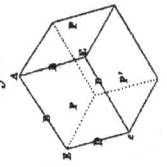

Fig. 1.

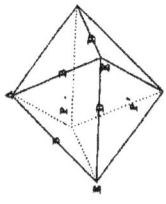

Fig. 10.

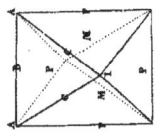

Fig. 9.

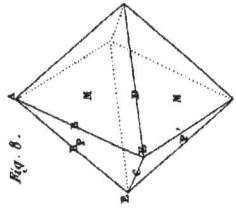

Fig. 8.

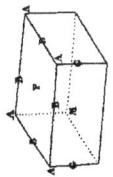

Fig. 7.

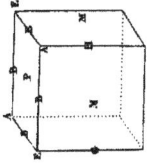

Fig. 6.

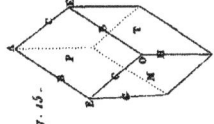

Fig. 15.

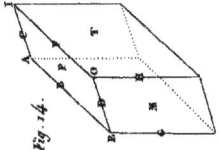

Fig. 14.

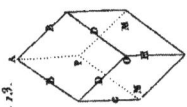

Fig. 13.

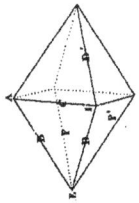

Fig. 12.

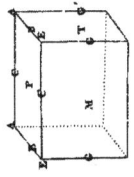

Fig. 11.

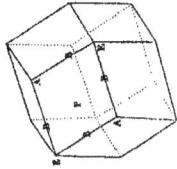

Fig. 18.

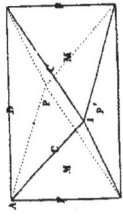

Fig. 17.

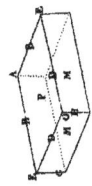

Fig. 16.

Pl. II.

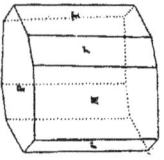

Fig. 44.

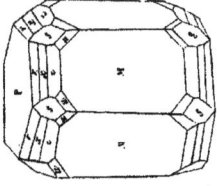

Fig. 23.

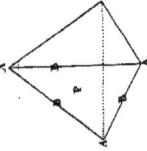

Fig. 22.

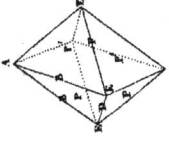

Fig. 21.

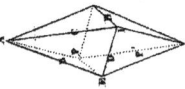

Fig. 20.

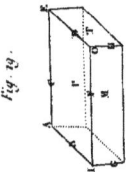

Fig. 19.

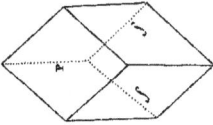

Fig. 30.

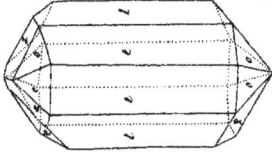

Fig. 29.

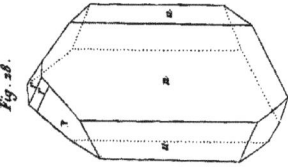

Fig. 28.

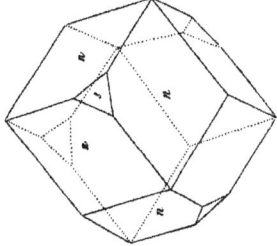

Fig. 27.

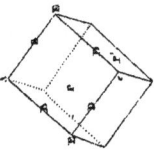

Fig. 26.

Fig. 25.

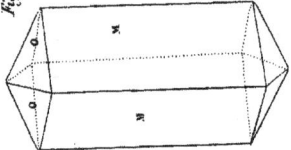

Fig. 35.

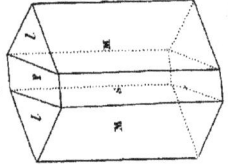

Fig. 34.

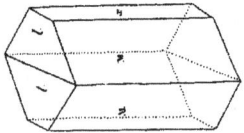

Fig. 33.

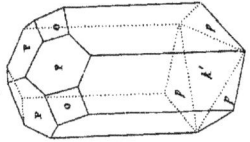

Fig. 32.

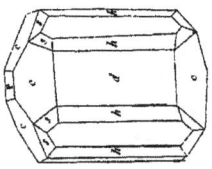

Fig. 31.

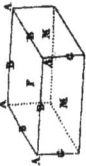

Fig. 36.

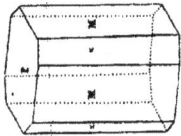

Fig. 37.

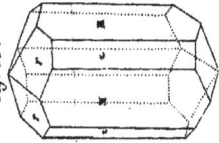

Fig. 38.

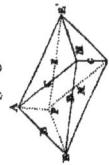

Fig. 39.

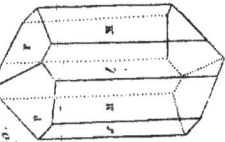

Fig. 40.

Fig. 41.

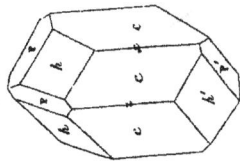

Fig. 42.

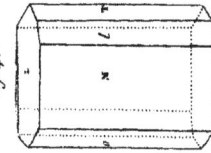

Fig. 43.

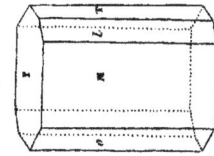

Fig. 43.

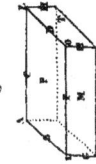

Fig. 44.

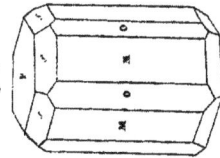

Fig. 45.

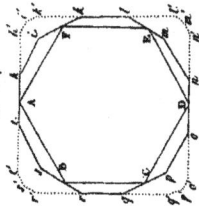

Fig. 46.

Fig. 47.

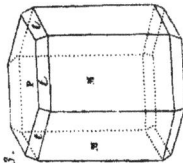

Fig. 53.

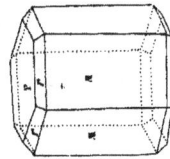

Fig. 54.

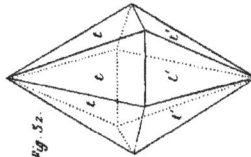

Fig. 51.

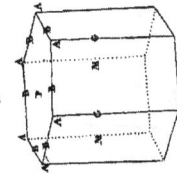

Fig. 52.

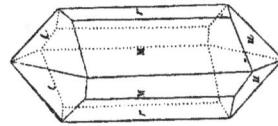

Fig. 50.

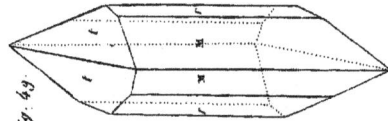

Fig. 49.

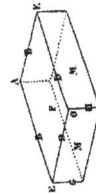

Fig. 48.

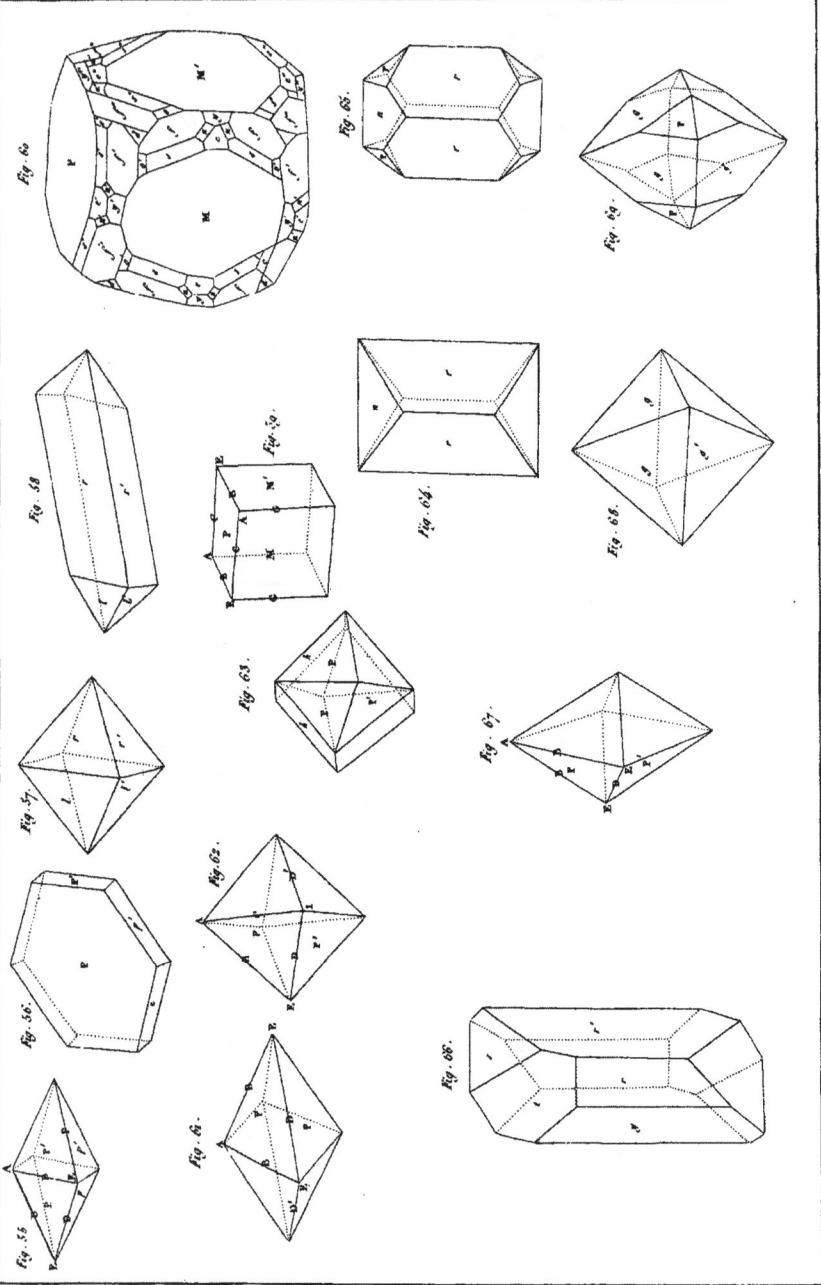

Fig. 60.

Fig. 65.

Fig. 64.

Fig. 58.

Fig. 59.

Fig. 64.

Fig. 66.

Fig. 57.

Fig. 63.

Fig. 67.

Fig. 56.

Fig. 62.

Fig. 55.

Fig. 61.

Fig. 66.